하늘 속이기
세계 패권을 위한
공산주의 중국 내부의 움직임

Bill Gertz 저

윤지원 역

DECEIVING THE SKY
Inside Communist China's Drive for Global Supremacy

박영사

Bill Gertz의 다른 저서들

Betrayal: How the Clinton Administration
Undermined American Security

The China Threat: How the People's Republic Targets America

Breakdown: How America's Intelligence Failures
Led to September II

Treachery: How America's Friends and Foes
Are Secretly Arming Our Enemies

Enemies: How America's Foes Steal Our Vital Secrets
-and How We Let It Happen

The Failure Factory: How Unelected Bureaucrats, Liberal Democrats,
and Big-Government Republicans Are Undermining
America's Security and Leading Us to War

iWar: War and Peace in the Information Age

중국 인민을 위하여

저자 서문

이 책 *하늘 속이기(Deceiving the Sky)*가 2019년 9월에 처음 출판되고 나서 몇 개월 후에, 중화인민공화국과 중국 공산당이 가져오는 위협과 관련하여 세계를 각성하게 하는 중대한 사건이 있었다. 우한(Wuhan)에서 발생한 세계적인 전염병을 계기로, 현재 14억 중국 인민에게 가해지고 있는 전체주의 체제의 진정한 악마적 특성과 관련된 의혹을 풀었어야만 했다.

이 책은 새로운 우주 군비경쟁을 촉발하고, 수십 년 동안 우주 궤도에서 계속 떠도는 잔해를 남겨 놓은 중국군의 2007년 대위성 미사일 시험 직후, 중국 정권이 조직적으로 조작을 한 내용을 폭로한 것이다. 그 병적인 조작 행태는 베이징이 코로나바이러스 발생을 터무니없이 잘못 취급하여 다시 한번 명백하게 드러났다. 중국 공산당과 최고 지도자 시진핑(Xi Jinping)은 세계적으로 백만 명 이상을 사망하게 하고, 현재까지 15조 달러의 손실을 입힌 경제적 참사를 불러온 치명적인 질병에 대하여 세계를 속였다. 이 참사는 국제사회가 중국 공산당에 대해 징벌적 조치를 해야 한다고 부르짖고 있다.

공산당 정권들이 잘못된 일에 대한 책임을 회피하기 위해 오랫동안 해 왔던 전형적인 부정에도 불구하고, 중국 공산당과 특히 그 지도부는 인류 역사상 가장 지독한 전염병 중의 하나를 발생하도록 하였다. 이 글을 쓰고 있는 현재 시점에도, 베이징 정권은 답을 해야 하는 질문에 대한 핵심적인 정보를 밝히기를 거부하고 있다; 바이러스성 발병이 어떻게 시작되었는가? 인간이 최초로 감염되기 전 박쥐로부터 중간 동물 숙주를 감염시킨 바이러스는 무엇인가? 가장 중요한 질문으로, 이 질병은 바이러스 연구와 개발에 폭넓게 참여해 온 것으로 알려진 두 개의 우한 연구실 중 하나에서 흘러나온 바이러스로 야기된 것인가? 세계는 답을 원하고 있는데, 베이징은 방해만 하고 있다.

공산당 통치자들은 그 답을 확실하게 알고 있지만, 전염병의 기원에 대한 진실을 계속해서 추적하는 국제 감염병 전문가들과 미국인들에게 그 답을 말해 주지 않을 것이다. 바이러스에 대한 핵심적인 과학적 사실은 많은 사람들이 앞으로 발생할 것이라고 믿고 있는 중국발 전염병을 예방하거나 완화하기 위해 긴급하게 필요하지만, 중국의 민간 및 군 연구소에 접근할 수 없는 사람은 누구라도 이런 사실을 확보할 수 없다.

중국 정부가 초기에 명명한 바와 같이, 우한 폐렴에 걸린 것으로 중국 과학자들이 최초로 밝힌 사람은 2019년 12월 1일에 우한의 병원에서 감염진단을 받았는데, 일부 기자들은 몇 주 전부터 사람들이 그 바이러스에 감염되었다는 말을 했다. 최초 감염이 밝혀진 후 적어도 30일 동안, 중국 공산당은 그 치명적인 새로운 질병에 대해서 다른 국가에 경고를 하는 어떤 조치도 하지 않았다. 그 질병에 대해 경고하려고 했던 중국의 의사들은, 정권으로부터 침묵하라는 압력을 받았다는 것을 세계가 알게 되었다. 또한 공산당 지도자들은 바이러스 샘플을 없애라고 중국 내 연구소에 지시하였고, 치료와 백신을 개발하지 못하도록 방해하였다.

베이징은 바이러스가 걷잡을 수 없이 확산하고 있음에도 불구하고, 1월 중순 세계보건기구(World Health Organization: WHO)에 사람들 간에는 전이되지 않는다고 말했다. 베이징의 주장에 따르면, 그 기구는 전염병 확산 초기 몇 주 동안 치명적인 잘못된 정보를 발표하였다고 한다. 외관상 중국 정부의 촉구로 이루어진 것처럼 보이지만, WHO는 몇 주 동안 세계적인 건강 비상 상황을 선포하는 것을 거부하였다. 대신 그 기구는 1월 10일 지침에 기술된 전염병에 대응하기 위해 국제여행을 제한할 필요가 없다는 것을 최우선 순위에 놓았다. 이러한 소신 없는 반응은 세계적인 감염을 확산시키는 데 일조하였다.

아마 가장 치명적인 실수는 중국 정부가 음력 신정 명절 기간에 진원지 우한으로부터의 여행을 허가한 것이다. 이 명절 기간 이동은 매년 세계에서 가장 규모가 큰 것으로, 우한으로부터 여행자 500만 명을 포함하여 3억 명으로 추정된 중국 국민이 7일 동안 이동을 한다. 1월 24일부터 30일까지 그 주에 여행을 제한하지 않음으로써 감염병이 엄청나게 확산되었다. 미심쩍게도, 유일하게 여행이 제한된 곳은 우한-베이징이었는데, 수도에 거주하는 통치 엘리트들을 보호하기 위한 것으로 보인다. 우한에서 중국의 다른 곳이나 세계 다른 지역에도 여행 제한은 없었다.

우한 밖으로 감염된 사람들이 이동하는 것은 중국 공산당의 치명적인 실수이고 엄청난 결과를 가져온 감염병의 주요 요인이었다. 우한의 많은 노동자들이 다른 나라로 일자리를 찾아 이동하였고, 이들 중 일부는 이탈리아와 같은 나라에 바이러스를 퍼트렸으며, 이런 국가에는 심각한 영향을 미쳤고, 뉴욕에서는 앤드류 구오모(Andrew Guomo) 주지사가 이주해 온 중국 노동자들을 간병인으로 고용한 후, 노인들을 간병하도록 하여 노인 수천 명이 사망하는 계기가 되었다.

끓어오르는 세계적인 분노를 가라앉히기 위한 전략적인 절묘한 행동으로, 중국 정권은 전염병의 명칭을 우한 폐렴에서 코로나바이러스 전염병 2019 또는 COVID – 19로 변경하기 위하여 세계를 설득하였다. WHO는 중국 정권이 바라는 대로 우한 폐렴이라는 명칭을 COVID – 19라고 변경해 주었는데, 2003년 중국에서 중증급성호흡기증후군 혹은 SARS가 중국에서 발생한 이후, 중국 정부는 WHO를 자국에 유리하게 이용하려고 로비를 해 왔고, 그에 따라 친중국 성향이 이미 있었다. 그 새로운 바이러스의 명칭은 SARS – CoV – 2로 불렸다.

WHO에서 중국의 영향력은 사무총장 테드로스 아다놈 게브레예수스(Tedros Adhanom Ghebreyesus)에게서 볼 수 있는데, 그는 생물학자이면서 해체 전의 소련과 노선을 같이한 마르크스 – 레닌주의 혁명운동을 한 이티오피아의 티그레이 인민해방전선(Tigrey People Liberation Front) 회원이다. 그 조직은 에티오피아의 집권당인 인민혁명민주전선(People's Revolutionary Democratic Front)과 2019년에 통합되었다. 테드로스는 전염병이 발생하고 처음 몇 주 동안 베이징을 과도하게 칭찬을 하고 중국의 잘못된 행동에 대해서는 어떤 비난도 하지 않았다.

도널드 트럼프(Donald Trump) 대통령은 그 질병의 명칭을 정치적으로 정정하는 데 동의하지 않고, 깨어 있는 도시인들과 그 용어가 인종차별주의적이라는 비난을 받으면서도 "중국 바이러스"라고 불렀다. 그는 또한 2020년 5월에 그 조직에서 탈퇴하고 재정 지원도 중단함으로써 WHO에 대하여 퍼지고 있는 분노를 반영하였다. "중국 관리들은 WHO에 보고할 그들의 의무를 소홀히 했고, 그 바이러스를 중국 당국이 발견했을 때 WHO가 세계를 잘못 이끄는 방향으로 압력을 가했다"고 트럼프는 말했다. "수많은 사람들이 죽었고, 전 세계에 심각한 경제적 타격을 입혔다."

또한 중국 정권은 그 질병이 어디서 시작되었는지에 관한 잘못된 정보를 퍼뜨렸다. 베이징은 초기에 그 질병이 우한에 있는 식용으로 사용하는 야생동물 시장에서 발생하였다고 주장하였으나, 이 주장에 대한 의문이 계속 일자, 중국 관리들은 이 바이러스가 중국 밖에서 시작되었다고 주장하기 시작하였다. 허위정보를 만드는 조직들이 유럽의 전염병은 유럽 그 자체에서 발생하였다는 주장을 퍼뜨렸는데, 당시 모든 증거는 그 바이러스는 우한에서 시작되었다는 것을 보여주었다. 3월에 중국 외교부의 고위 관리인 자오리젠(Zaho Lijan)은 미국을 손가락으로 가리키기 시작하였다. 자오는 트위터에 "미국 군대가 바이러스를 우한에 가져왔을 가능성이 있다"고 올렸다. 중국의 다른 선전 수단들도 그 거짓말을 확산시켰다.

그것은 국제적인 분노를 피하기 위한 계산된 터무니없는 명예훼손이었으나, 그대로 작동되지 않았다. 퓨 리서치센터(Pew Research Center)가 2020년 가을에 실시한 여론조사에 따르면, 세계에서 엄청나게 많은 사람들이, 중국이 전염병을 속인 것에 대해 분노하였다. 바이러스가 세계적으로 대규모 환자를 발생시키고 죽음에 이르게 하였으며, 경제적인 혼란을 만들기 시작하고 일 년 후, 질병 발생 장소는 거짓과 비밀에 가려지게 되었다. 중국의 소프트파워는 질병 발생 연구소를 지적하는 중요 데이터를 무시하도록 국제적인 과학 공동체에 영향력을 발휘하였다. 중국 군대와 그 바이러스를 연계시키는 믿을 만한 목소리는 무시되거나 비과학적인 것으로 치부되었다.

감염병 전문가이자 홍콩 공중보건대학의 전 연구원이었던 얀리멍(Yan Li-Meng)은 그녀가 알고 있는 것을 폭로한 혐의로 체포될 것을 우려한 나머지 2020년 4월에 미국으로 피신하였다. 얀은 나중에 그 바이러스가 자연적으로 출현할 수 없음을 보여주는 새로운 사실을 폭로하였다.

중국의 질병 통제센터와 코로나 환자를 치료한 의사들로부터 얻은 정보를 이용하여, 얀과 세 명의 다른 바이러스 전문가들은 그 바이러스가 유전적으로 변이된 병원체의 모든 특징을 가지고 있음을 보여주는 논문을 썼다. 추가하여, 얀과 그녀의 팀이 말했던 바이러스의 유전체적 특징은 인민해방군 연구소에 저장되었던 SARS-CoV-2와 유사한 "중추" 바이러스로부터 시작하여 연구소에서 배양되었다는 것을 강력하게 암시하고 있었다.

그 연구가 주장하는 것은 "SARS-CoV-2의 유전자 서열은 유전적 배양을 한 것 같고, 이를 통하여 병독성과 감염성이 강화되어 인간을 표적으로 하는 능력을 얻게 되었다"는 것이다. 그 결론은 "아주 특별한 파괴력을 가진" 병원체이다.

이 논문은 중국 정부의 주장에 반대할 수 있는 과학적 근거를 제공하였는데, ─ 이 주장은 미국과 다른 국가의 과학 공동체에서 지지를 받았다 ─ 중국은 그 바이러스가 자연적으로 발생하여 불가사의하게 박쥐로부터 중간 숙주인 동물로 전이되고 마침내 우한에서 인간으로 전염되었으며 그 사람이 밖으로 전파하기 시작하였다고 계속 주장하였다. 얀은 "이 보고서로 우리는 유전적, 구조적, 의학적 그리고 문헌적 증거를 처음으로 제시한 사람들이며, 이것을 모두 함께 고려하면, 자연발생 이론과 강력하게 모순된다. 그 증거에 더하여, 우리는 최초로 연구실에서 만든 SARS-CoV-2의 전파 경로를 재구성하였다"고 말했다.

미 육군 감염병 연구소(U.S. Army Medical Research Institute of Infectious Diseases: USAMRIID)에서 생물학 방어 문제에 관여하였던 전 백악관 내과 의사인 로버트 다링(Robert G. Darling) 박사는 얀과 동료들이 작성한 보고서에 대하여 "대단히 신뢰할 만한 것으로 보이고 과학 공동체가 심각하게 받아들여야 한다"고 말했다.

USAMRIID에서 근무했던 바이오디펜스 전문가 마크 코르테피터(Mark Kortepeter) 박사 역시 그 보고서는 중요한 관심을 받을 만한 가치가 있고, 그 바이러스의 기원에 대한 주장과 관련하여 추가적인 조사가 반드시 이루어져야 한다고 말했다. *최초 전염지의 내부: 생물학 전쟁의 전선에 있는 군인(Inside the Hot Zone: A Soldier on the Front Lines of Biological Warfare)*의 저자 코르테피터 박사는 "잠재적인 동물의 중간 숙주 연구에 더하여, 최초 감염자 혹은 감염자들까지 조사가 가능한 만큼 뒤를 돌아보고 바이러스의 기원을 추적하기 위해 편견 없는 국제적 평가가 정말로 필요하다"고 말했다. 그가 지적한 바와 같이, "SARS-CoV-2 바이러스 발생 기원을 이해하는 것은 향후 이와 같은 병원체의 발현 위험성을 줄이는 중요한 과정이다."

2020년 1월에 중국 위협에 대해서 국제사회가 잘 이해할 수 있는 주요 전환점이 있었는데, 당시 국무부 장관 마이클 폼페이오(Michael Pompeo)가 런던의 한 연설에서 공산당이 지배하는 중국은 "우리 시대의 중심적인 적"이라고 선언한 시점이다. *하늘 속이기(Deceiving the Sky)* 안에 포함된 반복되는 정보는, 세계 패권을 달성하기 위한 베이징의 공격적인 노력 뒤에 숨어 있는 힘으로, 폼페이오 국무장관은 중국 인민이 아닌 중국 공산당을 경멸하는 것이다. 그의 연설은 수십 년 만에 최초로 중국을 향한 새롭고 야심찬 정책이 활기를 띠게 하는 전략적으로 중요한 움직임을 알리는 것이었다.

폼페이오는 미국은 중국 인민들과 오랜 염원인 우정을 가지고 있는데, "오늘날 중국의 공산당 정부는 중국 인민들과는 다르다"고 강조하였다. 그는 중국 공산당을 1949년 마오쩌둥(Mao Zedong) 통치하에서 권력을 잡은 중국의 역사와 문화를 부당하게 빼앗은 찬탈자로 묘사하고 중국 위협의 핵심으로 규정하였다. 그는 "중국 공산당은 투쟁과 국제적인 패권에 몰두하고 있는 마르크스-레닌주의 당"이라고 말하였다.

또한 폼페이오 장관은 *하늘 속이기(Deceiving the Sky)*의 주제를 확인시켜 주었다: 중국에서 야기되는 위험들이 수십 년 동안 계속된 미국 대통령들의 행정부, 의회에 의해 최소화되었고 잘못 이해되었으며, 이는 현명하지 못하게 중국의 부상을 부추겼다. 이것은 "미국의 가치, 서양의 민주주의 및 안보 그리고 선한 일반상식의 희생"으로 이루어졌다. 민주적으로 통치되는 타이완과의 관계는 약화되었고, 중국의 만연된 인권 남용은 무시되거나 크게 관심을 끌지 못했다. 세계 도처에서 서서히 진행되는 군사적인 잠식 상황 역시 하찮은 것으로 치부하게 되었다. 폼페이오 장관은 중국이 약속한 시장 개혁과 국제적인 규정 준수를 절대하지 않았으므로, 미국과 서방의 정치 지도자들이 중국과 더 밀접한 무역 관계를 증진했던 것은 우둔한 것이었다고 선언하였다.

폼페이오는 공산당 통치하에서의 중국과 그 정권의 세계적인 야망을 명확하게 이해를 한 바탕 위에서 미국의 정책을 선회할 것이라는 신호를 보냈다. 중국은 하이테크 전체주의 체제로 민주주의와 자유 시장 경제 위에 세워진 세계 질서를 대체하고 지배하기 위한 끈질긴 탐색을 계속하고 있다.

중국에 대한 미국의 새롭고 혁명적인 정책 대부분은 미 해군사관학교에서 국무부로 파견되어 폼페이오 정책기획 참모 중 핵심 인물이 된 동아시아 군사역사 교수 마일즈유(Miles Yu)의 작품이다. 유 교수는 중국에서 태어나 문화혁명의 혼란 속에서 성장하였는데, 당시 마오는 중국과 공산당으로부터 중국의 과거 흔적을 모두 지우기 위해 급진적인 홍위병을 파견하였다. 문화혁명 기간 중 700만 명의 사람들이 죽거나 살해당하였고, 6천만 명의 사람들이 공산당의 통치하에서 추방되었다.

유 교수는 나에게 "나는 공산주의 중국에서 자랐고 이제 아메리칸 드림을 이루어 살고 있는데, 레이건 대통령이 말한 바와 같이 미국은 '지구상 인간의 마지막 최선의 희망'을 나타내기 때문에, 세계는 미국에 무한한 감사를 표해야 한다고 생각한다"고 말했다. 의심할 것도 없이, 그는 세계에서 가장 지식이 많은 중국 전문가이고, 트럼프 행정부에서 가장 영향력 있는 인물이다. 공산주의 통치하에서 중국에 대한 근거 없는 믿음을 폭로하는 데 무한정 기여한 그의 공로는 역사에 기록될 것이다.

유 교수는 대부분 관찰자보다 중국 공산당 체제의 역학관계를 잘 이해하고 있다. 그는 중국 공산당의 숨겨진 약점을 노출시키는 독특한 능력이 있고, 당의 목소리를 명확하게 해석하고 이해할 수 있다. 예를 들면, 베이징이 "윈-윈", "상호 존중" 같은 용어를 사용하고 다른 중국의 진부한 표현을 사용하면, 미국인들은 중국 지도자들을 칭찬하는 반응을 하지만, 유 교수는 정말로 "중국의 언어와 문화를 아는 사람이라면 아무런 실체가 없는 중국의 진부한 표현"이라는 것을 폭로한다.

중국의 지도자들은 민주주의 정치 체제가 개방되고 종종 경쟁적이라는 특성을 오랫동안 이용해 왔다. 공산당원들은 중국과 관련된 미국 정책을 다루는 중요한 인원들과 접촉할 수 있고, 그들이 서방의 수도와 연구소의 통로에서도 중국이 원하는 것을 하도록 영향력을 행사할 수 있다. 이런 방법으로, 중국 공산당은 밝혀지지 않은 중국의 범죄를 폭로하려는 사람들을 무시하는 서방의 전문가 집단을 형성하였다.

유 교수는 중국이 미국의 통치 계층을 끌어들여서 정책 결정자들로 하여금 중국 체제 내에 있는 약점을 보지 못하도록 만들었다고 믿고 있다. 중국이 미국에서 광범위한 영향력을 행사하고 정책에 대해 중요한 통제를 할 수 있다고 허세를 부릴 수 있다. 공산당의 궤변에 속아, 미국의 정책 결정자들은 수십 년 동안 중국의 민감한 반응들을 무마하는 데 급급하였고, 독재에 대한 미국이 행사할 수 있는 실용적인 레버리지를 인식하는 데 실패하였다. 유 교수에 따르면, 중국 공산당이 중심에 있는 정권은 깨지기 쉽다. 당 지도자들은 그들의 인민을 두려워하고 서방, 특히 미국과 미래에 있을 수 있는 충돌에 대해서는 피해망상적인 생각을 하고 있다.

이러한 이해가 보다 당당한 중국 정책을 만들기 위한 토대가 된다. 비판주의자들이 트럼프 행정부는 중국에 대한 모호한 태도만 있을 뿐 정책이 없다고 잘못 주장하는 것에 대해, 유 교수는 "우리는 올바른 정책뿐만 아니라, 원칙에 입각한 현실주의에 기반하여 중국에 대한 올바른 입장을 가지고 있다"고 주장하였다.

"트럼프 행정부하에서 그리고 국무부의 중앙에서 폼페이오 장관과 함께, 우리는 중국과 양자 관계만을 다루는 것이 아니고 실체를 반영하지 않은 공룡 같은 관계의 일부 기본적인 수칙을 수정하고 혁신적인 결론을 추구할 것이다. 트럼프 대통령과 폼페이오 장관은 오랜 관행인 '분노 관리에 기반한' 중국 정책 모델을 ― 어떻게 하면 중국을 화내지 않도록 만들고 지속적으로 긴장관계가 발생하지 않도록 고려하여 우리 정책을 만드는 것 ― 종식시켰는데, 그동안 이 모델은 악순환이 되었고, 이로 인해 [중국 공산당이] 우리의 중국 정책과 구상 대부분을 본질적으로 결정하도록 하였다. 트럼프 대통령이 들어왔고, 허튼 소리를 잘라 버렸다."

2017년부터 2020년까지 트럼프의 정책은 전반적으로 중국의 양보를 훨씬 많이 이끌어 내었고, "이제 우리가 결과, 투명성, 상호 존중 그리고 가장 중요한 것으로 우리의 국가이익과 재정 원칙에 기반하여 양자 관계의 용어를 정하는 수준까지" 정책 주도권을 잡게 되었다고 유 교수가 말했다. 이 정책은 과거의 유화정책과는 확실하게 대비된다. 유 교수는 "대체로, 나는 트럼프 행정부가 거의 70년 만에 중국의 악의적인 행동에 대하여, 그것이 신장, 홍콩, 약탈적인 무역, 통화 조작, 미국에 대한 산업, 군사 및 사이버 간첩 행위 등 어떤 것과 관련하여서든, 의미 있는 조치를 한 유일한 정부"라고 말할 수 있다고 설명하였다. "또한 우리는 중국의 허세에 맞서, 사과 없이 국제적인 상식을 지배하는 원칙과 법을 당당하게 준수하고, 그 결과

보다 나은 평화와 안보를 얻게 되었다."

중국의 간첩 행위와 기술 도둑을 좌절시키기 위해 지속되는 노력에 더하여, 트럼프 행정부는 전 세계의 동맹국과 우호국에 중국이 화웨이와 같은 정부와 연결된 회사 및 값싼 5G 장비를 이용하여 중요한 통신 연결망을 지배하려는 중국의 시도와 싸워 달라는 압력을 가했다. 미국은 우한 바이러스에 대한 중국 공산당의 기만을 적극적으로 폭로하는 세계에서 유일한 주요 국가이다.

국무부의 중국 정책기획 전문가로서, 마일즈유 교수는 중국의 현재 지도자에 관한 이 책의 결론을 지지하였다. 그는 "시진핑은 이념을 믿는 완고한 공산주의자"라고 강조하였다.

통치 방식에 대한 중국 공산당의 기본 철학은, 마오쩌둥이 당이 공산주의 명분 뒤에 있는 근본적인 세력이고, 공산주의 이론적인 토대는 마르크스－레닌주의라고 선언한 1954년 이후 바뀌지 않았다. 유 교수는 "오늘날 중국에서 공개적으로 이 개념에 도전하는 사람은 누구도 감옥에 가거나 더 나쁜 상황에 처할 수 있다"고 말했다. "많은 미국인들, 특히 그리고 마음 아프게도 중국 문제에 일생을 쏟아부은 미국의 핵심 정책 결정자들에게는 이것이 완전하게 알려지지 않았다는 것이다." "이것은 중국 분야에서도 사실이다 － 이것은 중국 공산당이 이념적으로 주도한 것이 아니라, 우리가 그것을 그대로 보기를 거부한 것이다."

중국 정권이 아직도 이념적이고, 사회주의와 자본주의 간의 관계를 방대한 투쟁으로 보는 공산주의 도그마로 움직이며, 계속적인 혁명에 대한 마오쩌둥의 이론을 인식하지 않고 중국의 위협을 완전하게 이해하는 것은 불가능하지는 않지만 어려울 것이다. 그러한 기본을 이해하지 못하고, 서방이 중국의 세계적인 팽창을 이해하고 그 전진을 중지시킬 수는 없을 것이다.

베이징이 최근에 시도한 모든 구상들은 마르크스－레닌주의 이념에 기반한 것이다. 기간 시설을 위한 일대일로 구상, 모든 종교에 대한 무자비한 단속, 특히 위구르족 1백만 명 투옥, 미국이 홍콩에서 민주주의를 증진하는 것을 "검은 손"으로 지칭하며 선전 선동하기 그리고 전 영국 식민지에 대한 가혹한 국가보안법 적용 － 이 모든 것이 중국의 민족주의에서 나온 것이 아니라, 마르크스－레닌주의 개념에서 나온 것이다.

최근에 이루어진 다른 어떤 것보다, 트럼프 행정부는 중국 위협에 대응하기 위한 공격적인 정책을 추진해 왔다. *하늘 속이기(Deceiving the Sky)* 초판이 나온 이후 취해진 조치들은 칭찬할 만한 것이다. 그것은 다음 내용을 포함한다:

- 타이완 해협을 통해 주기적으로 군함을 파견하여 민주적인 타이완과 관계를 증진, 국무부 차관보를 타이완을 방문하도록 조치, F-16, M1A1 탱크, 스팅어 대공 미사일 및 미래 자체 개발 잠수함 탑재용 첨단 어뢰를 포함한 신무기 130억 달러어치 판매 승인
- 타이완과 관계를 강화하는 법에 서명하였는데, 여기에는 타이완 여행법, 아시아 보장 구상, 홍콩의 인권 및 민주주의 법, 그리고 TAIPEI 법으로 알려진 타이완 동맹 국제적 보호 및 강화 구상을 포함
- 남중국해의 90%가 자신의 것이라고 한 중국의 선언을 상설 중재 재판소가 2016년 국제적인 판결로 "완전히 불법적"임을 선언
- 전 식민지는 2047년까지 민주주의 체제를 유지할 것을 허용한다는 1997년의 기본 협정을 중국이 폐기함에 따라 홍콩이 미국과 맺은 특별 무역 지위를 종료
- 홍콩에 대한 단속과 위구르족에 대한 대대적인 탄압에 개입한 중국 정부 관리들에 대한 제재
- 중국 인민해방군과 연결되어 있거나, 인민해방군의 현대화를 위한 미국의 지원을 제한하는 중국 학생들에 대한 비자 차단
- 미국의 관리들이 NATO 유형의 동맹이 구성될 것으로 예상하고 "쿼드(the Quad)"로 알려진 미국, 일본, 인도 및 호주 간의 새로운 안보 동맹 제안을 지원
- 중국 대중에게 접근할 수 있는 대가로 미국 영화를 검열하고자 하는 압력에 저항하도록 할리우드를 독려
- 남중국해, 동지나해 및 타이완 해협에서 중국이 국제 통항로라고 주장하는 해역에 해군 함정 통항과 공군기 비행 횟수를 증가
- 확장되고 있는 중국의 우주전 능력에 대응하여 잠재적인 미래 활용을 위하여 대응 무기체계를 만드는 계획을 선언
- 실리콘밸리의 임원들에게 중국의 대규모 정찰 작전을 지원하거나 중국 군대를 강화하는 데 기여하는 것을 피하도록 호소

- 중국 장비를 이용하는 미국 통신 장비 사용을 제한하는 법과, 중국의 전파 스파이 행위로부터 보호하기 위해 미래 5G 기간 시설을 요구하는 법에 서명
- 남부 캘리포니아에 선전 활동을 하는 멕시코 국경에 있는 전파 회사를 중국에 매매하는 것을 차단
- 중국의 핵무기 증강을 제한하는 것을 목표로 하는 전략 핵무기 협정에 중국이 참여하도록 러시아가 독려하도록 압력 행사
- 미국에서 직간접적으로 운영되면서 중국의 군대와 관련된 기업을 식별
- 중국의 군대나 인권 남용과 관련된 중국 기업에 미국의 연금 기금이 투자되지 않도록 제재를 부과
- 군대와 기술 산업에 사활적인 희토류 국제 시장에서 중국이 매점매석하는 것을 방지하기 위해 미국 연방 정무에 행정명령을 발령
- 인민 해방군에 연계된 중국 기업에 미국의 투자를 금지하기 위하여 행정명령을 발령 – 당시 최소 5,000억 달러로 추정 – 이는 중국의 군사력 건설에 미국이 자본을 대는 상황을 방지하려는 노력

이 글을 쓰는 현재에도 중국의 간첩 행위와 기술을 훔치는 행위에 대해 계속되는 단속 중에, 53명이 중국과 관련된 불법 행위로 혐의를 받거나 입건되었고, 유죄를 인정하거나 유죄를 선고받았다. 그들 중에서, 전 CIA 관리였던 알렉산더 육칭마(Alexander Yuk Ching Ma)는 중국 첩보원에게 비밀을 제공한 간첩 행위로 기소되었다. 또 다른 전직 CIA 관리인 제리 천싱리(Jerry Chun Shing Lee)는 중국에 비밀을 넘겨준 혐의로 19년의 징역형이 선고받았다. 전직 국방정보본부 장교인 론 로크웰 한센(Ron Rockwell Hansen)은 중국의 스파이 활동을 한 혐의로 10년의 징역형을 선고받았다.

이것은 단속 중에 체포된 전직 스파이들에게만 해당되는 것은 아니다. 하버드 대학 화학과 과장 찰스 리버(Charles Lieber)는 미국의 기술과 전문성을 훔치거나 획득하려는 노력을 은폐하는 중국의 인재양성 계획과 그의 작업에 대한 거짓 진술로 유죄를 인정하게 되었다. 리버는 중국 연구소와 함께한 그의 은밀한 작업과 중국으로부터 돈을 받은 것에 대해 거짓말을 하여 기소되었다.

기술과 관련된 전선에서, 중국의 통신 재벌 화웨이 테크놀로지와 몇 개의 자회사들이, 1970년대 마피아 지도자들을 기소하기 위해 최초로 사용되었던, 조직 범죄 피해자 보상법(Racketeer-Influenced and Corrupt Organizations Statute: RICO)에 따른 음모 혐의로 기소되었다. 현재 이 법은 새로운 조직범죄 위협에 대응하기 위해 적용되고 있다: 중국 공산당에 연결된 부패한 세계적인 기업이 해당된다.

연방 검사들이 중국의 억만장자로 미국에 망명한 궈원귀(Guo Wengui)를 송환하기 위해, 하늘 속이기(Deceiving the Sky)에 최초로 폭로된 바와 같이, 중국이 행사한 은밀한 영향력에 대해 새롭게 나타난 상세한 내용을 폭로하였다. 재판 기록은 공화당의 전 기금 모금자인 엘리어트 브로디(Elliott Broidy)와 그의 동료 릭 럼 데이비스(Nick Lum Davis)의 역할에 대한 정보를 제공해 주었다. 고발장에 따르면, 그 두 사람은 2017년 5월에 공안부 부부장 선리준(Sun Lijun)과 말레이시아인 도망자 로택조(Low Taek Jho)를 만나기 위해 중국의 선전(Shenzhen)에 갔다. 그들과 만난 자리에서, 선 부부장은 궈를 어떻게 중국으로 복귀시킬 것인가 하는 문제를 설명하고, "미국 정부의 고위 관리들이 궈의 중국 송환을 옹호하도록 브로디의 영향력을 행사하는 대가로" 그에게 수백만 달러를 지급할 것을 합의하였다고 한 문서에 나타나 있다. 선은 미국인 두 사람에게, 그가 미국을 방문하여 미국 정부 고위 관리와 미팅을 주선하는 것을 도와 달라고 하였다. 브로디는 입건되지는 않았고, 범죄 정보 사용 혐의만 받았다 - 그러한 결과는 그가 당국에 협조한다는 의미이다. 그는 2020년 10월 궈를 강제로 송환하기 위해 트럼프 행정부에 로비를 하여 외국인 에이전트 등록법(Foreign Agent Registration Act)을 위반하고, 말레이시아 은행 부패 사건 조사를 중지시키려 한 혐의에 대해 유죄를 인정하였다.

중국에서는 선리준이 체포되었고, 중국 매체에 따르면 "당 기율을 심각하게 위반"하여 시진핑의 조사를 받게 되었다. 사실, 그것은 궈를 송환시키거나 입을 다물게 하지 못한 것에 대한 처벌이었다.

지금까지의 트럼프 행정부의 조치와 정책이 인상적인 것이었지만, 미국은 커지고 있는 중국의 위협을 제거하기 위해서 반드시 더 많은 조치를 해야 한다.

중국이 이미 전략적 경쟁자로서의 위상을 넘어 적으로 인식해야 될 것인지에 대한 질문을 받고, 백악관의 한 고위 관리는 중국은 경쟁자이면서 적이라고 말했다.

미국 정부의 일부 문서는 중국을 적으로 인식하기 시작하였다. "예를 들면 에너지성(Department of Energy)은 우리의 전력망을 보호하기 위한 집행명령을 발동했는데, 그 안에서 적대적인 역학관계가 있음을 인식해야 할 필요가 있다"고 말하고 있다. 중국의 군사정보부가 미국의 컴퓨터 전력망 통제 연결망에 대해 면밀한 조사를 하였다 ― 이것은 중국이 미래에 분쟁이 발생하면 미국의 전력망을 차단하기 위해서 엄청난 사이버 전투능력사용 계획을 가지고 있음을 암시하는 것이다.

미국의 관리들은 트럼프 행정부가 중국을 효과적으로 다루려 하는 데 가장 심각한 장애물 중 하나는 재무성의 고위 관료들이 주저하는 것이었다고 말했다. 전 골드만 삭스 임원이었던 스티븐 므누신(Steven Mnuchin) 장관은 트럼프 대통령을 위해 일하는 것에 더하여 월스트리트의 이익을 위해서도 싸웠다. 몇 명의 백악관 관리들에 따르면, 므누신이 설익은 조치들이 세계 시장을 불안하게 한다고 주장하면서 트럼프 행정부의 많은 대중국 정책에 물을 타면서 효과를 약화시켰다. 좌절의 맛을 보았던 백악관의 한 관리는 그를 "우리 시대의 네빌 챔벌린(Neville Chamberlin)"이라고 말했다.

국무부의 관료체제 ― 폼페이오 장관의 통제 밖에 있는 사람들 ― 역시 트럼프 행정부의 강력한 대중국 정책을 해치려고 하였다. 국무부 내에 있는 관료들은 중국 위협의 중심은 중국 공산당이라고 인정하지 않으려고 하면서, 마오쩌둥 사후 1976년에 권력을 잡은 등자오핑(Deng Xiaoping)의 개혁적인 공산주의로 복귀하도록 압력을 가하는 나약한 정책을 선호하였다. 폼페이오는 이런 정책을 거부하였지만, 중국이나 어디서든지 정권 교체를 미국이 시작하는 것에는 반대하는 트럼프의 입장을 유지하였다.

보다 공격적인 대첩보 작전이 필요한 상황에서, FBI가 그러한 요구에 응답하였다. FBI 국장 크리스토퍼 레이(Christopher Wray)는 2020년 7월에 있었던 주요 연설에서 "우리나라의 정보, 정보 자산 그리고 우리 경제의 생존에 가장 장기적인 위협은 중국으로부터 오는 대첩보 및 경제적 스파이 행위"라고 말했다. 이에 부응하여, FBI는 2,000명의 특별 에이전트를 중국 대첩보 분야에 배치하였고, 레이는 그가 연설하고 있는 시점에 새롭게 중국과 관련된 대간첩 사건이 매 10시간마다 한 건씩 나타나고 있다고 말했다. 현재 FBI의 대첩보 사건 5,000건 중에서 거의 반에 해당하는 사건들이 중국 간첩 혹은 그들의 에이전트와 관련된 것이다.

반대로 CIA를 잘 알고 있는 관리들에 따르면, CIA는 중국에 대한 분석과 작전을 개선하기 위해서 일을 거의 하지 않았다. CIA는 중국 내의 정보원도 부족하고 중국 공산당 체제, 특히 중국의 군대와 보안 기관의 역학관계에 대한 이해도 부족한 상태로 있다.

미국의 외교가 개혁 및 개선되어야 한다는 권고 역시 건의되지 않았다. 외교 업무를 하는 외교관들이 중국 위협을 보다 더 효과적으로 처리하기 위해서 외교적 업무를 간편하게 재조정하는 노력에 저항하였다.

중국에 대응하기 위해 민주적인 동맹국가들과 세계적인 연결망을 강화해야 한다는 나의 요청은 진전이 있었다. 2020년 10월 폼페이오 국무장관은 도쿄에서 쿼드(Quad)라고 불리는 인도-태평양 동맹 최초 회의에서 일본, 호주 및 인도의 외무장관들을 만났다. 그러나 인도 내부의 정치적 토론은 쿼드가 나토 유형의 아시아 안보 동맹을 위한 계획에 관한 토론을 공공연하게 하는 것을 막았다; 이 주저함은 소위 비동맹 국가의 지도자로서 인도가 가진 과거의 역할이 뇌리를 떠나지 않았기 때문이다.

미국 정부는 미국 내에서 중국인들의 활동을 제한하는 실질적인 조치를 취했는데, 가장 주목할 만한 것은 2020년 7월에 휴스턴에 있는 중국 영사관을 폐쇄한 것이다. 미국 관리들은 그 영사관을 중국의 정보수집 및 영향력 행사 작전을 위한 기지로 생각하였다. 앞에서 언급한 바와 같이, 중국 군대 혹은 정보기관과 관련이 있는 중국 학생들은 더 이상 미국에서 공부할 수 없도록 하였다. 새로운 조직으로 가장한 중국의 선전 수단들은, 미국 내에서 활동을 제한하기 위해서 강제로 직원을 줄이고 중국 정부에 소속되어 있음을 선언하도록 하였다.

아직도 시행해야 할 필요성이 있는 권고 사항들은 중국 주변부에 미사일 방어 배치를 늘려야 하는 것과 중국의 저강도 전투와 유사한 것을 무력화하기 위해서 미국판 "회색지대(gray-zone)" 비대칭 전투를 시작해야 한다는 것이다. 펜타곤의 국방과학위원회(Defense Science Board)는 미국 군대의 회색지대 활동은 일관성이 없고 성공적이지 못했다고 한 연구에서 결론을 내리고, 이 지역에서 사이버, 정보 및 영향력 행사 활동 같은 분야에서 능력을 향상시킬 것을 촉구하였다. 그 보고서에서는, 미국 군대는 "회색지대에서보다 공격적이고, 모든 행동을 미국의 목표에 반하는 행동을 하는 경쟁자들을 억지하기 위한 전투로 다루어야 할 필요성이 있다"고 결론을 내리고 있다.

또한 미국 정부는 장차 자유 중국을 위한 새로운 정책을 개발할 수 있는 민주적인 망명 중국 의회를 만들어야 한다는 권고사항에 대한 조치는 아직도 취하지 않았다. 아직은 중국 외부의 친민주적인 세력을 돕는 노력이 거의 없었는데, 이것은 민주적이고 자유스러운 중국을 위한 토대를 만드는 데 긴급하게 필요한 조치이다.

리차드 닉슨(Richard Nixon) 대통령 행정부가 소련에 대응하여 사용한 중국 카드를 사용한 방법으로, 중국에 대응하여 "러시아 카드"를 활용해야 한다는 권고와 관련하여서, 크렘린에 있는 블라디미르 푸틴(Vladimir Putin)의 통치가 주요 장애물이다. 푸틴은 정적을 죽이거나 부상을 입히기 위하여 치명적인 화학무기를 사용해 왔다.

중국이 세계 패권을 추구하여 자유스럽고, 개방적이며 민주적인 세계의 미래가 여전히 위태롭다. 세계의 유일한 − 전체주의적인 − 초강대국이 되겠다는 중국의 계획을 인식하고 대응하려는 조치들 측면에서 상당한 진전이 있었으나, 해야 할 일이 아직도 많이 남아 있다.

2020년 10월
빌 거츠(Bill Gertz)

역자 서문

21세기 국제정치에서 미국과 중국의 패권경쟁은 가장 중요한 화두이다. 미국의 경제성장이 둔화하면서 세계적 리더십이 약화되었고, 그에 따른 다양한 도전에 직면하면서 과연 미국이 21세기에도 패권국의 지위를 유지할 수 있을까? 반대로, 가파른 경제성장과 이를 바탕으로 군사력을 건설해 온 중국은 시진핑 주석을 2021년 11월 11일 폐막한 중앙위원회 전체회의를 통하여 "새로운 황제"로 등장시키면서 세계 패권 회복을 천명했지만, 성공할 수 있을까?

지금까지 그 어떤 나라보다 월등한 국력을 자랑하며 세계 패권을 행사하던 미국은 자신의 자리를 중국으로부터 위협받고 있다는 사실을 인지하고, 대중국 견제를 시작했다. 도널드 트럼프 대통령은 취임 첫해인 2017년 출간된 "국가안보 전략"에서 중국을 미국의 "전략적 경쟁자"이자 "현존 국제 질서의 도전자"로 규정했다. 바이든 정부 역시 중국을 정치적으로 인권을 유린하는 독재·전체주의 국가, 경제적으로는 불공정 행위를 저지르며 불법적으로 미국의 기술을 탈취하려는 국가로 간주하고 있다.

그간 세계 패권을 유지해 왔던 미국의 "자신감과 힘(confidence and strength)"은 어디로 갔을까? 중국은 어떻게 미국을 위협할 정도로 국력을 확대해 왔을까? 이 책의 저자 빌 거츠(Bill Gertz)는 이렇게 상황이 변하게 된 배경에는 두 가지 이유가 있음을 지적했다. 첫째는 중국이 미국의 가장 가치 있는 기술을 훔치기 위해 30년 이상 노골적인 전쟁 수행의 "하늘 속이기" 결과였다. 둘째는 미국의 대중국 정책 분석 및 결정자들이 중국의 기만적 전략에 속아 중국의 위협을 간과한 결과였다.

중국의 가장 고전적인 전략이자 이 책의 제목이기도 한 "하늘 속이기"는 수 세기 동안 중국인들이 정치와 전쟁에서 하나의 지침으로 사용해 온 "삼십육계"에서 나온 것이다. 중국 지도부의 "하늘을 속이기"는 지역에서 패권을 장악하고 궁극적으로 세계를 지배하겠다는 진정한 목표와 의도를 감추는 데 필수적인 것이다. 이 전략에 의하면, 전쟁에서 이기고자 하는 지도자의 결정은 중국 문화에서 하늘의 아들 혹은 하늘로 여기는 황제조차도 속일 수 있을 만큼 가차 없어야 한다. 중국은 실제 목표를 쉽게 달성하기 위해서 가짜 목표를 사용한다는 고대 공식에 알려진 전략적 기만을 미국을 향하여 일상적으로 사용하고 있다. 이 계략(Stratagem)의 핵심인 "은밀한 계략은 공개적인 행위 속에 감추어져 시행"해야 한다. 그러므로 하늘도 모르게 바다를 건너기 위해서는, 바다 위에서 공개적으로 이동해야 하고, 그러나 행동은 마치 바다를 건너지 않는 것처럼 해야 한다는 것을 의미한다.

중국의 이러한 전략 속에서 미국의 중국 정보 분석가들과 정책 결정자들은 중국에 대해 너무 순진했고, 민주당 정부든 공화당 정부든 잘못된 정보에 기초한 정책 결정을 계속했다. 미국은 선한 의도와 함께 중국과 함께 사업을 하면서 베이징의 공산주의 정권이 자유 시장경제와 민주주의 체제로 전환될 것이라고 믿었다. 하지만 수십 년 동안 잘못된 미국의 대중국 정책은 마오쩌둥의 통제되지 않는 권력과 맞먹는 힘을 가진 시진핑 총서기가 통치하는 강경 팽창주의적 공산당 정권을 만들어 내는 결과로 이어졌다. 2012년 권력을 잡은 시진핑은 철권통치를 유지해 왔고 공산주의 이념을 아시아뿐만 아니라 세계 패권을 위한 중국 추동력의 중심으로 만들어버렸다.

중국은 그들이 목표로 설정한 것 중 많은 것을 거의 달성했다. 몇 가지 사례만 살펴보면, 중국은 빌 클린턴 대통령 집권 당시 이전된 기술로 전략 미사일 발사를 할 수 있었고, 또한 미국에서 훔쳐 온 다탄두 핵미사일 탄두에 사용하는 기술로 다중 인공위성을 발사하는 기술로 사용하고 있다. 클린턴은 중국과 인터넷 기술을 공유하면서 중국 인민을 속박에서 벗어나게 해 줄 것이라고 철석같이 믿었다. 중국은 인터넷을 통해 중국 인민을 철저하게 통제할 뿐만 아니라 미래를 위한 세계 선진기술 시장을 궁지로 몰아넣는 전례 없는 첨단기술 전체주의를 만들고 있으며, 군사력과 약탈적 상업주의를 부추기는 혁명적 고속 5G 통신도 완성했다. 버락 오바마 대통령 집권 기간에는 중국의 도둑질은 묵인되었고 미국의 기술을 대량으로 절도하는 것조차 은폐되었다.

중국은 미국과의 무제한 전쟁에서 금융 수단과 다른 비군사적인 수단도 동원하고 있다. 중국은 세계 곳곳의 빈곤 국가에 대규모 빚을 안기고 "중화주의"의 부활을 목표로 하는 일대일로 구상(the Belt and Road Initiative)으로 개발도상국에 1조에서 3조 달러 사이의 돈을 쓰고 있다. 빚을 진 국가들은 중국의 세력 투사를 위한 세계적 군사기지로 전환되고 있다.

다행히 미국이 이제 중국에 대해 올바른 조치를 하고 있다. 미국은 트럼프 대통령 당선 이후 세계 패권을 추구하는 중국과 직접 부딪히고 있는데, 먼저 수십 년 동안 지속된 불공정 무역 관행부터 고치려고 하고 있다. 그는 새로운 중국 정책의 중심축으로 미국의 국가안보를 경제안보와 직접 연계시켰다. 그는 수십 년 동안의 불공정 무역관행과 불법 기술이전에 대해 중국을 압박하기 위한 강력한 협상 수단으로 수십억 달러의 관세를 부과했다. 2019년 트럼프 대통령은 시진핑과 맞대응했고 중국의 경제는 미국의 압력에 직면하여 줄어들기 시작했다. 바이든 대통령 역시 이러한 대중국 압박과 견제정책을 당분간은 계속 유지할 것이다.

이 책의 저자 빌 거츠는 시진핑의 "중국몽"은 세계의 악몽이고 반드시 막아야 한다고 주장했다. 그는 트럼프 행정부가 중국을 견제하기 위한 첫 번째 조처를 했으며, 미국은 1980년대 이후 최초로 중국이 단순한 전략적 경쟁자가 아니라 실존하는 위협이자 모든 전투영역에서 싸워야 할 적이라는 점을 광범위하게 인식했다. 저자는 미국의 꿈인 자유, 번영 및 개인의 자유를 위한 미래는 공산주의 중국과 세계적인 대결에서 승리함으로써 반드시 보전되어야 한다고 강조했다.

특히 저자는 오랫동안 중국 안보문제를 다루어 온 전문가답게 중국의 미국 기술을 탈취하는 방법을 추적 및 연구하여 그 내용을 상세하게 밝히고 있다. 중국의 위협은 핵과 재래식 미사일 기습 공격보다 소프트한 분야에서 시작되고 있다는 것을 강조하고 있다. 즉, 이념적, 정치적, 외교적, 군사적인 정보, 경제, 금융, 선전과 관련된 것으로 보고 있다. 아울러 저자는 중국을 적으로 선언하고 위협을 완화하기 위한 새로운 전략을 선택해야 한다고 주장했고, 이와 관련 전략을 상세하고 구체적으로 14개로 선정해서 제시했다. 예를 들면, 중국 공산당의 정보 및 영향력 행사 작전에 대응하기 위해 새로운 기구, 가칭 "IA(Information America)"를 설치할 것을 제안했다.

저자가 구체적으로 제안하는 결론을 개관해 보면, 중국이 미국의 접근을 제한하면 미국도 중국의 접근을 제한하고, 미국 정보를 보다 대담하고 공세적으로 운영하며 더욱 효과적인 분석을 하도록 중점 방향과 운영 방법을 변경하면서 외교 체계를 재구성하여 개혁하라고 제안했다. 또한, 효율적인 동맹 강화를 위해 아시아의 자유, 번영, 그리고 법치를 추구하는 네트워크를 구성하고, 중국에 대한 문화 및 교육 분야의 규제를 위해서 미국 체제를 남용하는 미국 내 중국 국적자들의 행위를 철저하게 제한했다. 경제적 압박을 위해서는 중국과 거리를 두는 정책 집행을 시작해야 하고, 중국에 대한 은밀한 금융 전쟁을 계획하고 집행하라고 했다. 군사 분야에서는 중국 공산당과 인민해방군을 주적으로 인식하는 새로운 정책을 반드시 채택하고, 미국 본토 방어를 위해 미국 내 미사일 방어를 확장해야 하며, 중국의 군대, 사이버, 전자 및 심리전 능력을 무력화하기 위한 비대칭전 능력을 개발하라고 요구했다.

심지어 다른 국가안보 전문가가 2005년 제안한 "중국 망명 의회" 설치 즉시 실행과 함께 중국의 위협을 완화하기 위해 러시아 카드를 활용해야 한다고 제안했다.

이러한 구체적인 정책 대안과 실행 방안은 좀처럼 보기 어려운 내용으로 중국을 연구하는 분들은 물론이고 미국과 중국의 갈등에 관심이 있는 많은 일반 독자들도 한 번 읽어 보기를 권하고 싶다.

2021. 12.
상명대 연구실에서
역자 윤지원

"자유는 한 세대가 끝나기도 전에 사라질 것이다.

우리는 피가 흐르는 상태로 우리의 아이들에게 그것을 물려주지 않을 것이다. 그들이 자유를 물려받는 유일한 방법으로 우리가 알고 있는 것은 우리가 자유를 위해 싸워서, 그것을 보호하고 방어해야 하며, 그리고 그들이 평생 우리가 했던 일을 어떻게 똑같이 할 것인가를 알려 주는 교훈과 함께 그것을 물려준다. 당신과 내가 이것을 하지 못한다면, 우리는 우리 아이들과 그 아이들의 아이들에게 한때 자유로웠던 미국이 어떤 나라였는지를 말해 주면서 우리 노후를 보낼 것이다."

- 로널드 레이건, 1961년 3월 30일,
피닉스 상공회의소 연례회의 연설에서

목차

서 언   바다를 건너기 위해 하늘을 속인다   / 1

제1장   공산주의자들은 어떻게 거짓말을 하는가 – 2007년 대 위성(ASAT) 시험   / 11

제2장   동편은 붉다 – 중국적 특색이 가미된 공산주의   / 21

제3장   중국의 전쟁 – 친중국 유화정책의 실패   / 33

제4장   다가오는 중국과의 우주전쟁   / 49

재5장   우주에서 암살자의 철퇴   / 57

제6장   디지털 우위 추구 – 중국의 사이버 공격   / 71

제7장   하이테크 전체주의   / 91

제8장   중국의 정보 작전   / 107

제9장   영 향 력 – 베이징과 선전술 및 역정보 작전   / 127

제10장   중국인의 특성이 가미된 금융 및 경제 전쟁   / 149

제11장   기업 공산주의 – 화웨이와 5G   / 169

제12장   군 사 력 – 총구로 세계를 지배   / 187

제13장   바다의 화약고와 중국의 진주 목걸이 확장   / 207

결 론   무엇을 할 것인가? – 중국을 적으로 선언하고, 중국 인민을 해방해야 한다
         / 223

서 언

바다를 건너기 위해
하늘을 속인다

바다를 건너기 위해 하늘을 속인다

> "방어를 잘하는 자는 땅속 깊숙이 숨고; 공격을 잘하는 자는 천국 위를 걷는다. 그래서 그는 자신도 보존하고 완벽한 승리를 거둘 수 있다."
>
> – 손자, 손자병법

20년 전인 1999년 어느 날, 나는 펜타곤의 가장자리에 위치하여 창문도 없는 국방정보본부(DIA)의 한 브리핑 룸에 앉아 있었다. 회의 탁자의 끝단에 육군 중장인 정보본부장이 있었다. 몇 분의 시간이 흐른 다음, 그가 놀랄만한 말을 하였다: "빌, 중국은 위협이 아니야." 나는 그 3성 장군에게 왜 그렇게 믿느냐고 물었다. 펜타곤의 기본규정에 따라 이름은 밝힐 수는 없지만, 그 장군은 중국의 지도자들이 그들은 위협이 아니었다고 선언했기 때문에 중국은 위협이 아니라고 대답했다. 나는 큰 충격을 받았다. 중국은 위협이 아니라는 수사적인 표현에 그 당시 민간 정책입안자와 민간 정보당국자들도 같은 입장이었는데, 그들은 베이징에서 핵으로 무장한 공산주의 독재지도부가 제기하는 위협 수위를 4년 동안 적극적으로 낮춰 온 사람들이다. 놀라운 것은 이런 생각을 미국군 정보 조직의 가장 높은 직책에 있는 장군한테 들은 것인데, 그는 미국 정부와 군대의 방위정책과 안보정책에 엄청난 영향력을 행사하는 사람이다.

그 경험은 미국 정부에서 가장 고위직에 있는 사람들이 공산주의 중국이 제기하는 위협에 대해 정보를 받지 못했고 그래서 중국의 체제와 행위에 대한 잘못된 생각과 개념과 가졌다는 증거이다. 어깨에 몇 개의 별을 단 고위 군사지도자가 어떻게 기만전략 구사에 몰입하면서 미국을 공격할 수 있는 핵무기로 무장한 공산당이 통제하는 국가가 위협이 아니라고 말하는지 정말 충격을 받았다.

국방정보본부장의 중국에 대한 부정확한 시각은 1980년대 DIA 중국 평가부장인 로널드 몬타페르토(Ronald Montaperto) 같은 DIA 분석가들의 의견을 반영한 것인데, 그는 나중에 중국 무관 두 명에게 비밀정보를 넘겨준 것을 유죄로 인정하였고 체포되었다. 그의 소송과 관련한 재판이 진행되는 동안, 다른 DIA 분석가 로니 헨리(Lonnie Henley)는 몬타페르토의 성격을 증언하는 내용을 판사에게 보내는 편지에서 – 그의 행동은 언급하지 않고 – 그의 친구 몬타페로트를 두둔하였다. 헨리는 DIA에서 동아시아 국가정보 부담당관으로 거의 30년 동안 중국에 관하여 유화적 평가를 해 온 미국 정보사회를 지배해 왔고, 2019년 현재 DIA 중국 분석관으로 가장 높은 직위에 있다.

DIA에서의 경험은 2000년에 발간한 내 책 *중국의 위협: 인민공화국은 어떻게 미국을 표적으로 하는가(The China Threat: How the People's Republic Targets America)*를 써야겠다는 자극이 되었다. 이 책은 미국 정부 내에 넓게 퍼져 있는 중국에 대한 유화적인 평가와는 극명하게 대조를 이루고 있다. 나는 "21세기 최대의 위협은 중화인민공화국에 있는 핵으로 무장한 공산주의 독재"라고 썼다. *중국위협*은 어떻게 공산당이 13억 인구를 – 현재는 14억 – 무자비하게 통치했는지 그리고 왜 그렇게 오판하기 쉬운지 폭로하고 있다. 나는 중국 공산주의 통치자들이 미국과 그 동맹국들에 대하여 진주만 선제공격 같은 기습공격을 잘 해 온 것이라고 경고했다. 이런 관점에 대해 이 경고의 특징을 이해하지 못하는 기존의 엘리트들은 중국에 대한 이해가 부족한 보수적인 기자의 관점이라고 무시했다. 중국을 지켜보는 정부의 거대한 기관들, 정보사회, 군대 일부와 학자 및 싱크 탱크 세계는 중국에 관한 모든 토론과 정부 정책에도 가차 없는 집단사고를 강요하였다. 중국이 유순한 국가라는 지배적인 견해와 다른 의견을 가진 사람은 "전쟁광" 혹은 그 이상으로 나쁜 사람이라는 정치적인 공격을 받았다. 정부의 정책을 입안할 수 있는 직위에 지명된 모든 후보자는 불문율로 엄격한 정치적 리트머스 시험을 치루었다. 중국위협에 대하여 솔직하게 말하면, 군대 생활도 접어야 했다.

시간은 *중국 위협*의 경고가 맞았음을 증명하였고 그 문제를 해결하기 위한 많은 권고 사항들이 이행될 것이다.

2010년대 후반, 중국과 무제한 교류라는 정책이 대실패였음이 증명되었다. 더욱 온건하고, 보다 민주적이며, 보다 국제적으로 통합된 중국 대신에, 중화인민공화국은 평화, 안보 및 자유의 두 가지 근본 – 권리와 번영에 그 어느 때보다도 가장 위험한 위협으로 부상하였다. 대신 중국은 마오쩌둥주의 공산주의 뿌리로 복귀했고 중국이 해외에서 세계 패권을 추구하면서 국내에서는 더욱 억압적인 독재국가가 되었다.

1999년 이 사건들이 있은 지 20년이 지나서 임명된 다른 DIA 본부장은 매우 다른 입장을 가졌다. 육군 중장 로버트 피 애슐리 주니어(Robert P. Ashley Jr.)는 이전 행정부 집권 기간 동안 가졌던 중국에 대한 잘못된 관점과는 극명하게 대조되는 견해를 보여 주었다. 애슐리는 DIA의 한 보고서에서 공산주의 이념은 중국 통치자들을 위한 원동력으로 변하지 않았다고 폭로하였다. 마오쩌둥의 통치하에 공산주의자들이 집권하도록 한 1949년 혁명은 – 역사상 최악의 대량학살로 생각되는 – 베이징에 있는 중국 지도부에게 미국에 반대하여 힘을 행사하라고 주문해 왔는데, 그 첫 번째가 한국이고 이후에는 베트남 전쟁에서 중국 군대가 하노이 편을 들어 공군과 공중방어를 제공한 것이다.

중국이 1989년 6월 베이징의 천안문 광장에서 중국 국민 수천 명의 민주화 열망을 분쇄하기 위해 인민해방군(PLA)을 이용하여 제재를 받았는데, 이후 미국의 가장 가치 있는 기술을 훔치기 위해 30년 이상의 노골적인 전쟁을 시작하였다. 그 절도는 충격적이었고, 훔친 기술과 정보자산의 가치는 매년 6천억 달러에 이르는 것으로 추정되었다. 애슐리는 DIA 보고서 *중국 군사력(China Military Power)*의 서문에 "기술획득을 위한 이 다각적 접근의 결과는 세계에서 가장 현대화된 무기체계를 가지고 있는 PLA"라고 썼다.

어떻게 DIA가 20년 동안 그렇게 잘못할 수 있었을까? 하나의 잘못된 가정 위에서 작동되었던 의도적인 무지가 민주당과 공화당을 불문하고 계속된 미국 행정부에 이어졌다: 이 가정은 만약 미국이 중국과 단순하게 사업을 함께하면, 베이징의 공산주의 정권은 마침내 자유시장, 민주주의 체제로 나타나게 된다는 것이었다.

그러나, 오늘날 수십 년 동안 잘못된 정책은 마오쩌둥의 통제되지 않는 권력과 맞먹는 힘을 가진 시진핑 총서기가 지도하는 강경 팽창주의적 공산당 정권을 만들어 내는 결과로 나타났다. 2012년 권력을 잡은 새로운 리더는 철권통지를 해 왔고 공산주의 이념을 아시아뿐만 아니라 세계 지배를 위한 중국 추동력의 중심으로 만들었다.

그 실패가 어떻게 해서 이 책의 주제인 *하늘 속이기: 세계 패권을 위한 공산주의 중국 내부의 움직임(Deceiving the Sky: Inside Communist China's Drive for Global Supremacy)*이 되었는가 하는 것이다.

중국은 전통적으로 고대 전략에 푹 빠져 있었는데, 현재 공산주의 정권도 다르지 않다. 하늘 속이기라는 제목은 "하늘을 속여 바다를 건넌다"라는 전투에서 승리하기 위해 장군들이 사용한 중국의 고대 전략으로부터 온 것이다. 전설에 따르면, 당시 이웃 국가, 현재는 한국인데, 당시 고구려에 대한 전쟁 개시를 주저하던 황제가 있었다. 그래서 장군 중의 한 명이 황제에게 부자인 농부 집에 저녁 식사를 하러 가자고 설득하였다. 그 황제는 저녁을 먹으러 그 집에 들어갔고, 그 집이 움직이기 시작하였다. 그 황제는 바다를 가로질러 전쟁터 고구려로 향하는 배에 오르도록 속았던 것이다. 황제는 배에서 내릴 수도 없고 할 수 없이 군대에 진격하라고 명령을 하였고, 전쟁에서 승리하였다.

이 전설은 고전 *삼십육계(Thirty－Six Stratagems)*의 첫 번째 전략이 되었는데, 이 고전은 수 세기 동안 중국인들이 정치와 전쟁에서 하나의 지침으로 사용해 온 것이다. 중국 공산당 지도자들에게, 하늘을 속이는 것은 중국 공산당의 발아래 지역에서 패권을 장악하고 궁극적으로 세계 지배를 하겠다는 진정한 목표와 의도를 감추는 데 필수적인 것이다. 그 전략에 따르면, 전쟁에서 이기고자 하는 지도자의 결정은 중국 문화에서 하늘의 아들 혹은 하늘로 여기는 황제조차도 속일 수 있을 만큼 가차 없어야 한다는 것이다. 오늘날의 중국에서, 그 전략은 목표가 수단을 정당화한다는 마르크스주의의 격언을 반영하고 있다. 베이징은 실제 목표를 쉽게 달성하기 위해서 가짜 목표를 사용한다는 고대 공식에 알려진 전략적 기만을 일상적으로 활용하고 있다. 이것이 미국에 대항하여 모든 수단을 사용하는 공산당 전략을 기술하는 다른 방법이다 － 바다를 가로지르려는 중국에 유일한 장애물은 세계에서 가장 강력한 국가로 올바른 위치를 차지하고 있는 미국이다. 그 *계략(Stratagem)*이 말하는 것은:

> 은밀한 계략들은 공존할 수 없는 것이 아니라 공개적인 행위 속에 감추어져 있다. 최대의 개방성은 최고의 은밀함을 감추게 된다. 그러므로 하늘이 모르게 바다를 건너기 위해서는, 바다 위에서 공개적으로 이동해야 하고, 그러나 행동은 마치 바다를 건너지 않는 것처럼 해야 한다.

중국은 1970년대 문화혁명의 대혼란 속에서 부상한 이후 대대적으로 전략적 기만을 해 왔다. 이런 일상적인 기만은 1980년 후반 소위 개방 기간 이후 속도가 빨라졌다. DIA에서 증명한 바와 같이, 그 기만은 미국과 전 세계에 걸쳐 많은 사람들이 중국은 위협을 하지 않으니 교류해야 한다는 잘못된 믿음에 빠지도록 속였다. 중국이 적극적으로 추진한 기만은 세계 각처의 정부와 엘리트들이 중국은 평화스러운 국가라는 것을 확신하게 하였다: 중국은 지역 혹은 세계 패권을 추구하지 않는다; 그리고 중국의 모든 행동도 − 경제, 외교, 군사 그리고 기타 − 비공산주의 국가인 정상적인 국가들의 그것과 다르지 않다. 그래서 중국은 위협이 아니다.

아마도 중화인민공화국에 의한 최대의 기만 중의 하나는, 애슐리 장군이 표현한 것처럼 미국인들은 아직도 베이징의 의도를 이해할 필요성이 있다는 것이다. 중국의 의도가 명확하게 이해되지 않았다고 말하는 것은 한참 지났다. 중국의 정치 및 군사지도자들이 수년 동안 중국의 의도를 말해 왔는데, 그 목적은 두 가지라고 하였다: 공산주의 지도자들이 믿는 것은, 세계의 지도국가로 중국이 올바르고 주도적인 위치를 회복하고 미국을 파괴하는 것이다. 이것이 바로 하늘 기만하기라는 이 책의 주제인데, 이 위험과 관련된 내부의 움직임을 폭로하는 것이다.

도널드 제이 트럼프(Donald J. Trump) 대통령이 선출될 때까지, 중화인민공화국은 그들의 목표 중 많은 것을 거의 이루었다. 트럼프 대통령은 베이징과 선전포고 없는 전쟁에 − 경제, 기술 및 사이버 영역에서 승부를 결정짓는 − 참전하면서, 미국이 과거에는 절대 하지 않았던 방법을 승인하여 주요한 변화 조치를 취하였다.

왜 미국이 그렇게 잘못된 것이었을까? 그 실패는 융통성 없는 집단사고 때문에 발생했는데, 집단사고는 공산주의 시스템에서 사업, 무역 및 금융투자를 하고자 하는 사람들의 지원을 받는 정부 참여와 유화적인 정책을 엄격하게 고수하였다. 그러나 기대하던 자유롭고 개방된 중국 사회는 절대로 실현되지 않았다.

많은 사람들은 중화인민공화국을 지지하는 것이 왠지 혁신적이며 미래의 물결인 것처럼 호도되었다. 그들은 중국이 과연 공산주의 국가이냐고 질문을 던졌다. *하늘 속이기(Deceiving the Sky)*는 왜 그것이 가장 확실한지를 보여 준다. 어떤 정의에 따라도 그 정권은 중국의 특성이 강요된 마르크스−레닌주의적 정치 경제 체제를 운영하고 있다.

어떤 사람들은 중국이 전체주의 국가가 아니라고 말한다. 다시 말하지만, 칼 제이 프레드리히(Carl J. Friedrich)와 즈비그뉴 브레진스키(Zbigniew Brzezinski)가 1965년 *전체주의적 독재정부와 전제정치(Totalitarian Dictatorship and Autocracy)*에서 정의한 바와 같이 중국은 전체주의 국가이다. 그 정권은 인류를 위한 완벽한 국가를 만드는 공식적인 이념, 중국의 경우 시진핑의 "인류 운명을 공유하는 공동사회"라는 거창한 비전하에서 운영되고 있다. 그 나라에는 같은 지도자들이 이끄는 국가 관료 체제를 엄격하게 통제하는 일률적이고 서열이 확고한 8천만 명의 당원으로 구성된 대형 공산당이 있고, 효과적인 대규모의 통신을 독점하고 있다 — 철저하게 통제되는 선전수단으로 중국 국영 미디어가 있다. 또한 중화인민공화국은 법으로 무제한적인 경찰 통제를 하는 시스템과 절대 권한이 전체 경제에 영향을 미치기 때문에 전체주의 국가로 정의된다.

빌 클린턴 대통령 집권 당시 중국에 이전된 기술은 중국의 전략 미사일들이 발사대에서 폭발하는 것을 방지해 주었고, 현재는 다탄두 핵미사일의 꼭대기에 얹혀 있는 기술로 다중 인공위성을 발사하기 위한 기술로 사용되었다. 클린턴은 어리석게도 중국과 인터넷 기술을 공유하여 중국 인민을 속박에서 벗어나게 하는 해방적 영향을 극찬하였다. 그는 컴퓨터로 연결된 중국은 민주화 세력이 될 것이라고 하였고, 중국이 인터넷을 통제하려고 시도하는 것은 "벽에 젤리로 만든 못을 박으려 하는 것과 같다"고 농담을 하였다. 그로부터 20년이 지나서 중국은 벽에 젤리로 만든 못을 박아 왔고, 인터넷을 통제할 뿐만 아니라 미래를 위한 세계 선진기술 시장을 궁지로 몰아넣을 전례 없는 하이테크 전체주의를 만들기 직전에 있는데, 이 선진기술에는 군사력과 약탈적 상업주의를 부추기는 혁명적 고속 5G 통신도 포함된다.

버락 오바마(Barack Obama) 대통령 집권 후, 여러 가지 일들이 더욱 꼬여 갔다. 백악관은 2016년에 모든 공직자들로 하여금 중국의 군사적 위협과 기타 위협을 공식적으로 언급하지 못하도록 명령을 내려 중국을 무마하였다.

오바마 집권 기간에 중국의 도둑질을 묵인하여 미국의 안보가 손상을 입었고 중국이 미국 기술을 대량으로 절도하는 것이 은폐되었다. 오바마의 무대책은 전략적 가치가 있는 남중국해에 대한 중국의 지배를 손쉽게 해 주었다. 중국은 3,200에이커의 새로운 섬에 대한 권리를 주장한 후에, 2014년 러시아가 우크라이나 반도를 비밀합병한 것과 비슷하게 CIA가 중국의 크리미아라고 부르는 섬에 신형 대함 및 대공 미사일을 배치하였다.

중국은 미국과의 무제한 전쟁에서 금융 수단과 다른 비군사적인 수단도 동원하고 있다. 중국은 세계 도처의 빈곤국가에 대규모 빚을 안기는 것을 목표로 하는 일대일로 구상(the Belt and Road Initiative)으로 개발도상국에 1조 달러에서 3조 달러 사이의 돈을 쓰고 있다. 빚을 진 국가들은 중국의 세력 투사를 위한 세계적 군사기지가 되고 있다.

뉴스가 모두 나쁜 것은 아니다. 그리고 베이징의 공산주의자들과 싸우기에도 너무 늦은 것은 아니다. 억만장자 사업가 트럼프를 미국 대통령으로 만든 2016년의 별난 선거는 중요한 전략적 조치를 취하는 계기가 되었다. 2017년이 시작되자, 트럼프는 중국위협과 세계 패권을 추구하는 중국의 동력에 대한 대중과 정부의 오해를 바꾸기 시작하였다. 그는 공산주의자들이 1949년 권력을 잡은 이후 베이징과 직접 부딪힌 최초의 대통령인데, 수십 년 동안의 불공정 무역과 기술적인 관행을 되돌려 놓으려고 하였다.

트럼프는 새로운 중국 정책의 중심축으로 미국의 국가안보를 경제 안보와 직접 연계시켰다. 그는 수십 년 동안의 불공정 무역관행과 불법 기술이전에 대해 중국을 압박하기 위한 강력한 협상 수단으로 수십억 달러의 관세를 부과하였다. 2019년에 트럼프는 시진핑과 부딪혔고 중국의 경제는 미국의 압력에 직면하여 줄어들기 시작하였다.

국무장관 마이크 폼페이오(Mike Pompeo)는 "우리는 오랫동안 중국이 돈 가방을 보여 주면서 그리고 국영 기업과 국가의 경제역량을 활용하여 영향력을 행사하려고 세계 도처에 접근하는 것을 보았다"라고 하였다.[1]

그는 중국의 약탈적인 경제 관행이 과거에는 도전을 받지 않았으나 이제 미국이 싸우고 있다고 말했다. "이 행정부는 그렇게 하기 위한 일을 하고 있다"고 하였다.

미국은 사이버전과 사이버 간첩행위와 신형 크루즈 및 초음속 미사일과 같은 대규모로 성장하는 중국의 선진 무기와 역량에 대응하기 위한 조치를 하고 있다.

"이 사례들을 하나씩 들여다보면, 미국의 대응이 불충분한 가운데, 중국 정부는 그들의 역량을 발전시켰고 이제 우리는 미국 국민에 대한 이 위협에 대응하기 위한 미국의 힘을 하나로 모으는 노력을 하고 있다고 폼페이오가 말했다.

시진핑의 중국 몽은 사실은 세계의 악몽이고 반드시 분쇄되어야 한다. 트럼프 행정부는 그 목표를 향한 중요한 첫 번째 조치를 취했다. 1980년대 이후 최초로, 중국은 단순한 전략적 경쟁자가 아니라 실존하는 위협이자 모든 전투영역에서 싸워야 할 적이라는 점을 광범위하게 인식하였다. 미국의 꿈인 자유, 번영 및 개인의 자유를 위한 미래는 공산주의 중국과 세계적인 대결에서 승리함으로써 반드시 보전되어야 한다.

공산주의자들은
어떻게 거짓말을 하는가

- 2007년 대 위성(ASAT) 시험

공산주의자들은 어떻게 거짓말을 하는가

2007년 대 위성(ASAT) 미사일 시험

"우리와 그들 간에 차이를 만들려면 정보를 사용하고 적의 군대와 민간인들의 사기를 꺾으려면 심리전과 전략적 기만을 활용하라."

- 선위강, 세계전쟁, 제3차 세계대전 - 토탈정보전

2007년 1월 11일 아침, 중국 남부 사천성에 위치한 시창(Xichang) 인민해방군 위성발사센터는 쌀쌀했고 쾌청했다. 둥펑(Dong Feng) 21 탄도 미사일의 상업용 버전으로 KT-1 로켓이 이동용 발사대에 똑바로 서 있었다. 그 미사일의 맨 끝단에 올려진 것은 인민해방군의 중국공산당 총무장국이 지금까지 개발한 가장 비밀스러운 무기 중 하나였다 - SC-19 직상승 군사위성공격 미사일이었다.

현지 시간 6시경 몇 마일 떨어진 완리(Wanli)에 있는 지휘센터로부터 "발사" 명령이 떨어졌다. 발사 수 초 후에 460 우주비행단의 창문이 없는 상황실에 있던 미국 공군병사가 그 미사일의 열 신호를 탐지하였고, 열 신호는 덴버의 외곽에 있는 콜로라도 버클리 공군기지에 있는 비밀상황실의 컴퓨터 화면에 전시되었다. 오렌지 깃털처럼 표시되는 그 신호는 지구 상공 22,000마일 이상의 궤도에서 고속으로 비행하는 국방지원계획 위성에 장착된 센서들이 포착한다.

공군의 컴퓨터들이 즉각 그 미사일을 궤적을 추적한다. 시창에서 실시한 과거의 시험과는 달리, SC-19는 고비사막의 서편 수백 마일 떨어져 있는 착륙지점을 향해 아치를 그리면서 비행하는 대신 우주로 향했다. 그 궤적은 비정상적인 표적을 명중하기 전에 그 미사일이 우주로 비행하였다는 것을 보여 준다 - 궤도를 선회하는 펭귄-1C 기상위성.

발사 후 몇 분 이내에 초당 약 5마일 속도로 비행하는 SC-19의 운동 에너지식 파괴체가 시창 발사 센터로부터 서측 4도, 고도 530마일 상공에서 위성과 충돌한다. 우주의 공허함 속에서는 그 충격으로부터 발생하는 폭발음도 없다. 그 위성은 즉각 파괴되었고, 그 후 수 시간에 걸쳐 수천 개의 파편이 고속으로 궤도를 돌며 확산되는데, 이 확산으로 지구 주위에 치명적인 링이 형성되고, 향후 수십 년간 그리고 그 이후에도 유인 및 무인 우주 비행체를 위협한다.

그날 전 세계에 울린 21세기의 총성은 궤도를 선회하던 위성을 파괴한 것이었다. 몇 년 지나지 않아 신냉전이 미국과 중화인민공화국 사이에서 발생하였는데, 2010년대 후반에 트럼프 대통령의 새로운 정책으로 강화되었다. 공군의 수석 우주 전문가였고 나중에 미군의 전략사령관을 지낸 공군 장군 존 하이텐(John Hyten)은 2007년 실험과 관련하여 "우리 군대 전체에 대한 중대한 모닝 콜"이었다고 말했다.[1]

그 이후 우주에서 예상치 못한 위성을 파괴하고 베이징이 보인 반응은 어떻게 중국이 조직적인 거짓말과 기만을 하는지 전형적으로 보여 주었는데, 이것이 바로 중국 공산당과 세계에서 인구가 가장 많은 국가에 대한 철권통치를 정의하는 특징이다.

그 시험 내용이 미국의 정보사회에 계속 통보되었지만, 종종 내부적인 독점 기사 때문에 "항공 누출(Aviation Leak)"이라고도 불리는 잡지 *Aviation Week*가 1월 17일 폭로할 때까지 그 사건은 6일 동안 세상에 비밀로 남았다.

이 비밀이 폭로될 때까지 중국이 미국과 지역에서는 한국과 일본으로부터 국제적인 항의를 받았지만, 그 국가들은 그 시험과 파괴적인 영향에 대한 항의 성명에 조용한 외교적 불만으로 이의를 제기하였다. 모든 이의제기는 많은 경제지도자들과 친중국 공무원들이 선호하는 공산주의 국가와 소중히 여기는 관계가 깨지는 것을 우려해서 조용하게 하였다.

중국에 대한 비난을 큰소리로 하지 못했던 것은 하버드대학교 케네디 스쿨의 국제관계학과 교수 조셉 나이(Joseph Nye)가 자주 인용한 유언비어 때문이었다. 나이 교수는 미국의 교수사회와 그들과 사촌 관계라고 할 수 있는 미국의 정책과 정보사회에 있는 사람들을 이끌었고, 이들은 중국에 대하여 자기충족예언이라고 할 수 있는 유해한 논리를 전개했다. 그는 중국이 준 전체주의적 공산주의 체제, 불량국가 지원국이고, 인권남용 및 거짓과 기만을 하는 것이 중국 체제의 주요 특성이라고 큰소리를 내면, 세계가 중국위협을 만들어 내는 것이라고 주장하였다.

"만약 당신이 중국을 적으로 취급하면, 중국은 적이 될 것이다"라고 1990년대 중반에 국방부 차관보를 지낸 나이가 말했다. 이 캐치프레이즈는 수십 년간 지속된 정책과 전략으로 분화해 유입되었고, 소련이 블라디미르 레닌(Vladimir Lenin)의 집권 아래 소련을 건국한 이후 가장 중요한 이념적이고 전략적 위협으로 부상하는 데 기여해 온 이 캐치프레이즈가 최근에서야 거부되고 있다. 그 시스템은 악몽 같은 정권이 있는 세계에 걸쳐 지속되었는데, 중국과 그 이웃의 분파 국가들에 마르크스-레니 니즘 이행을 강요하면서 수백만 명을 죽이기도 하였다.

중국의 위협을 이해하기 위해서는 우선 중심적인 이념인 중국의 특성이 가해진 마르크스-레닌주의를 아는 것이 필요하다. 이것은 중국 공산당이 1949년에 권력을 잡은 이후 인민공화국의 지도이념으로 일상적으로 실천되었다. 그 이념을 확실하게 이해한다는 것은 중국의 현재 정권이 세계 평화와 안정에 제기하는 위협에 맞서고 대응하기 위해서 필수적인 것이다.

마오쩌둥으로부터, 덩샤오핑, 장쩌민, 후진타오에서 시진핑에 이르는 중국 공산당 지도자 모두는 중국 공산당의 궁극적인 적 미국을 패퇴시키기 위해서 정책의 변화를 추구해 왔다.

궈 웽궈(Guo Wengui)는 2016년에 중국에서 망명한 억만장자 사업가이다. 그는 공산당의 체제와 그 뒤에 숨어 있는 이념을 아주 잘 알고 있다. 궈는 서구 문물이 공산주의와 대응하여 사라지는 것은 서구문화가 기독교에 근거하기 때문이라고 믿는데, 기독교는 상호신뢰와 공통의 도덕적 가치에 기반하고 있기 때문이다.

"그러나 중국은 공산주의 국가이다. 공산주의는 유토피아를 건설한다고 했는데 그것은 거짓이다; 그것은 사기이다. 기본적으로 〔공산주의자들〕은 전문적인 거짓말쟁이다. 그들은 거짓말을 한다. 만약 당신이 그들을 믿어 주면, 이후 그들은 그들이 약속한 것을 절대 실천하지 않을 것이다. 그들은 그렇게 할 수 없다. 그것은 불가능하다"라고 궈는 말했다.[2]

서양문화는 옳고 그름의 도덕성 위에 세워졌다. 그에 반해서 공산주의 시스템은 진실과 거짓을 정확하게 똑같은 것으로 바꿔 버린다. 진실이 사상적 대의명분을 증진한다면, 조금도 주저함이 있을 수 없다. 이와 유사하게, 거짓이 유용하다면, 거짓말을 쉽게 한다. 공산주의 중국을 이해하지 못한다면 "그것이 바로 당신이 사라지는 이유이다"라고 궈는 말한다.

"당신은 중국에서 당신이 다르다는 것을 이해하지 못하는데, 이것이 도둑정치이다"라고 궈가 말했다. "그들은 옳고 그름을 구분하고 있지 않다. 그들은 할 수 있는 것이면 어떤 것이라도 할 수 있다고 믿는다. 그런 경우라면, 당신은 그런 상황에 대하여 어떻게 이길 수 있겠는가? 당신은 그런 체제에 항상 지게 될 것이다."

2007년 대 위성(ASAT) 미사일 시험 후 처음 며칠간, 중국 공산당 정권은 사실 확인을 완전히 거부하고 기만을 하였다. 처음에 세계 도처에 있는 중국 외교관들은 그 우주 시험발사에 대한 외국 정부의 공식적인 질문에 정보가 없다는 말로 대응을 하였다 – 뭔가 사실이 아닌 것처럼.

조지 부시(George W. Bush) 대통령 행정부는 2007년 1월 15일에 실시한 ASAT 시험에 대하여 공식항의서한을 보냈다. 주중 미국대사 클라크 란트(Clark Randt)가 외교 항의서를 중국 외교부 부부장 허야페이(He Yafei)에게 전달했다. 동시에 군비 통제 및 국제안보 담당 국무차관 로버트 조셉(Robert Joseph)은 주미 중국대사 저우 원중(Zhou Wenzhong)을 워싱턴 국무부에 초치하여 같은 외교 항의서를 전달했다.

중국의 공식적인 은폐는 일주일 이상 계속되었다. 중국 공산당 중앙정치국 상무 위원회는 – 중국을 통치하는 9명의 멤버가 집단 독재 체제를 구성 – 그들의 대응을 마련하기 위해서 베이징의 중난하이(Zhongnanhai)의 지도부 건물에서 10일 동안 비밀 회의를 하였다. 미국과 세계에 ASAT 비밀에 관하여 무엇을 말하고 얼마나 밝힐 것인가에 대한 오랜 토론 끝에 그 대응계획은 즉각 당 총서기 후진타오(HU Jintao)의 승인을 받았다.

그 반응은 1월 21일에 나왔고 고전적인 중국의 전략기만과 허위정보를 활용한 것이었다. 그것이 베이징의 댜오위타이(Diaoyutai) 영빈관에서 있었던 회의에 전달되었다. 허야페이가 국무부 동아시아 및 태평양 차관보 크리스토퍼 힐(Christopher Hill)에게, 그 시험은 "어떤 국가에도 위협을 주지 않고 '제3국'을 표적으로 하지 않는다"고 말했다 – 미국은 아니라는 의미. 그리고 공산주의 당국자는 "중국은 당분간 추가적인 시험계획이 없다"고 조금 더 보태서 거짓말을 하였다.

베테랑 외교관인 힐은 거짓말을 하는 중국 당국자를 비난하였으나 국무부의 외교적인 대화방식인 점잖은 표현으로 말했다. 힐은 중국의 공산주의 통치자들의 심기를 건드리지 않으려고 장황하게 말을 하였다. 힐은 중국 당국자에게 1월 발표는 우주에서 어떤 종류의 군비경쟁도 하지 않겠다는 중국의 공식적인 입장과 다르다고 말하였다. 그리고 힐은 ASAT 시험 목적을 적절하게 설명하지 못하는 중국에 대해 미국은 "우려하고 있다"고 경고했다.

ASAT 시험의 핵심적인 문제는 이것이 단순한 전략적 위협이 아니라 위험한 재난이라는 것이다. 궤도를 돌고 있는 위성을 공격하면 센서가 탐지하고 추적하기에 충분한 크기의 잔해가 2,500개 이상 만들어진다. 더욱이, 미사일의 충격으로 10만 개 이상의 더 작은 잔해가 만들어지고 100년 동안 지구 주위의 벨트에 남게 된다. 미국은 군과 첩보 관련 조직에서 사용하는 수십억 달러짜리 위성들이 그 잔해물과 충돌하여 손상 피해를 볼 수 있기 때문에, 이를 회피하기 위하여 매우 값비싼 위성 내 탑재 연료를 사용할 수밖에 없다.

중국의 비협조는 거의 1년 동안 계속되었다. "중국의 시험 기간 12개월이 경과한 후에도, 2007년 1월 15일에 최초로 제기된 많은 질문에 관하여 외교 채널을 통한 추가 설명이 없었다"라고 비밀로 분류된 국무성 전문에 기록되어 있다.

중국군은 그 시험이 "과학적 실험"이라고 거짓 주장을 하여 미국을 기만하였다. 중국 인민해방군 당국자는 그 잔해물에 대한 우려와 그것이 주는 위협이 너무 부풀려졌다고 방문 중인 미국 관리에게 말했다. 그 시험의 폭발에 대한 관심이 점차 수그러 들었다. 2007년 3월, PLA의 궈보슝(Guo Boxiong) 장군은 당시 미국 태평양 함대사령관 티모시 키팅(Timothy Keating) 제독에게 계속 은폐를 하였다.

누출된 전문은 "중국의 고위 당국자들은 미국 국방부 장관 [로버트] 게이츠(Robert Gates) 및 다른 국방부 당국자들과의 최근 안보대화에서도 ASAT 시험에 관한 미국의 우려를 해소하기 위한 해명을 하려고 하지 않는다"고 기록되어 있다.

중국 공산당 중앙당 국제전략연구소의 학자인 친지라이(Qin Zhilai)는 2007년 1월 26일 미 대사관 정치담당관에게 당 총서기 후진타오가 그 시험을 모르고 있거나 승인하지 않았다면 할 수 없는 것이라고 말해 주었다. 그 당시 의견교환 내용은 2007년 1월 31일 자의 국무부 전문의 내용으로 "비밀"로 분류되었다. 중국의 지도자가 그 시험에 대해서 알고 있었는지 여부에 대해 의문이 제기되었다는 사실은 미국의 많은 외교부 관리들의 친중국 견해를 반영한 것이다. 그 정치담당관은 중국군이 정치지도자의 사전 인지 혹은 지시 없이 군이 운영될 수도 있다는 것을 알리는 방법을 찾으려고 하였다 - 군대에 대한 당의 철저한 통제를 고려하면 터무니없는 생각이었다.

친은 그 시험은 큰 거래는 아니었다고 말하면서 공산당의 이념 노선을 설명하였다. 그 시험을 어떻게 중국의 입장과 맞게 설명하냐고 불평하는 사람들의 반응에 대해, 친 교수는 반복해서 그 시험은 중국 같은 큰 권력이 해야 할 것으로 '정상적'인 것이지, 그 시험이 위협으로 보여서는 안 된다고 주장하면서, 다른 국가들이 과도하게 대응하지 말아야 한다고 말했다고 전문에 기록하였다.

두 달 뒤에 베이징으로부터 수신된 또 다른 대사관의 전문은 ASAT 시험과 관련하여 공산당의 허위정보를 미국 정부에 명확하게 제공하였던 중국의 "학자"에 관한 보고를 계속하였다.

3월에 베이징에서 있었던 기자회견에서, 중국 총리 원자바오(Wen Jiabao)는 중국의 시험은 미국을 겨냥한 것은 아니었기 때문에 미국은 우주에서의 무기를 금지하는 국제협정에 서명하여 러시아와 함께 중국의 노력을 지지해야 한다는 주장을 반복했다.

적을 규제하기 위해서 군비 통제협정을 사용하는 것은 소련의 전략적 도구였었고, 나중에는 러시아가 그랬으며, 미국의 우주 방어를 제한하려고 중국 역시 그것을 활용하고 있다.

우주의 평화적인 사용과 우주에서 군비경쟁에 대한 반대와 관련하여 중국의 입장은 변하지 않았다. 원자바오는 "관련 국가"를 — 미국을 의미 — 방문했을 때, 우주의 평화적인 사용에 대해 빨리 서명해야 한다고 주장하였다.

우주에서 무기사용 금지 협정 서명을 촉구하면서, 러시아와 함께 중국의 이중성이 공산주의자들이 행하는 위선의 정점에 있음을 보여주었다. 베이징과 모스크바가 추구하는 협정에 중국이 2007년에 시험했던 SC-19 같이 지상기지에서 직접 발사하는 요격미사일의 개발과 배치를 금지하는 특별조항이 포함되어 있다.

추가적인 거짓말은 중국의 군사력 건설은 "제한적"이고 "안보, 독립 및 주권을 확보"하기 위한 것이며, 이는 "완전히 투명하게 이루어진다"는 원자바오의 주장이다 — 또 다른 거짓말은 군사적 패권을 추구하는 중국의 움직임에 대한 국제적인 반응을 제한하기 위한 것이라는 것이다.

원자바오가 ASAT는 어느 협정도 위반하지 않았다고 말한 것은 잘못이다. 중국도 서명한 1967년의 우주조약 제9조에 따르면, 베이징은 "어떤 행동이 우주의 평화적인 탐사와 사용에 있어 다른 국가의 행동에 잠재적으로 해가 되는 간섭을 일으킨다고 서명국들이 믿을 만한 이유가 있다고 할 때, 그전에 국제적인 협의를 해야 할 의무가 있다."

미국은 ASAT 시험에 대한 투명성이 여전히 부족한 중국과 우주 관련 협력을 완전히 단절하는 것은 아니더라도 제한할 것이다.

중국은 놀라지 않은 듯 보였고 중국의 우주전쟁 능력을 지원했던 우주 관련 노하우를 미국으로부터 대규모 공개 및 비공개 기술을 획득하려는 노력을 계속하고 있다.

중국의 미사일 프로그램 관련 완전한 투명성에 대한 중국의 주장이 국무성의 내부 문서에서 추가로 밝혀졌는데, 해군력과 함께 현대화된 대규모의 중국의 군사력을 구성하고 있다. 2007년 11월 28일 날짜의 전문에는 SC-19 미사일이 우크라이나에서 공급된 관성 탄도 미사일 유도시스템을 사용하여 제작되었다고 밝히고 있다. "미국은 2007년 8월 후반 현재 우크라이나의 무기설계국이 천체유도 센서를 포함한 토론을 위해 9월 초 베이징 항공우주통제장치연구소(BIACD)로부터 대표단을 초청할 계획을 가지고 있다는 정보를 가지고" 있었고, 이 전문에는 "비밀" 등급이 부여되어 있었다. 그 회의는 우크라이나 키에프(Kiev)와 하리코프(Kharkov)에서 열릴 예정이었다.

"우리는 무기국에서 BIACD에 천체유도 센서 기술을 넘겨주는지 관심을 가졌는데, 중국은 이 기술을 위성 발사 비행체(SLV), 잠수함 발사 탄도 미사일, 혹은 중국의 SC-19 직접상승 대 위성(ASAT) 미사일에 사용하였다." 그 센서는 스타 트랙(Star Tracker) 혹은 자이로스타 컴퍼스(Gyrostar Compass)라고도 불린다. 그 센서는 스타 필드 내에서 정확한 방향을 결정하기 위해서 별의 상대위치를 탐지하고 측정하여, 우주선, 발사 수단 혹은 미사일에 부착되었을 때는 정확한 고도, 위성 표적획득을 위한 핵심 특성을 결정할 수 있다.

더 이상 ASAT 시험은 없다는 중국인들의 주장관 관련한 또 하나의 거짓은 2010년 1월 11일에 다시 들통났다. 격렬한 항의와 SC-19 시험으로 인한 기상위성의 폭발로 생성되어 떠도는 잔해에 대한 우려가 있자, 중국이 그 시험계획을 미사일 방어 요격시험으로 위장한 비밀 ASAT 계획을 추진하도록 하였다. 2010년 시험은 또 다른 SC-19를 사용하였다 - 이번에는 미사일 방어 책임이 있는 PLA 63618부대가 위치한 쿠얼러(Korla) 미사일 시험장에서 발사되었다. 발사된 미사일은 인공위성 대신에 샹청지(Shuangchengzi) 우주미사일 센터에서 발사된 CSS-X 중거리탄도미사일을 성공적으로 요격하였다.

미국의 미사일 경보 인공위성들이 지구상공 약 155마일에서 충돌하는 미사일들과 그 충돌로부터 생기는 잔해물이 없었던 것을 추적하였다. 그 시험은 바로 그 날 국영 미디어들을 통해 알려졌다. "중국은 1월 11일 자국 영토 내에서 지상기지 중간고도 미사일 요격기술을 시험한다. 그 시험은 계획된 목표를 달성했다. 그 시험은 성격상 방어적인 것이며 어떤 국가도 표적으로 하지 않았다."3)

그러나 미 국무성은 다른 문제를 지적하였다. "이 시험은 중국의 ASAT와 탄도미사일방어(BMD) 기술이 더욱 발전된 것임을 보여 준다"고 국무성 전문은 기록하고 있다. "미국의 평가를 뒷받침하기 위해서 밝혀야만 하는 첩보의 민감성 때문에, 중국 정부에 보낸 외교적 항의서에서 미국 정부는 2010년 SC−19 요격비행 시험과 과거 SC−19 ASAT 비행시험을 연관시키지 않을 것이다."4) 추가적인 민군겸용 ASAT 및 미사일 방어 시험이 2013년과 2014년에 있었고, 모든 시험은 베이징의 비밀 위성타격 능력이 발전된 것으로 평가되었다.

중국 군부가 ASAT 시험에 대한 국제사회의 격렬한 반응을 막기 위한 노골적인 거짓말과 선전에 목소리를 보탰다. 파괴적인 우주 시험 후 8일째 되는 날인 2007년 1월 19일, PLA의 군사과학학교 팽광친(Peng Guangqian) 장군이 말했다:5)

> 미국이 약간의 공포심을 가지고 있다. 중국은 이미 우주비행사를 우주로 보내고 복귀시키는 능력을 가지고 있다; 기술적으로 말하면, 우주선을 정밀하게 통제하는 이런 능력을 가지고 있는데, 위성을 파괴하는 것은 보통 기술에 불과하다. 그러나 반드시 강조되어야 하는 것은 중국이 수행하는 모든 우주 탐험은 평화적이고 완벽하게 책임을 지고 있으며, 또한 인류의 행복을 위한 것이다. 중국은 항상 우주의 비군사화를 지지한다. 지금까지 중국은 우주에서 어떠한 군사행동도 하지 않았다.

팽광친은 시험 관련 보도들을 중국을 적으로 만들어 "세계의 주도권"을 더 행사하겠다는 미국 군대가 추구하는 노력의 일부라고 하면서 무시했다.

중국은 "암살자의 철퇴(Assassin's Mace)" 무기 ― 약한 국가가 강력한 적을 패퇴시키는 무기 ― 라고 하면서 세 가지 다른 종류의 ASAT 미사일을 증강하는 것에 대해서 계속 거짓말을 하였다.

동편은 붉다

중국적 특색이 가미된 공산주의

제2장

동편은 붉다

중국적 특색이 가미된 공산주의

"〔중국 공산당〕안에 있는 사람들 모두 정치체제에서의
개혁을 착수하지 않고 단순히 경제 체제의 개혁만 착수한다
면 정부에 대한 중국 공산당의 권주의적 통제는 필연적으로
종말을 고하게 될 것이다."

- 2018년 11월, "해풍(Sea Breeze)"이 시진핑에 보낸 내부 서한

2007년 ASAT 시험과 다른 전략적 사건에 대한 반응에서 만연한 중국의 거짓말
과 기만은 하나의 일탈행동이 아니다. 이런 관행은 중국 공산당이 하는 일마다 그
배후에 있는 보편적이고 핵심적인 특징이다. 이것은 1970년대 이후 미국이 중국과
교류를 해 온 전 과정을 보면 명백해진다. 이런 관행에 정면으로 맞서지 못한 것은
미국의 정치적 리더십이 전략적으로 실패한 것임을 보여 준다. 베이징에서 권력을
잡은 사람들의 진정한 본성을 인식하지 못한 결과로, 미국의 안보와 번영이 심각하
게 손상을 받았다.

중국 공산당은 레닌의 국제공산주의 ─ 오랜 기간 신빙성이 떨어진 마르크스─
레닌주의 개념에 근거하여 자본주의 국가를 전복하고 사회주의 국가로 대체하기 위
한 세계적 운동의 중심축 ─ 한 분파로 1921년에 창당되었다.

마오쩌둥은 1949년 중화인민공화국을 건국하면서 중국에 소련에서 발생한 공산
주의를 가져왔다. 그는 그 정권을 전 세계 공산주의 혁명의 선봉장으로 간주되는

소련에 즉시 공조시켜 공동전선을 폈다. 그리고 마오쩌둥의 표적은 – 현재 권력을 잡고있는 후계자들의 표적이기도 한 – 중국어로 명백하게 기술한 바와 같이 미국이 주도하는 "세계 제국주의"이다.

마오는 "이념적 정확성" 혹은 정통 마르크스–레닌주의에 관하여 소련의 대량학살자 조셉 스탈린(Josef Stalin)과 투쟁하였고, 마오가 사람을 죽이려 드는 스탈린을 비난한 것 때문에 이단 공산주의자로 간주되어 1963년 니키타 후르시초프(Nikita Khrushchev)와 결별하였다. 중국 중앙위원회는 크레믈린에 중국 공산당은 이제부터 세계 공산주의 혁명을 주도하겠다고 통보하였다.

중국 공산당은 1960년대와 1970년대 내내 세계의 발전 도상국가들을 원조와 군사적 지원으로 사회주의 국가들을 지원하였는데 – 특히 미국에 대항하는 베트남, 미국은 궁극적으로 동남아시아 전제 국가를 집어삼킬 수도 있었던 공산주의 혁명을 막는데 성공하지는 못하였다.

제3세계 혁명을 위한 중국의 지원은 마오가 자신의 공산당 관료들에게 반대를 하도록 홍위병 광신도를 촉발해 야기된 1966년부터 1976년까지 진행된 문화혁명의 내부의 광기로도 줄어들지 않았다. 그 혁명은 마오가 사망할 때까지 중국을 대혼란으로 밀어 넣었고, 그의 부인인 장칭(Jiang Qing)은 4인방(Gang of Four)으로 알려진 다른 세 명과 함께 권력을 잡으려고 시도하였다.

이 사건은 또 다른 강경 공산주의자인 덩샤오핑이 홍위병 광신도와 거리를 두고 중국을 보다 실용적인 이념적 방향으로 이끌게 하였다. 결국 덩은 약점이 있는 전체주의 국가를 2010년대 후반에 나타난 중국과 같은 개혁된 중국 공산주의로 만들어 냈다. 덩의 보다 실용적인 돌연변이 공산주의는 선전 문구에 포함되어 있는데, "고양이가 쥐만 잡는다면, 흰 고양이든 검은 고양이든 상관할 바가 아니다." 문화혁명의 여파로 가장 열성적인 공산주의자들은 "주자파(capitalist roader)"로 이름이 붙었다.

미국 해군사관학교의 중국 군사역사 교수이자 공산당 중국에 관한 권위자인 마천유(Maochun Yu)는 덩샤오핑은 중국의 이념을 조금 변경했다고 말했다.

트럼프 행정부 집권 기간 동안 국무성 중국 정책 입안과 관련하여 핵심적인 역할을 한 유 교수는 "우리는 덩샤오핑이 변경한 이념적 공약을 과도하게 평가하지 말아야 한다"고 말했다. "근본적으로 덩샤오핑 이후 중국은 공산주의 정권이었다. 마오쩌둥 시대의 많은 교리와 관행이 여전히 냉전 후 세계에서 국가 및 국제적인 안보와 전략에 중국의 기본인식을 지배하고 있다"고 하였다.[1]

예를 들면. 중국 공산당 지도자들은 중국에 반하는 미국 주도의 국제적인 음모가 존재한다고 확고하게 믿었다. 중국의 주적인 미국은 중국을 봉쇄하려고 해 왔고 공산주의 이론에 따른 현대화와 발전을 막고 있다. 오늘날 마르크르-레닌주의-마오쩌둥 사상으로 알려진 지배적인 중국의 이념은 역시 주요 특징의 하나로 "적의 정치(enemy politics)"를 - 서구 민주주의의 이념적 전복에 대항하여 지속적인 감시를 필요로 하는 개념 - 활용하고 있다.

유 교수는 중국에서 공산주의 체제를 유지하고 공산당 지배를 강화하기 위해서, "마오쩌둥 이후 덩샤오핑과 장쩌민으로부터 후진타오 및 시진핑까지 중국의 최고지도자 모두는 백악관이 중난하이와 계속 선린관계를 유지했음에도 불구하고, 수단과 방법을 가리지 않고 중국을 봉쇄하기 위해 애를 쓰는 괴물 같은 미국이라는 초강대국의 이미지를 만들어 내기 위해 끈기 있게 투쟁해 왔다."[2]

마오 이후 중국 지도자 어느 누구도 2012년에 권력을 잡은 시진핑 만큼 엄격한 정통 공산주의 이념을 받아들인 사람은 없었다. 권력을 잡은 직후 시진핑은 눈에 덜 띄기는 했지만 무자비한 자기 방식의 이념적 문화혁명을 개시하여 수천 명의 관료에 대한 정치적 숙청을 단행하였는데, 그중에 지방공산당 서기장 보시라이(Bo Xilai), 경찰, 정보 및 보안 짜르 주용캉(Zhou Yongkang), 그리고 당중앙군사위원회 부의장 궈보슝(Guo Boxing) 장군 같은 가장 강력한 지도자들이 포함되었다.

시진핑 집권하에서 공산주의가 부활하였다. 2000년대 초기에 있었던 인터넷에서의 제한된 자유는 분쇄되었다. 중국의 온라인 공동체가 밀른(A.A. Milne)의 모습과 약간 닮은 시진핑의 대리자로 곰돌이 푸(Winnie the Pooh) 모습을 사용하기 시작하자, 그 이미지는 중국의 모든 관영 미디어에서 사용이 금지되었다.

중국 사람들은 시진핑을 반대하는 목소리를 두려워하고 그렇게 하는 것이 맞다. 중국 정권은 이념적 복종을 힘으로 강요한다. 중국에 있는 친구들과 자주 접촉을 하는 미국의 한 교수는 수백 명의 중국인과 대화해 본 결과 시진핑에 대한 실망이 커지는 조짐이 있음을 발견했다고 나에게 말했다. 그 교수는 과거에는 중국 사람들이 정치적 견해를 그들 자신에게만 엄격하게 제한하였음을 지적하면서 "나는 시진핑에 대한 노골적인 불평과 불만을 더 많이 듣고 있다"고 하였다. "그러나 지금 - 내가 자극하지도 않았는데 - 그들은 중국에서 일어나는 일들에 화가 난다고 말하기 시작했다. 무엇보다도, 그들은 다양한 방법으로 만약 시진핑이 사라지면 중국은 훨씬 나아질 것이라는 감정을 표현한다."

중국의 최고지도자는 최고의 특전을 누리고 있다: 그는 현재 중난하이로 알려진 지도부 건물들 안에 있는 주거지에 살고 있는데, 이 건물은 한때 위대한 항해사 마오가 살던 곳이다. 이 저택은 시진핑이 2013년 어느 시점에 이사가 들어오기 전까지는 마오쩌둥의 박물관이었다.

시진핑은 한때 마오쩌둥의 가까운 동지였고 중국 공산당 최고지도자 중 한 명이었던 시중쉰(Xi Zhongxun)의 아들로 1953년에 태어났다. 시진핑은 그의 가족과 공산당과의 관계 때문에 전도유망한 자리로 부상하는 중국 공산당 "태자당"의 일원으로 분류되었다. 그의 아버지는 1962년 숙청을 당하였고, 시는 문화혁명 기간 중 멀리 떨어진 산시성의 농장으로 보내져 7년 동안 육체노동을 하였다.

그의 이념적 열정이 증명되어 시는 문화혁명의 탄압이 다른 사람에게는 그랬지만, 그에게는 공산당에 반대하도록 영향을 미치지 않았다는 것을 보여주면서 1974년 21세에 중국 공산당에 가입했다. 대신 오지의 탄압받은 세월이 그의 이념적 정열에 더 불을 붙이는 결과가 되었다.

시진핑은 공식적인 중국어로 작성된 이력서에 의하면 칭화대학교에서 이념 및 정치 교육을 받았고 마르크스 이론으로 학위를 받았으며 사회인문학부를 졸업하였다. 시는 법학 박사학위를 받았는데 ─ 이름뿐인 법체계하에서 운영되는 공산당의 체제를 고려해 볼 때 이 박사학위의 내용은 의미가 없다. 공산당이 법에 우선하기 때문이다 ─ 권리와 자유에 관해 거창하게 기술한 성문헌법이 있음에도 불구하고 공산당이 무엇을 원하든 그렇게밖에 될 수 없다. 예를 들면, 헌법은 "중화인민공화국의 모든 권력은 인민에게 속한다"라고 기술되어 있다. 실제는 중국의 모든 권력은 중국 공산당에 속해 있고, 그 권력은 중국 인민해방군, 보안조직 및 경찰이 보장해 준다. 더욱이 그 헌법은 민주주의와 개인의 권리 및 자유가 정치적인 시스템에 본질적으로 포함되어 있지 않다는 것을 명백히 하였다. 중국은 공화국도 아니고 노동자들이 이끄는 국가도 아니다. 중국 공산당 독재가 민주적이라고 주장하는 것이 오류이듯이, 노동자와 농부의 동맹이라는 생각도 오류이다. 중국의 권력은 도둑정치에 더욱 가까운 부패한 지배 엘리트에 집중되었다.

중국이 제기하는 더 강한 위협을 이해하기 위해서는 시진핑에 대해 아는 것이 필수적이다. 시가 권력을 잡은 2012년 전에는 중국의 대대적인 선전 수단은 그 역할이 조금씩 줄어들기 시작하였고 지도이념이 모호하여, 중국적 특성이 가미된 사회주의가 있었다. 실제로 중국의 통치자들이 따른 이념은 최초에 칼 마르크스가 이론화한 전통적인 공산주의였고 블라디미르 레닌, 스탈린과 같은 사람들과 마르크스─레닌주의를 고집하는 다른 사람들에 의해 과도한 잔혹함이 더해져 집행되었다.

시진핑과 관련하여 공산당 이력 이외에 알려진 것이 별로 없었다. 새로운 세부 내용들이 여기서 최초로 밝혀지는데, 이 독재자에 대한 깜짝 놀랄 만한 새로운 정보들이다.

마오의 문화혁명에 살아 돌아온 시의 배경은 그의 시각을 가장 저급한 공산주의 신념과 가장 어두운 가치 및 이념적 제로섬 전쟁에 눈을 돌리도록 하였다. 시는 제로섬 권력정치를 믿었다. 승자는 누구나 왕이 되는 것이고, 패자는 누구든 모든 것을 포기해야 한다. 그는 승자독식 유형의 공산주의를 적용하였다.

시진핑이 사랑하고 존경하는 사람이 세 명이 있고, 가장 증오하는 사람은 둘이다. 시는 러시아를 통치하는 데 두려움과 대량학살을 - 시가 닮으려고 하는 분야로 생각된다 - 활용한 스탈린을 대단히 존경한다. 스탈린은 그가 반대하는 소련군 장군들을 숙청하는 데 성공하였다 - 시가 인민 해방군을 대상으로 대량숙청을 따라 했던 특징 중 한 가지이다.

시가 존경하는 두 번째 사람은 아돌프 히틀러(Adolph Hitler)인데, 그는 나치 대량학살자로 현대에서 세계 지배에 가장 근접했었기 때문이다. 이런 이유로 시진핑은 히틀러는 천재이며 영웅으로 생각한다. 시는 히틀러의 자서전 나의 투쟁(Mein Kampf)을 읽었고 그의 고전음악 취미를 칭찬한다. 시는 히틀러가 나치 리더로 동상이 세워졌던 것을 존경하였고, 한때 그의 집안에 나치 유니폼을 전시했었다. 또한 시는 음악감정사와 전문 음악가가 되겠다고 말을 했었다. 그의 부인은 인민 해방군의 가수였다.

시진핑은 히틀러가 유대인을 대량학살한 것과 독일의 모든 기업들을 국유화한 것에 대해서도 존경한다. 전자의 행동은 시진핑이 서부 신장지구(점령한 동부 트루키스탄으로도 알려진)의 위구르족에 대한 대규모 탄압에 따라 하는 패턴이고, 여기에는 무슬림 테러의 두려움을 둘러싸고 백만 명 이상의 위구르족들이 수용 캠프에 억류되어 있다.

시진핑이 가장 존경하는 세 번째 인물은 마오쩌둥인데, 그의 방탕한 생활 습관은 그의 비서관이 중국 공산당이 만든 기근에 수백만의 중국인들이 기아에 시달리고 있을 때 그가 호화스러운 연회를 즐기고 있었다고 폭로하였다. 마오는 또한 그의 보안요원들이 납치해 오는 젊은 처녀들과 자주 대규모의 성관계를 난잡하게 하였는데, 장수하기를 원하는 만큼 많은 성관계 대상이 있어야 한다는 도교의 믿음 때문이었다. 또한 그의 회고록 마오 위원장의 사생활(The Private Life of Chairman Mao)을 쓴 주치의 리지슈이(Li Zhisui)에 따르면 마오는 많은 성관계 상대자들에게 성병을 옮겼다고 한다.

마오와 같이, 시진핑은 중국의 미디어와 사회 어디서나 그의 이미지와 사진이 흔하게 보이고 나타나야 한다고 확신했고, 마오와 같이 시진핑도 기독교 신도 삼천 백만 명을 포함하여 종교를 믿는 사람들에 대한 대대적인 탄압을 하였다. 시진핑은 공시적으로 무신론을 표방하는 당국으로부터 멀리 떨어져 예배 장소로 기독교인들이 사용하는 비공식 교회를 불도저로 밀어 버리는 정기적인 공산주의 검열을 계속했다.

티벳의 불교도들이 국가독립을 다시 쟁취하겠다면서 자신들의 몸에 가솔린을 붓고 스스로를 불에 태우는 분신을 자주 행하자, 티벳인들에 대한 대대적인 탄압을 하였는데, 이는 시진핑 통치의 또 다른 특징이다.

그가 권력을 장악한 이후, 시진핑은 스탈린, 히틀러 및 마오와 같은 유형의 킬러 왕으로 나타났다. 그는 세 명의 살인적인 폭군의 화신이 되었다.

시진핑이 극도로 증오한 인물은 두 명이다: 덩샤오핑(마오 이후 중국의 공산주의 개혁가)과 로널드 레이건(Ronald Reagan) 미국 대통령이다.

덩은 시진핑이 15세 때 그의 아버지를 감옥에 넣은 사람이기 때문에 증오한다. 시의 부친이 세 번 투옥되었는데 그중 한 번은 사람의 배설물을 먹도록 강요를 받았다. 결과적으로 이제 시진핑은 중국에서 권력의 최정점에 오르게 되었고, 덩의 가족들은 탄압을 받기 시작하였다. 중국 정권이 안방보험그룹(the Anbang Insurance Group Co. Ltd.)을 몰수하고 그 회사의 회장 우샤오후이(Wu Xiaohui)를 불명확한 죄명으로 기소했다. 우는 덩과 관련이 있고 그 행위는 시진핑 복수의 일부분이다.

레이건과 관련해서는, 시진핑은 레이건의 대통령직으로부터 파생되어 소련을 파괴하는 데 기여한 미국의 위대한 소통가를 증오했다. 레이건이 1982년 연설에서 선언한 바와 같이: "현재 내가 그리고 있는 것은 장기적인 계획과 희망이다 — 자유와 민주주의 행진, 이것은 인간의 자유를 억압하고 자기표현을 막는 입마개를 씌웠던 다른 독재자들이 떠나는 것처럼, 마르크스-레닌주의를 역사의 잿더미로 떠나보낼 것이다." 시진핑은 전체 공산주의 체제를 파괴하는 레이건에 대해 반감을 가졌다. 칭찬과 존경을 받는 세 사람 마오, 스탈린과 히틀러, 그리고 덩과 레이건에 대한 반감이 중국 최고지도자의 전체 정치적 진로를 만들어 가고 있다.

1980년대 시작하여 몇십 년에 걸쳐 중국은 마오 이후 "개혁과 개방"이라 이름이 붙은 정책을 집행해 왔는데, 중국 공산당 지도자들은 그들의 지도이념을 감추기 위해서 오랫동안 노력했다. 이념적 연설들이 당대회를 위해 준비되었고 3시간 동안 당의 위대한 업적을 낭독하였다. 선전 선동 조직들은 세계의 비공산주의 국가들의 광범위한 지지를 얻으려는 전략으로 중국적 마르크스-레닌주의를 대신하여 더 듣기 좋고 온건한 사회주의로 은밀하게 대체하였다. 이 전략은 크게 성공하였다.

시진핑과 함께 모든 것이 바뀌었다. 2018년 당은 사회주의 사상에 마오 같이 헌신하는 새로운 중국인으로 부상하였다. 시진핑은 마오 이후 어떤 중국 공산당 지도자보다도 더 막강한 권력을 가졌다. 덩샤오핑은 마오의 세계 공산주의 혁명에 대한 광적인 시각은 바뀌어야 한다고 주장하였다. 대신 그는 "이념과 사회주의 체제를 넘어(Beyond Ideology and Social System)"라고 불리는 새로운 전략을 채택했는데, 이는 마오주의 노선의 규모를 줄이지만 공산주의를 포기하지 않는 노선을 추구하는 것이었다. 덩샤오핑은 세계평화가 목전에 있고 중국은 이것을 이용해야 한다고 믿었다. 그는 중국의 실용적인 전략은 자본주의 세계와 대규모 무역을 가능하게 하고 그들의 투자를 유치할 것이라고 강조하였다. "우리의 시대를 기다리면서, 우리의 능력을 강화하자"라는 것이 덩의 이념이었고, 평화가 무너지면, 중국이 경제적으로나 군사적으로 세계를 지배할 준비를 해야 한다는 것이다.

중국의 탱크가 1989년 6월 천안문 광장의 민주화 운동을 분쇄한 이후에 미국 행정부의 지속적인 유화적인 태도에도 불구하고, 계속해서 중국의 발전을 봉쇄하고 굴복시키고자 하는 미국의 계획이 있다는 음모이론에 반감을 갖고 있었다.

시진핑의 이념은 "중국몽(China Dream)"으로 불리는데, 이것은 강력한 반미를 외친 인민해방군 소장 루위안(Lu Yuan)이 처음 주장한 개념에 근거한 것이다. 러는 2013년 4월에 그의 "중국몽과 강력한 군대의 꿈"을 설명하였다. "중국몽은 강력한 국가가 되겠다는 희망이다. 강력한 국가는 강력한 군대가 필요하다; 강력한 군대가 없으면, 부유한 국가는 될 수 있어도 결코 강력한 국가가 될 수 없다"라고 썼다. 러 장군에 따르면, 군사력 건설은 중국을 둘러싼 적대적인 군사력에 대처하기 위한 필수사항이지 선택사항이 아니라는 것이다. 그는 중국의 평화적 부상에 대한 끝없는 선전 구호는 중국은 절대 전쟁은 하지 않을 것이라고 서방이 오해하도록 할 것이라고 밝혔다.

루 장군의 논문이 발표될 당시 CIA에 있는 공개자료 센터는 중국몽이 인터넷에서 중국인들에게 확산되지 않았다고 알고 있었다. 일일 방문자가 4억 4천 5백만 명인 마이크로블로깅 사이트 인터넷 웨이보의 응답 표본조사에서는 30%만이 그 아이디어를 지지하였고, 절대 다수인 70%는 군사력에 의한 중국몽을 반대하였다. "많은 사람들이 개인적인 행복, 헌법적인 정치 혹은 깨끗한 정부를 강조하면서 중국몽 아이디어에 대한 대안적 해석을 제안하였다"고 센터는 한 보고서에서 언급하였다. 인터넷 해설자의 요청에 따라 한 네티즌은 "보통사람들의 꿈은 무엇인가? 우리는 다시 대표될 수 있는가? 강력한 국가, 가난한 국민 아닌가?"라고 응답하였다. 다른 네티즌은 "강력한 군대가 의미하는 것은 우리의 아이들이 우유를 안전하게 마실 수 있다는 것인가?"라고 물었다. 그리고 법조인 송지시옹(Song Zxiong)은 인터넷 웨이보에 "중국몽은 헌법적 민주주의의 꿈인가?"라고 물었다. 다른 네티즌 칭샤니(Qingshan Yi) 루 장군의 강력한 군대의 개념을 군사 우선 정책이라고 하면서 "대규모의 보통사람들을 군사 정원의 노예로 몰아 넣을 것"이라고 비판하였다. 환구시보(Huanqiu Shibao) 편집장 후시진(Hu Xijin)은 루 장군이 중국몽에 대한 그의 해석을 사용한 것을 비난하면서 인터넷 웨이보의 계정을 이용하여 국가부흥은 "공산당 지도력과 민주주의의 창의적인 통합이 필요하다"고 응답했다.

중국의 최고 지도자에게, 중국몽은 민주주의, 권리, 자유, 기회 및 평등을 추구하는 미국의 국가적 기풍인 미국의 드림 아이디어를 편입시키기 위한 하나의 시도이다. 시가 시도한 것은 국가부흥의 주제를 자극하고 외국인에 의한 과거 모욕을 원상 복구함으로써 공산주의의 호소력을 확장하려고 한 것이다 ― 만연하는 선전선동 주제가 중국 지도자들을 세계 제패를 향해 나아가도록 하는 추동력이다.

시진핑은 2019년 10월 제19차 공산당 당대회 이후 중국몽과 잠시 거리두기를 하고 있다. 시진핑이 중국 지도자들에 대한 연령 제한을 없앤다고 선언한 것이 그 당대회 기간 중이었고, 사실상 그는 종신 최고지도자가 되었다.

마오쩌둥의 파괴적인 통치와 개인 숭배 이후 40년이 지난 다음, 시진핑은 중국을 제2의 개인 숭배를 위한 장정에 올려놓았다.

당대회 후, 시진핑의 이념은 중국의 헌법에 "새 시대를 위한 중국적 특성의 사회주의에 관한 시진핑의 사상"으로 명시되었다. 이것이 선전 기치, 광고판, 학교, 신문, 관영 TV, 온라인과 미디어 전체에서 중국몽을 대체하였다. *시진핑 사상*은 마오의 공산주의적 열정의 모든 이념적 호소와 함께 도래하였다.

홍콩주재 중국 전문가 윌리 램(Willy Lam)은 시진핑의 개인 숭배가 수년 동안 지속될 것으로 보고 있다. "이론적으로 새 시대를 위한 중국적 특성의 사회주의에 관한 시진핑의 사상이 중국 헌법에 명시되었다는 것은 시진핑을 마오쩌둥과 같은 반열로 오르게 되었다"고 램이 말했다.

"이런 상황은 중국의 넘버 1의 자리에 20년은 아니더라도 15년은 있겠다는 시진핑의 야망을 정당화하는 데 도움이 될 것"이라고 램은 말했다. "이에 대해 비난하는 사람들은 시가 '종신 황제'가 되겠다는 야망을 품고 있다고 말한다." "시는 이제 그 자신만이 2030년대까지 국가를 지도할 통찰력과 자신감을 가지고 있다고 주장한다."[3]

중국은 2050년 전 혹은 그때까지 반드시 초강대국이 되어야 한다는 중국몽의 주문을 재탕하고 있는 시진핑의 아이디어는 새로운 것은 거의 없다. 상무위원회 당지도자들 중에 시를 승계하기 위해 준비를 시키고 있는 1960년대 태생이 없기 때문에, 시진핑이 2027년에 개최되는 제21차 당대회까지 통치하게 될 것이라는 것은 명백하다.

시진핑의 이념은 2018년 10월에 새로운 모순에 봉착하게 되었는데, 공산당 기관지 인민일보가 향후 30년 동안 시진핑의 생각을 시각적으로 보여 주고 단순화하기 위해 컬러로 코팅된 그림을 인쇄하였을 때 그 모순이 드러났다. 그 그림은 간단하지도 않았고 더욱이 안내도도 아니었다. 대신 그것이 나타낸 것은 선전을 하기 위한 뒤죽박죽 얽혀 버린 색상 스파게티 그림이었다.

중국 공산주의는 종교를 흉내낸다 ― 이것은 선택된 언어로 쓰여 장절로 편성된 구제의 여행으로 채워진 하나의 역사 버전으로 나타난다. 이것은 그 자신들의 사제들과 ― 어디에나 존재하는 정치위원들 ― 지도부의 강화된 무오류를 자랑한다. 꼭 두각시와 악마는 공산주의자들의 역사적인 서술을 바꾸거나 재해석할 힘을 가지고 있는 고위 시아파 종교지도자 평의회에 함께 있다. 당에 대한 충성심은 도덕과 동일하다; 역사를 의심하는 것은 신성모독이고, 이단이며 반역이다. 그곳에는 선택된 사람들이 있는데, 바로 중국인이다; 약속된 땅 중국; 그리고 사원들, 성지, 각 개인의 개인적인 삶에 깊게 들어온, 모순되는 사실에 직면한 진실, 그리고 어린이에게 중국 공산주의를 주입시키는 것이다.

종교지도자들이 결과가 형편없이 보일 때조차도, 세상의 불평등으로 신의 정의가 회복할 수 없기 때문에 종교가 가끔은 신자들을 잃어버리는 경우에도, 신은 완벽하다고 설명해야 하는 것처럼, 중국의 공산당 지도자들 역시 이 무오류성과 투쟁한다. 하급 공산당 간부들은 ― 다루기 힘든 사제들 같이 ― 원칙, 교정 및 해고 등이 필요할 수도 있는데, 고위 지도자들은 ― 고위 종교지도자들 같이 ― 정권 서열체계의 상부에서 항상 절대 확실한 것을 주장한다. 그 시스템에서 요구하는 것은 당은 항상 옳다는 것이 필요하고, 이는 실수에 대한 빈번한 지적 갈등에 참여하기 위해 중국 공산당에 8천 950만 명의 당원이 필요하다.

14억 중국 인민에게 있어서, 통치자와 중국 공산당은 폭력배 집단에 불과하고 그 시스템은 모든 사람들이 믿는 척해야 하는 엄청난 속임수라는 것을 자각할 필요성이 점차 명백해지고 있다.

그 속임수는 선전, 역정보, 스파이 활동 및 전복활동의 강력한 월리처(1930년대 영화관에서 쓰이던 오르간)로 움직이는 당의 대규모 인식관리 프로그램을 통하여 중국 국내외에서 끊임없이 영속화되고 있다.

목표는 중국 인민과 세계에 당은 신성하고 확실하며 그래서 공산당은 구세주라는 것을 확신시켜 주기 위한 전체주의적 꿈을 더욱 강화하는 것이다.

시진핑 집권하에 제기된 또 다른 구상은 '메이드 인 차이나 2025'로 불리는 것인데, 중국몽에 대한 시진핑의 개념과 중국의 힘과 영향력을 확장하는 수단으로 개발도상국가들을 대상으로 도로, 공항 및 철로를 건설하기 위해서 중국의 경제력을 사용하는 것을 목표로 하는 일대일로 구상에 따라 세계의 모든 선진기술을 장악하는 것이다.

시진핑이 추구하는 중국몽은 핵심적으로 미국을 격파하기 위한 꿈이다. 예를 들면, 시진핑은 달러 기반 세계 경제를 중국의 통화인 인민폐 혹은 위안으로 교체하기를 바란다. 시진핑은 중국경제를 중국통화로 변경을 하여 미국 금융의 붕괴를 원하는 것이다. 이 도전에 대응하는 미국의 유일한 희망은 중국에서 중국 공산당을 끌어내리는 것이다.

중국의 전쟁

친중국 유화정책의 실패

중국의 전쟁
친중국 유화정책의 실패

"왕리쥔(Wang Lijun)은 인권 반체제 인사가 아니었으나, 밖에 있는 사람에게 그를 넘겨줄 수 없었다; 그것은 사실상 사형선고나 다름없었기 때문에, 은폐가 계속되었고... 그래서 왕이 원하는 것이 무엇인가를 확인한 다음, 우리는 베이징의 중앙위원회에 도착했고 그가 자발적으로 항복하고 그들의 보호를 받게 되었다... 그는 우리의 신중함에 매우 고마워했다."
　　　　　　 - 전 국무장관 힐러리 클린턴, 어려운 선택(Hard Choices)

　　2012년 2월 6일 중국 남부의 대도시 충칭에서 이상한 일이 하나 발생했다. 그 시의 부시장이자 중국 공산당의 고위 관료인 왕리쥔이 충칭시 공안국장 직책에서 4일 먼저 해고되었다. 당의 통치를 유지하기 위해 정치경찰과 정보기관을 통합한 공안국의 세 명의 다른 관련자도 조사를 받았다. 그 해고와 조사가 의미하는 것은 왕에게 올가미가 조여지는 중이라는 사인을 보내는 것이었다. 왕은 자리는 지켰으나, 공안국장으로 오면 당연히 배치되는 운전기사와 보디가드를 포함하여 권력과 명예는 박탈당했다. 그는 이제 살기 위해 도망가야 할 시간이라고 판단하였다. 왕은 베이징에 있는 고위 지도부와 관련된 일급 비밀과 정치적인 정보를 볼 수 있는 권한이 있었고, 그래서 그의 목을 향해 점점 다가오는 중국 관료집단의 무시무시한 압박으로부터 목숨을 보전하기 위해서 가치 있는 정보를 활용할 준비를 하고 있었다. 경찰이 조사하는 중에, 그는 부시장으로서 사업 관련 회의를 하기 위해 충칭주재 영국 영사관에 가는 중이라고 사무실의 직원들에게 알려 줬다. 그러나 그는 그 장소에 모습을 드러내지 않았다.

여성 복장으로 위장하고, 몽고족이면서 맹렬한 범죄와의 투사로 명성을 얻었던 왕은 그의 아파트 주위에 둘러 쳐진 감시망을 가까스로 빠져나와 차를 타고 오전 10시경 청두로 운전을 시작하였다. 거의 5시간을 운전한 후에, 그는 청두시의 남쪽에 있는 링시구안 로드(No.4 Linshiguan Road) 4번지에 도착하였다. 이 주소는 미국 영사관 위치이다. 그 영사관을 오가는 모든 사람들에 대한 국가안전부의 전면적인 감시를 피해 아직도 위장하고 있는 왕은 앞문으로 통하는 통로 양편에 있는 두 개의 수호 사자상을 큰 걸음으로 지나갔다. 수호 사자상은 중국황제의 궁전 입구에서 천년 이상 사용해 온 것이다. 불교문화에서 사자상은 강력한 영적인 보호력을 가지고 있다고 알려졌다. 왕은 충칭으로로터 오는 길에 단속되거나 혹은 영사관 입구에 중국 공안을 배치할 것이라고 생각했다.

일단 안으로 들어서자, 왕은 미국 영토에 들어 왔다고 안심하였다. 그는 국무성 관료이자 CIA 담당관인 영사 피터 헤이몬드(Peter M. Haymond)를 포함하여 세 명의 영사관 직원들을 만났다. 그 만남에서, 왕은 자기가 당 고위관료이고 공안부 관리이며 부시장이라고 하였다. 그는 미국 외교관들과 환경보호, 교육과 과학 및 기술 문제에 대해 토의하고 싶다며 대화를 시작하였다. 몇 분이 흐르고, 왕은 그 관리들에게 실제 이유는 이것이라고 말했다; 그는 자신의 삶에 두려움을 가지고 있고 중국 고위층의 부패와 살인에 대해 할 얘기가 있다고 하였다. 그는 그가 알고 있는 것을 알려 주고 그가 가져온 중국어 문서 묶음을 주겠다고 제안하였다. 그리고 정치적 망명을 요청하였다. 그가 설명하기를 그 문서들은 정치적 다이너마이트라고 했는데, 실제 그랬다.

왕의 폭로는 중국의 가장 강력한 공산당 지도자 중의 한 명인 보시라이(Bo Xilai)를 체포하여 투옥하게 하였는데, 그는 청두에 있는 지역당 서기이며 홍기를 흔드는 대규모 지지자들로 특징이 되는 신 마오쩌둥주의 형태의 정치 캠페인을 시작한 사람이다. 보는 충칭에서 그의 비밀스런 부패를 왕이 폭로하기 전에 집권 중앙당 상무위원회에 합류한 것에 대한 비판을 받고 있었다.

왕은 미국인들에게 보가 어떻게 지역당 우두머리 직책을 이용하여 수십 억 달러에 해당하는 정부자금을 훔쳤는지 발설했기 때문에 그가 위험에 빠졌다고 분명히 밝혔다. 더 중요한 것은 왕은 보의 아내 쿠카일라이(Ku Kailai)가 체류 중인 영국 사업가 닐 헤이우드(Neil Heywood)의 독살과 직접적으로 관련되었다고 폭로한 것이다.

망명하겠다는 말은 특별한 것이었다. 왕은 미국으로 망명하겠다고 한 중국 사람들 중에서 가장 고위급 관료였다. 그는 외국 관리에게 정치적 망명을 허락하는 문턱을 넘었다 – 그가 목숨이 위태롭다고 두려워하고 있다는 선언과 그의 설명은 적절한 절차에 따라 워싱턴의 국무성에 타전되었다. 왕은 자리에 그대로 있으라는 말을 들었고 잠을 잘 수 있는 방이 있는 영사관 안에 머무를 수 있도록 허가를 받았다.

충칭으로 다시 돌아가, 보의 공안 경찰은 왕이 그 시에서 이미 도주했고 청두로 간다는 것을 알게 되었다. 보에게 왕의 탈출은 끔찍한 일이었고 그의 미래는 그 공안 관리의 입을 다물게 하는 것에 달렸다는 것을 알았다. 그를 다시 잡아 오겠다는 절박한 시도로, 지역 당서기는 약 70대의 장갑차와 경찰차를 청두에 파견하였다. 일단 자리를 잡은 다음, 무장 경비요원과 차량들이 그 영사관을 완전히 포위하였다. 그 무력 시위는 보와 그의 보안 부대원들이 무력을 사용하여 왕을 다시 잡아가겠다는 의지를 미국인들에게 보내는 신호였다. 보의 부대원들이 외교관 면책특권을 들어 항의하고 있는데, 그 영사관에서 운전해서 나오는 한 외교관을 막고 수색을 하였다. 왕이 차에 숨어서 저지선을 뚫고 탈출할 것이라고 의심하고 있었기 때문에 그들은 왕을 찾았으나, 왕은 영사관에 숨어 있었다.

오바마 행정부는 망명하려는 사람을 보호하기보다는 왕의 망명 호소를 거부하였다. 백악관의 오바마 대통령과 바이든 부통령은 당시 중국의 부통령인 후진타오로부터 중국의 최고지도자를 승계할 예정인 시진핑이 미국 방문 며칠 전에 왕이 망명을 하겠다는 상황에 대해 전해 듣고 경악하였다.

내부 문제에 정통한 미국 정부의 소식통들은 바이든 부통령실이 왕의 망명 요청을 거부하면서 국무성과 법무성 관리들을 압박하였다고 하였다. 그 거부는 당시 국무성의 민주주의, 인권 및 노동 담당 차관보 마이클 포스너(Michaek H. Posner)가 힘써 입안한 1980년 미국의 난민법을 위반하는 것이었다. 또한 위협을 받고 있는 난민을 보호하기 위한 유엔의 인권협약도 무시되었다.

왕의 망명에 대한 정부 기관 간 토의에는 그가 정치적 망명 허가를 받아야 하고 캘리포니아에 있는 연방판사 앞에서 호소할 수 있게 중국을 떠나도록 지원을 받아야 한다는 고위관리들의 주장도 포함되었다. 왕에 대한 핵심 질문에 관한 세 건의 전문이 그 영사관으로부터 국무성에 발송되었다: *당신의 안전이 두려운가?* 그는 명백하게 "예"라고 답했다. 왕은 그가 제공한 헤이우드에 관한 정보 때문에 보가 그를 제거하길 원한다고 확신했는데, 헤이우드는 그의 살인에 관한 모든 정보가 은폐된 상태로 2011년 11월 충칭 호텔에서 시체로 발견되었다.

워싱턴에서 있었던 토론에는 포스너, 국무부 동아시아 차관보 커트 캠벨(Kurt Campbell), 법무부 관리들과 국가안보회의 관리들이 화상을 통하여 회의를 진행하였는데, 그들 모두는 망명 허용에 찬성하였다. 그러나 결국, 바이든의 안보 보좌관인 안토니 브링컨(Anthony Blinken)이 주도하여 왕은 망명 허가를 받지 못할 것이라고 하였다. 브링컨은 대변인을 통하여 그가 그 망명을 막지 않았다고 하였으나, 왕이 가능한 빨리 미국 영사관에서 추방되지 않으면 바이든의 초청으로 곧 미국을 방문할 예정인 시진핑이 방미를 취소할 수도 있음을 브링컨이 우려했다고 다른 관리들이 말했다. 포스너는 왕이 충칭에서 불미스러운 방법으로 조직범죄를 잔인하게 단속한 경찰이라는 그의 배경에 의혹이 있음에도 불구하고 1980년의 미국 난민법이 그에게 적용되어야 한다고 주장했다.

망명 요청이 거부된 후에 왕에게는 베이징에 그의 항복을 협상하는 것 외에 다른 방도가 없었다 — 그 영사관을 지키고 있는 보의 심복들에게 항복한 게 아니라, 30시간을 숨어 있다가 왕은 충칭 시장 황치판(Huang Qifan)과 국가공안부 부장관 추근(Qiu Jin)에게 항복을 하였다. 황과 추는 2월 7일 저녁 미국 영사관 안에서 왕을 만났고, 시장과 화해하라는 말을 들었다. 자정경에 왕은 추와 함께 민항기의 일등석에 앉아 2시간 40분 동안 비행을 하는 베이징행 비행기에 올랐다. 한 정보 소식통은 나에게 보가 그 지역의 군대를 통제하려고 노력하였고, 그 사건이 발생하였을 때 적어도 두 개 군단이 그의 사적인 통제하에 있었다고 자랑을 하였는데, 이는 지방에서 공산당과 인민해방군 사이에 정말 마피아 같은 관계를 유지하고 있음을 보여 주는 엄청난 폭로였다.

왕의 운명은 미국에 의해서 확실한 투옥 혹은 죽음으로 몰릴 수 있게 되었다. 망명자를 배신하고 백악관은 이를 정당화하였는데, 백악관은 국무성에 직접 개입하여 수십 년 동안의 중국에 대한 유화정책의 연장선상에서 그를 강제로 중국 공안부에 넘겨주었다.

망명 예정자 왕리쥔의 사건은 지난 수십 년간 있었던 가장 충격적인 정보실패였고 중국은 미국에 위협이 아니고 결코 위협이 되지 않을 것이라고 주장하는 친중국 정책입안자와 정보 관리들의 시각이 반영된 것이었다. 중국 공산당의 내부가 돌아가는 사정과, 부패 및 권력 핵심에 대해 예상치도 못한 정보를 가지고 있는, 잠재적으로 가장 값어치 있는 망명자 중 하나를 잃었다. 왕은 거의 알 수 없는 중국 인민공화국의 지배계층과 관련된 가장 중요한 내부 비밀에 접근권한을 가진 자신과 같은 사람을 수십년 동안 찾으려고 절박하게 노력해 온 미국 정보기관에 정보의 금광을 제공했었을 것이다.

그 전직 부시장은 미국 영사관에서 그가 미국으로 망명을 원하고 있고 중국 밖으로 나가는 미국 비행기에 탑승하기를 원한다는 진술서에 서명하였다. 그의 호소는 그가 충칭의 경찰 고위관리로 있는 동안 조직범죄 용의자에 대한 가혹한 조사에 연루되었다는 거짓으로 거부되었다.

왕이 배신을 당한 실제 이유는 당시 국무장관이었던 힐러리 클린턴의 책 *어려운 선택들(Hard Choices)*에서 밝혀졌다. 클린턴은 중요한 망명자의 망명 허가에 관한 미국의 전통에 주목했는데, 예를 들면, 추기경 요제프 민젠트(Jozsef Mindszenty)는 공산주의 압박을 피해 부다페스트의 미국 대사관에서 15년 동안 묵었고, 팡 리지(Fang Lizhi)와 그의 아내에게는 1989년 친민주주의 저항가들을 단속할 때 베이징의 미국 대사관에 은신처를 제공해 주었다.

그러나 클린턴은 왕과 보가 대규모 부패와 부정을 일부 함께 저지른 관계라고 주장하면서 그 배신을 정당화하였다. 그러나 그녀 역시 왕이 CIA를 위해서 놀랄 만한 정보를 주었을 것이라고 인정했다 - 왕은 중국 지도자 후진타오에 대한 도청자료를 볼 수 있는 권한이 있었다. 클린턴은 그녀의 책에서 "우리는 그의 이야기가 얼마나 폭발적일지 알기 어려웠다"고 하면서 "우리는 그 일에 관해 아무것도 말하지 않기로 합의했고 그 중국인도 우리의 신중함에 고마워했다"고 말했다.[1]

그래서, 분열되고 부패한 것으로 노출될 중국 공산주의 통치를 보호하기 위해 그 국무장관은 보시라이 스캔들 은폐를 돕기로 하였고, 냉전 이후 미국 정부와 접촉한 가장 값어치 있는 정보원 중 하나를 포기하기로 하였다.

중국이 미국은 격파해야 할 주적이라고 계속 되씹고 있음에도 불구하고, 미국은 강력한 중국을 선호하며 부상하는 공산주의 권력과 선린관계를 원한다고 하면서 중국은 위협이 아니라는 주장으로부터 친중국 정책들이 압도적으로 많이 수립되었다. 오바마 집권하에서, 미국의 적대국에 대한 유화적인 태도는 가장 중요한 미국의 외교정책 우선순위로 고려되었다.

오바마 행정부의 고위관리들은 미국의 이익을 확대하는 데 실패하였고 왕에게 정치적 망명을 허락하여 정보혁명을 성사시킬 수 있는 엄청난 기회를 잃었으며, 대신 베이징과 좋은 관계를 유지하는 데 더 큰 관심을 가졌다.

미국 의회에서는 하원 외교위원회가 내가 그 잘못된 망명 사건을 보도한 이후 조사를 시작하였고 위원회는 그 사건에 관한 모든 전문과 이메일을 요청하였다. 그 조사는 그 위원회의 반공산주의자이며 쿠바계 미국인 일리아나 로스－레티넨(Ileana Ros－Lehtinen)의장이 개시하였는데, 그녀는 오바마 행정부가 그 망명 사건을 잘못 처리했다고 말했다. "그 행정부가 절박하게 망명을 원하는 사람을 외면했을 가능성과 고가치 정보원의 문제는 당장 답이 필요한 많은 심각한 의문을 제기하였다"고 로스 레티넨이 나에게 말했다. 그러나 그 위원회와 로스 레티넨은 침묵을 지켰고 왕을 돕는 데 실패한 오바마 행정부의 책임을 추궁하지 않았다. 하원의 조사를 지원한 것은 프랭크 울프(Frank Wolf) 의원이었는데, 그는 오바마 행정부가 망명자와 미국에 도움을 요청하는 다른 사람들을 지원한 기록이 거의 없다고 나에게 말했다. 그는 왕사건 관련 실수를 언급하며, "이것은 내가 놀랄 일도 아니다"라고 말했다. "이 행정부는 망명자를 원하지 않는다. 그들은 중국과 어떤 문제도 일으키는 것을 원하지 않는다."

왕 망명이 만약 성공했다면 미국이 괴팍한 중국 공산당 지도부를 분열시킬 수 있는 기회가 되었을 것이고 아마도 미래 실질적인 민주주의적 개혁으로 유도했을지도 모른다. 만약 왕이 미국에 안전하게 도착했더라면, 미국의 정보기관들은 중국의 고위 지도부의 만연한 부패를 보여 주기 위해 그의 정보를 활용할 수 있었고 공산당 통치에 대한 인기있는 지지를 좀먹을 수도 있었을 것이다. 왕의 폭로는 후진타오－시진핑 통치 파벌이 보시라이가 강력한 중앙당 상무위원회에 자리를 차지하는 것을 막고, 결국 그를 투옥하는 데 활용되었다.

"만약 왕리쥔이 미국 영사관으로 도망가지 않고 헤이우드의 죽음[그 원인]을 밝혔다면, 보는 거의 확실하게 상무위원회에 진입하였을 것이고, 그 이후에는 손도 댈 수 없게 되었을 것"이라고 고위 공산당원이 *Financial Times*에 말했다. "그것은 히틀러 같은 인물이라고 생각하던 그의 경쟁자들에게는 매우 두려운 전망이었다."2)

국무성은 그 사건이 벌어지고 몇 달 후 익명의 관리가 *New York Times*에 그들이 왕의 공식적인 망명 요청을 선제적으로 예방할 수 있었다고 말함으로써 국민을 호도했다. 그 관리는 또한 그를 보의 청두 공안 부대에 넘겨주지 않아 왕의 목숨을 구할 수 있었다고 주장하였다. "그는 넘겨졌다"라고 한 정부 관리는 말했다.

그러나 미국 관리 한 명이 그 사건이 벌어지고 있을 때 나에게 말했다: "왕이 현재 중국의 권력투쟁과 주용캉과 보시라이 같은 강경파들이 시진핑에게 권력이 순조롭게 이양되는 것을 막으려고 한다는 엄청난 가치의 정보를 가지고 있다. 이제 시진핑이 다음 주에 도착하는지, 도대체 상층부에서 무슨 일이 벌어지고 있는지 우리는 모른다."

왕은 망명 시도 전에 공개서한을 하나 썼다. "당신들 모두 이 편지를 읽을 때, 나는 더 이상 살아있지 않거나 혹은 자유를 잃어버렸을 수 있다"고 썼다. 그 서한에는 보가 충칭에서 "가장 큰 마피아 두목"이라고 묘사하고 있고, 그 지방 당서기가 권력을 추구하는데 "냉혹하고 무자비"하다고 비난하였다.

"나는 당에서 가장 엄청난 위선자 보시라이가 일을 계속하는 꼴을 보기 싫다"고 편지에 썼다. "이런 악마 같은 관리가 나라를 통치하면, 중국을 재앙으로 이끌고 우리 나라에는 엄청난 불행이다."3)

왕뤼진 망명 시도 사건이 중국 공산당 지도부 내에 존재하는 균열을 노정했듯이, 그 사건은 거대 공산주의의 권력 배치와 미래와 관련하여 장기간 유지해 왔던 평가에 대해 미국 정보기관들 사이의 분열을 보여 주었다.

최초로 중국 공산당 지도부 내에 반대 분파가 없다는 부정확하고 오도된 판단과 평가가 밝혀졌다. 보시라이의 체포는 그들이 틀렸다는 것을 증명하였다. 이와 같은 분파주의에 관한 보고들은 거대한 단일 권력구조 사상에 대한 대안적 이론을 고려하는 것을 거부한 친중국 분석가와 학자들에 의해서 10년 이상 무시되거나 경시되었다.

집단사고를 고집하던 사람들 중 대표적인 사람이 폴 히어(Paul Heer)인데, 그는 전문 정보분석가였고 그의 마지막 직책은 국방정보국에서 근무한 최고위직 미국 정보분석가로 동아시아 담당 국가 정보관이었다. 히어는 정보업계에서 그의 오랜 경력을 통하여 베이징의 공산당 정권에 대한 비둘기파 옹호론자로 알려졌다. 중국 지도부 내에 분파라는 것은 별로 중요하지 않고, 후진타오로부터 시진핑으로 권력 승계가 평범한 사건이라는 것은 히어의 관점이었다. 보시라이 스캔들은 그 반대상황을 보여 주었는데, 보의 가장 강력한 후원자 중 한 명이고 상무위원회 7인 멤버 중 한 명인 주용캉이 보를 옭아맨 지도부의 대개편에서 축출되었다.

조지 부시 행정부 동안 히어와 백악관 국가안보위원회 아시아 전문가 데니스 와일더(Dennis Wilder)와 같은 다른 분석가들의 친중국 관점은 중국 지도부 내에 분열이 있는 것은 사실이고 이용할 수 있도록 해야 하며 중국의 정치적 개혁이 실현되어야 한다고 말하는 몇 안 되는 중국 전문가들의 도전을 받았다.

중국 내 지도력 투쟁의 불안정성의 위험성을 몇년 내내 끊임없이 경고해 온 중국 전문가 한 명은 전 국방성 정책 기획가 마이클 필즈버리(Michael Pillsbury)이다. 2000년도에 발간한 그의 책 중국이 미래안보환경을 논한다(*China Debates the Future Security Environment*)에서 필즈버리는 중국의 파벌은 좀처럼 대중과 맞지 않으나, 그 파벌들은 점차 "정통"과 "개혁" 공산주의자들로 분리되었다. 예를 들면, 중국의 강경주의자들은 미국이 이제 돌이킬 수 없는 하강에 직면하고 있다는 입장을 옹호하는 반면, 개혁주의자들은 예측 가능한 미래에 미국이 단일 초강대국으로 남을 것 같다는 주장을 하였다.

히어는 2000년 *Foreign Affairs*에서 "A House United"라는 논문을 통해 워싱턴을 향한 중국의 행위는 파벌주의적 지도부 정치에 영향을 받는다는 시각으로 "오도된 것이고 위험스럽기까지 하다"고 경고했다. 히어는 미국이 중국의 지도부에 친서방 개혁가들을 양성하려고 노력하는 것은 헛된 일이라고 했는데, 그의 평가에 따르면, 강경주의자들은 완고한 공산주의자들로 잔존하고 있기 때문에, 모든 중국 지도자들은 덩샤오핑의 틀로 찍어 낸 개혁가들이라고 주장했다.

히어는 유화정책과 구분이 안 되는 중국에 대한 미국의 "현실적인" 접근을 제안하였다. 그는 아래와 같이 썼다:[4]

> 이 현실적인 접근은 비용과 위험을 수반할 것이다. 비록 미국이 필요한 경우에는 중국을 계속 공격적으로 다뤄야 하지만, 적절한 때에 중국에 보상하는 것 역시 반드시 준비해야 한다. 같은 맥락에서, 미국은 사활적인 국가 이익을 방어하기 위해서 확고한 입장을 취해야 하지만, 무역과 인권을 포함한 미국의 이익이 사활적이기보다는 덜 중요한 분야에서는 타협을 할 수 있는 준비를 해야 한다. 안보 분야에서, 미국은 중국군의 현대화가 미국을 공격하기 위한 의도가 있다고 상정하거나 타이완에 임박한 위험이 미국의 핵심적인 이익이라는 개념을 반드시 없애야 한다. 그것들은 미국의 핵심적 이익이 아니므로 워싱턴은 그 섬을 지원하는 데 일부 제한을 두어야 한다 - 특히 무기판매가 해당된다. 이는 타이완의 안보와 민주주의를 위태롭게 하지 않고 해결할 수 있다. 정말, 미국이 타이완에서 중국의 이익범위가 실제 미국의 이익과 일치한다는 것을 인식하고 인정한다면 타이완 문제는 보다 쉽게 해결될 것이다.

그러나 히어의 유화정책은 위험이 따르고 오산을 하게 되면 전쟁 가능성조차 있다. 어느 미국관리는 나에게 중국의 수면하에서 벌어지고 있는 지도부의 권력투쟁은 미국에는 병의 조짐이 되고 있다고 했다. "오산이 수반하는 잠재력은 엄청난 것"이라며 만약 강경론자들이 미국을 가장 위험한 적으로 간주하면, "우리는 곤경에 빠질 것"이라고 그 관리는 말했다.

조지 부시 행정부와 버락 오바마 행정부의 친중국 정책은 유화정책의 위험스런 선례를 만들었는데, 이는 왕이 망명했더라면 제공받을 수 있었던 중국 지도부의 속사정을 확보하는 데 실패했기 때문이다. 중국에 관한 정보 부재는 양국 관계를 뒤틀리게 할 수 있는 고위험 스파이 활동을 우려하는 오바마 집권하에서 중국에 대한 정보수집 작전을 축소함으로써 더욱 악화되었다. 그리고 뒤에서 토론하겠지만, 2010년에는 CIA가 고용한 약 24명의 에이전트와 정보원들이 — CIA 에이전트 연결망의 핵심 — 일망타진되었는데, 가장 중요한 정보 표적 중의 하나인 CIA 정보수집 망에 대하여 치명적인 한 방을 날린 것이었다.

보와 그의 파벌은 베이징의 고루한 지도부 속에서 계속해서 두려움을 부추기는 중국 내 새로운 공산주의 포퓰리즘을 대표하고 있었다. 예를 들면 2017년, 전 상무위원회 위원이었고, 국가부주석에 오를 왕치산(Wang Qishan)이 베이징에서 도널드 트럼프(Donald Trump) 대통령의 전 수석전략가인 스티브 배넌(Steve Bannon)을 만났다. 왕은 배넌에게 민족주의와 인기주의에 관한 질문을 퍼부으면서 3시간이나 보냈다 — 의심할 나위 없이 2016년 트럼프의 집권을 가능하게 했던 포퓰리즘의 파도에 대한 두려움이 중국에서 성장하고 있는 민족주의에서도 비슷한 기반을 보게 했을 것이다.

정보 공동체에서 처음 있었던 것은 아니지만 보시라이 사건으로 노출된 중국 파벌주의와 관련된 정보 획득 실패는 잘못된 일로 비난받았다. 내가 2008년에 쓴 책 *고장난 공장(The Failure Factory)*에서 밝힌 바와 같이, 중국에 관한 정보가 중국이 추진한 일련의 군사 발전계획을 미 정보당국을 제치고 외부 계약자들이 보고서를 작성할 정도로 아주 빈약하였다. 그 보고서는 센트라 테크놀로지(Centra Technologies)라는 회사가 작성하였고 2005년 내부 문서로 지정된 이후 비밀로 분류되었다. 이 보고서는 미국의 정보 분석가들이 1990년대 후반부터 2000년대 초반까지 거의 10년 기간에 걸쳐 12건 이상 중국의 군사발전 정보를 놓쳤다고 결론지었다. 이들 놓쳐 버린 군사 시스템들은 미국 정보당국을 충격에 빠트렸는데, 여기에는 신형 장거리 크루즈 미사일; 미국의 이지스 전투체계 기술의 중국 버전을 탑재한 신형 전투함; 인터넷에 함정의 사진이 나타나서야 미국 정보당국이 알게 된 "위안급(Yuan-class)"으로 명명된 신형 공격잠수함; 신형 공대지 미사일과 신형이면서 보다 정확해진 탄두를 포함한 신형 정밀유도 탄약; 해상에서 미국의 함정과 항공모함을 타격할 수 있는 대함 탄도 미사일 그리고 개선된 러시아제 무기 수입 내용 등이 포함되었다.

미국의 정보 공동체가 중국에 대해 시의적절하게 감시를 하지 못한 실패의 부담을 덜어 주려는 보고서가 나타났다. 센트라 보고서가 작성될 때까지, 어느 누구도 중국의 중대한 군사력 건설과 이것이 타이완 점령을 겨냥한 것일 뿐만 아니라 미국과의 전쟁을 목표로 하고 있다는 사실을 놓친 것에 대한 책임을 지려고 하지 않았다. "이 보고서는 중국이 위협이라고 주장했던 〔정보 공동체 내의〕 반대의견이 있던 분석가들의 노력을 숨기고 있다"고 그 보고서를 읽었던 정보 관리가 내게 말했다.

그 보고서는 미국 정부의 지도자들과 중국에 관한 정책 입안자들을 30년 이상 속인 중국에 대한 집단지성을 폭로한 것이다.

그 센트라 보고서가 정보실패를 폭로하기 전 5년 동안, 미국 의회는 CIA의 중국 업무를 검토하라고 압력을 행사하였다. 그 위원회는 예비역 육군대장 존 틸러리(John Tilelli)가 이끌었고, 중국의 위협적인 군사력 건설과 기타 행위들을 평가절하하는 "기관의 성향"으로 중국에 관한 분석이 왜곡되었다는 결론을 내렸다. 그 위원회에 있었던 한 외부 전문가는 나에게 최종 보고서는 중국에 대한 정보의 CIA 정치화를 폭로하였다고 말했다. "CIA는 반박할 내용을 첨부할 정도로 매우 화를 냈다"고 그 전문가는 말하면서 그 보고서는 당혹스런 결론들이 대중에게 노출되지 않고 안보 관련 최고위층만 열람할 수 있도록 비밀로 분류되었다는 내용을 언급했다.

국가안보에 대한 중국의 위협은 커지고, 중국 공산당의 위협에 대한 진실을 미국의 행정부들이 공개적으로 발표하지 못함으로써 더욱 위험하게 되었다. 그리고 더욱 중요한 것은, 그 위험이 유사한 실패로 복잡하게 된 것이다. 미국의 엘리트인 중국 전문가 공동체는 중국위협의 본질을 ─ 중국의 전략, 정책 및 전술과 인민공화국의 진정한 본질 및 의도 ─ 철저하게 오해함으로써 미국의 국가안보에 심각한 손해를 입혔다. 결과적으로 미국은 중국에 대해 엄청나게 잘못된 정책을 만들어 낸 기만적인 이론가들과 분석가들의 봉사를 받은 것이다. 그 결과 전략적 무지의 시대가 계속되어 왔는데, 미국과 전 세계의 동맹국들이 현재 중국이 전 세계에 걸쳐 추진하고 있는 정치적 행위와 프로그램의 막대한 힘을 축소하기 위해 노력해야 하는 불안정한 상황에 처하게 된 것이다.

로널드 레이건 대통령의 행정부에서 정책 기획가로 일했던 고 콘스탄틴 멘제스

(Constantine Menges)는 중국이 정치 및 경제 분야에서 세계적인 패권을 추구하는 은밀한 전략을 추진하고 있다고 했다. 공화당과 민주당 양 행정부의 중국 정책은 멘제스가 말한 바와 같이 환상에 빠져 있었는데, 마치 중국이라는 거대한 로르샤흐 잉크얼룩(Rorschach inkbolt) 위에서 미국의 공무원과 학자들이 그들의 잘못된 아이디어와 정치적으로 편향된 감정을 투사해 보는 격이 된 것이다. 중국은 마오 집권기간 동안 행해진 대학살과 마오 이후 더 불이 붙었던 기간을 포함한 수십 년 동안 가장 복 받은 국가 중 하나이다. 경제활동이 활발하게 전개됨에 따라, 중국은 그들의 대규모 사업 동반자들과 함께 보수적인 경제적 요인들은 언뜻 보기에도 무한정의 이익 창출이 가능한 십억 명 이상의 소비자를 가진 부상하는 시장의 메카로 보였다. 도널드 트럼프 대통령이 나타날 때까지는 두 개의 관점이 중국에 편파적으로 존재해왔던 정책토론을 유도해 왔다. 멘제스는 2005년 발간한 그의 책 *중국: 점증하는 위협 (China: The Gathering Threat)*에서 "중국은 협조적이고 평화적인 국가인 것처럼 행동해야 한다... 그렇게 하지 않으면 미래에도 그렇게 될 수 없다"고 밝혔다.

1978년 시작된 개혁과 개방 기간 후 40년간 정부 정책 입안 직위, 정보당국과 대학의 장교단과 싱크탱크로 유입된 상대적으로 소규모이면서 굳게 단결된 중국 전문가들은 미국의 역사에서 외교 및 안보 정책에서 가장 심각한 실패한 정책 중 하나를 만들어 냈다. 40년 동안 중국에 대한 의도적인 무지는 많은 전문가들이 1930년대와 유사한 새로운 위험의 시대를 만들어 낸 중국에 대한 충격적인 정책을 채택하도록 했는데, 그 시대에 단견을 가진 외교관들과 정책 입안가들은 미국 군대가 개념적인 일본군대에 대한 도상 전쟁훈련을 막음으로써 성장하고 있는 제국주의 일본의 위협에 대응할 수 있는 준비를 방해하였다. 통치 엘리트들은 일본을 대상으로 도상훈련을 하면 존재하지 않는 새로운 일본위협을 실제로 만들어 내게 될 것이라고 주장하였다. 이와 유사하게 친베이징 인사들은 중국 유화정책 주장을 위한 또 다른 허수아비를 만들었다. 그 결과 1989년 천안문 광장에서 비무장 친민주주의 학생 대량학살부터 미국의 무기고에 있는 모든 핵무기에 대한 미국의 비밀을 훔치고, 파키스탄에 핵탄두 설계 비밀을 제공하여 세계적으로 그들의 영향력 확산을 서두르고 있는데, 중국이 불법적인 행동과 행위에 관한 책임을 회피할 수 있도록 정책운영이 잘못되도록 하였다.

이제 세계가 21세기를 지나면서, 미국은 중국이 은밀하면서 체계적으로 건설해 온 군사, 외교 및 경제력이 포함되는 포괄적인 국력이 관련되는 계산 착오로 잠재적인 새로운 세계대전의 위험성에 직면하고 있는데, 중국 공산주의 지도부가 믿는 것은 미국이 없는 새로운 반민주적 사회주의 및 공산주의 세계질서를 창출하는데 불가피한 마지막 결전이 될 것이다.

정부 안팎에 있는 친중국 인사들은 중국의 실체를 못본 척하고 중국을 정상국가로 칭하며, 핵으로 무장한 공산주의 독재가 아니라는 이미 설정된 견고한 관점으로 중국을 달래는 정책적 범죄에 연관되어 있다. 이후 이 피해를 입힌 의도적인 무지의 범위는 결국 밝혀질 것이다.

2015년에 친중국 관점은 미국의 모든 적대 국가 대부분을 포용했던 오바마 대통령 조차도 지속할 수 없었다.

정부 안팎에서 친중국 공동체를 주도했던 전문가들은 중국의 의도와 능력을 지속적으로 편향된 시각으로 보거나 잘못 평가함으로써 미국의 이익에 심각한 손해를 입혔다.

냉전기간 동안 친소련 신봉자들을 과거 묘사했던 것으로부터 파생된 용어를 사용하기 위한 동조자(fellow travelers)들은 중국 공산주의자에 대한 잘못된 묘사를 반복했는데, 그것이 중국의 평화적인 부상에 대한 믿음이거나 혹은 중국이 은밀하게 확산하고 있는 행동에 대한 노골적인 거짓말인지는 관계없었다. 그리고 중국의 거짓에 대한 이 모든 지지는 미국과 그 동맹국들의 이익을 희생하면서 이루어졌다. 친중국 인사들은 중국이 노벨 평화상 수상자인 류사바오(Liu Xibao)가 그의 암을 치료하는 데 실패하여 죽음에 이르게 되는데도 침묵을 지켰다. 이와 같은 맥락에서, 중국이 홍콩에 대해 "일국 양제" 약속에 부응하고 민주 홍콩이 중국 군대의 억압으로부터 자유롭게 남을 수 있도록 하는 약속을 옹호하기 위해 홍콩의 친민주적 시위자들을 강력하게 탄압하는 순간에도 침묵을 지켰다. 엘리트 지배계층에 있는 중국 인사들 역시 공시적으로 무신론 국가인 중국에서 수백만 신도들을 탄압하기 위해 통상 매년 크리스마스 즈음에 체계적으로 파괴하는 비공식적인 교회의 곤경을 모르는 척하고 있다. 친중국 인사들 역시 국가안보국장이 정보혁명의 최첨단 미국기술을 훔치는 행위를 역사상 최대의 부의 이동이라고 지칭하는 동안에도 침묵을 지켰다. 친중국 군중 역시 미국기업을 파괴 및 탈취하고 서방 투자가들을 기만해도 침묵을 지켰다.

이들 친중국 인사들은 그들이 중국으로부터 돈을 벌 수 있고 베이징에서 자유롭게 여행을 할 수 있는 한 혹은 공산당에 비우호적인 "특별" 범주에 속하는 사람으로 찍히지 않는 한 관심도 없었다.

중국에 대한 미국의 실패한 정책에 관한 이야기를 다룬 중국 환상(The China

Fantasy) 의 저자 짐 맨(Jim Mann)은 중국에 대한 정책의 변동에서 정당함과 중국과 무제한 접촉으로 소망하던 유순한 중국을 만들어 내는 데 실패한 그 개념을 일깨우는 것을 느꼈다. 그는 "일들이 점차 중국을 개방할 것이라는 가정은 미국 정책에 해로운 것으로 판명되었다"고 말했다. "이것은 미국 관리들에게 위안감을 주었고 그들이 중국이 보다 철저하게 통제받게 되고 기존의 세계질서에 통합되는 것에는 관심이 없다는 사실에 집중하면서 다른 시나리오를 준비하는 것을 방해하였다."

도널드 트럼프 행정부 집권하에서, 중국 정책은 극적으로 변경되었다. 2018년 여름에, 순진한 중국 정책은 거의 폐기되었고, 그것을 뒤집으려는 관점을 가지고 있는 사람들이 승진하였다.

최고의 정책 엘리트들이 연례적으로 모이는 아스펜 안보 포럼이 콜로라도에서 개최되는 동안, 나는 CIA의 중국 최고 분석가이자 동아시아 임무 센터장인 마이클 콜린즈(Michael Collins)에게 정보 공동체가 오랫동안 가졌던 중국에 대한 잘못된 견해를 질문했다.

콜린즈는 "비밀로 분류된 평가에 대해 말할 수 없다"고 하면서, 실제 스토리는 비밀 정보평가에 숨겨져 있다며 질문에 대한 답을 계속 피했다.

콜린즈에게 위협하는 중국의 부상은 그가 정의한 용어 "중국이 가진 교훈적인 떠오르는 열망"의 결과이다.

그는 "중국인들은 근본적으로 세계의 주도국으로 미국을 대체하려고 한다. 우리는 그러한 얘기를 10년, 15년 전에는 하지 않았다"고 말한다.

오바마 행정부에서 국방성 정보국장을 지냈고 이전 행정부에서는 펜타곤 관리였던 마르셀 레트러(Marcel Lettre)는 정보 당국들이 항상 중국에 대한 정확한 평가를 제공하는 것은 아니라고 인정했다 – 이것은 그의 절제된 표현이다. 레트러는 "나는 우리가 중국의 위협적인 측면 혹은 우려되는 측면을 인식하는 데 조금 늦었을지도 모른다는 생각을 한다. 그러나 우리가 너무 늦지는 않았다고 생각한다"고 말했다.

콜린즈는 미국이 주도하는 세계질서에 합류하는 대신, 중국은 중국 공산당의 통치를 보전하는 것을 전체적인 목표로 미국과 낮은 수준의 전쟁을 계속해 왔다고 인정했다. 그는 "냉전 기간 동안 우리가 보았던 냉전이 아니라, 정의에 의한 냉전이다. 한 국가가 분쟁에 호소하지 않고 당신 자신의 위상에 대하여 라이벌의 상대적인 위상을 깎아 내리기 위하여 힘으로 통하는, 합법적 및 불법적, 공적 및 사적, 경제, 군사력 등 모든 통로를 이용한다"고 말했다.

CIA 분석가의 코멘트는 중국은 위협이 아니라는 정보분석의 폴 히어와 데니스

와일더 학파의 놀랄 만한 반전이다.

트럼프에게 중국 위협은 주로 경제적인 것이고, 미국의 국가안보는 미국 경제 안보와 직접적으로 연결되어 있다. 트럼프는 그의 집무실에서 반유화적인 대통령이 되는 첫날을 보냈는데, 중국에 대한 그의 처리는 이전 외교정책에서 가장 눈에 띄는 변화였다. 그는 친중국 공동체를 정신이 하나도 없게 만든 타이완 총통 차이잉원(Tsai Ingwen)으로부터 걸려 온 전화를 받아서 논쟁의 불길을 터트려 버렸다. 잠시 후 트럼프는 그 전화 통화에서 이는 외국 리더와의 통상적인 의견교환이고, 그 중요한 "하나의 중국 정책"을 쓰레기로 간주한다고까지 말해 완강하게 밀어부쳤다. 또한 이 정책은 미국과 중국 관계를 관리하였고 타이완과의 관계를 모호하게 하면서 베이징을 중국의 유일 정부로 인정하는 정책이었다.

다가오는 중국과의 우주전쟁

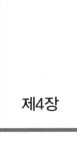

제4장

다가오는 중국과의 우주전쟁

"정보우위를 위해서 전략적 우위를 - 우주 공간 - 확보하라."
- 지데윤(Ji Deyuan)과 랜연밍(Lan Yongming), 평화적
발전과정에서 군대에 활력을 불어 넣기 위한 중국의 전략, 2010

그 해는 2025년이다. 중국이 은밀하게 미국에 대해 선전포고를 한다. 그런 전쟁은 펜타곤의 기획자들이 대비를 - 미국 함정 혹은 알래스카 또는 하와이에 있는 군사기지에 대한 미사일 발사 - 했기 때문에 시작되지는 않았다. 전쟁은 9천 3백만 마일 떨어져 있는 태양 표면에서 발생한 하나의 폭발과 함께 시작되었다. 이 폭발은 중국의 자오선 프로젝트(Meridian Project)가 탐지하였는데, 이 프로젝트는 비정상적인 것이 나타나면 관측하는 감시소 15개가 연결된 네트워크인데, 이것이 태양의 코로나로부터 발생하는 이온화된 거대한 양의 가스와 자기 파편들이 대량 분출되는 현상을 - 코로나 질량 방출 - 탐지한 것이다.

베이징의 우주기상 감시센터에서 근무하는 기술자들은 즉시 중앙군사위원회에 중대한 태양폭풍이 18시간 내에 지구에 도착할 예정이며, 지구궤도 반경 22,000마일 내에서 높이 날고 있는 조류, 300마일 상공 우주 궤도를 돌고 있는 예민한 군사위성과 민간위성을 포함한 전자 장비에 대규모 혼란을 일으킬 것 같다고 통보하였다.

다가오는 태양폭풍에 관한 상세한 내용은 중국이 201년대 후반부터 설치해 온

양자 암호화 통신인 광섬유 라인을 통해서 송신되었는데, 이는 해킹이 불가능하다. 인민해방군이 사용하는 발전된 유형의 양자통신은 수십년 동안 대부분의 중국군 전자신호를 쉽게 탐지해 왔던 미국 국가안보국의 전자 탐정들도 도청이 거의 불가능한 것이다.

그 긴급전보는 합동참모부 작전국 밑에서 업무를 하는 특수단 지휘관 시 자오후이(Xie Zhaohui) 대좌에게 도착했다. 그 부대는 펜타곤의 국가 군사지휘본부(National Military Command Center)의 중국 버전인 비밀 웨스턴 힐스 지구에 있다. 웨스턴 힐스는 베이징의 외곽에 있고 핵 공격에 대비하여 지하 1마일 이상의 깊이에 건설하였다. 그곳에 있는 벙커는 고위 지도자들과 군 사령관들이 사용하고 암벽 밑의 석회석 동굴 안에 건설되었다. 그 건물은 위기 혹은 전쟁이 발발하면 탈출할 수 있도록 중국 공산당과 인민해방군 지도자들이 이용할 수 있는 고속철도 연결망을 이용해야만 접근할 수 있다.

중앙군사위원회 위원장 장셍민(Zhang Shengmin) 장군이 그 건물에 있었다. 그는 이틀 앞서 비정상적인 태양의 움직임에 대해 자오선 센터로부터 통보를 받은 후 이와 같은 태양 이벤트를 기다리고 있었다. 전략미사일부대 지휘관이었던 장 장군은 다가오고 있는 태양폭발을 미국이 정보, 항해 및 통신을 위해 사용하고 있는 중요한 위성을 기습 공격할 수 있는 완벽한 기회로 생각하였는데, 미국의 이 위성은 첨단 미국군대의 중심축이며, 전 세계 신속 타격(Prompt Global Strike)이라고 명명된 새로운 공격 시스템을 계획보다 몇 년 늦춰져, 완성된 지는 얼마 되지 않았다. 이 신형 신속 폭격 시스템은 미국에 표적이 지구의 어떤 위치에 있든지 불문하고 명령이 떨어지고 15분 이내에 장거리 재래식 및 핵 미사일, 무인항공기 및 무인함정을 이용하여 정밀타격할 수 있는 능력을 가지고 있다. 이 시스템은 수십 개의 위성에 주로 의존하고 있다.

중국이 계획하고 있는 위성 공격의 최종 표적은 미국이 아니다. 그 표적은 타이완인데, 중국 남부 해안에서 100마일 떨어져 있는 역동하는 민주주의 국가이며, 중국 국민당 장제스(Chiang Kai-shek) 장군이 공산당과 내전을 하던 1940년대 말에 피난처를 그곳에 정한 이후 수십 년간 중국 공산당 통치자들 사이에서 목의 가시가 된 곳이다. 중국은 공산당 지도자들이 완벽한 지역 패권의 꿈을 성취하는 데 주요 방해가 되는 그 섬나라를 다시 탈환하기 위해 수십 년간 계속 기다려 왔다. 1979년 타이완 관계법을 제정해 타이완을 지원하고 있는 미국이 그 섬을 수복하는 데 주요 장애물이다. 미국법이 중국의 공격으로부터 타이완을 방어하도록 미국에 의무를 부과하고 있다.

그러나 이제 장 장군은 이와 같은 기습공격을 준비하고 있다. 그는 미국이 적시에 대응할 수 없도록 하는 기습공격에 도박을 하고 있다. 그 장군은 북극으로부터 적도까지 뻗친 북극광의 이온화된 파편으로 발생하여 밤하늘에 나타난 광대한 녹색 불빛에 미국 정보 위성들이 먹통이 되고 그 스파이 위성들은 혼란 상태에 놓이게 된다는 점에 도박을 걸고 있었다. 장 장군은 타격 명령이 내려지고 몇 시간 내에 중국군이 타이완의 총통실을 통제하기 위해 이동하면서 타이페이시 충칭 남부도로를 행진할 것이라고 기대하고 있다.

펜타곤도 모르는 사이에, 중국군은 1990년대 후반 이후 어떤 군대가 구상했던 것보다도 최첨단의 우주전쟁 능력을 은밀하게 배치시켰다. 이 시스템은 궤도를 돌고 있는 위성을 불구로 만들고 폭파할 수 있는 무기를 포함하고 있다. 중국은 10년 동안 "암살자의 철퇴(Assassin's Mace)"라는 무기를 은밀하게 개발해 왔는데, 이는 기술적으로 취약한 인민 해방군이 보다 강력한 미국을 이길 수 있는 능력을 가지도록 계획된 무기이다. 이 용어는 1990년대 중국의 전통문화에서 유래된 것이다. 이 무기는 "살인", "손", "끝에 못이 박힌 철퇴" 등 세 가지 특성이 포함되어 있다. 중국 역사에서 역사적인 영웅은 그보다 더 힘이 센 적을 전투 규칙 없이 갑자기 그리고 완벽하게 이기기 위해서 철퇴를 사용한다. 중국인에게 암살자의 철퇴는 가장 정확하면서 결정적인 순간에 적의 가장 취약한 급소를 공격할 수 있는 비밀무기 사용을 통하여 승리를 보장하는 것이다. 또한 그 용어는 역시 서양에서 "트럼프 카드" 무기라고 불렸다.

중국은 1999년 벨그라드의 중국 대사관에 대한 미국의 폭격 사건 이후 암살자의 철퇴 무기 개발에 속도를 올렸다. 실수로 발생한 그 폭격은 CIA가 지도를 최신화하는 데 실패한 결과이다. 그러나 중국은 이전의 유고슬라비아에 벌어지고 있는 내부 분쟁에서 베이징이 세르비아를 지원하는 것에 대한 펜타곤의 불만족 신호로 의도적인 것이라고 확신하고 있다.

중국은 이 폭격에 손을 쓸 수 없었고 그 공격과 이에 대한 대응능력 부족은 외관상 인민해방군과 공산당에 대한 모욕이었다. 공산당은 1999년 대사관 폭격 이후 멀리 보고, 멀리 쏘며 정확하게 쏘는 무기를 만들겠다고 맹세했다.

군사위원회 장 장군에게 현재 중요한 '암살자의 철퇴'는 비밀부대인데, 이 부대는 위성 킬러 미사일, 레이저, 전자 재머 등으로 구성되어 있고, 사고로 위장하여 미국 위성을 파괴할 수 있으며, 미국 위성에 탑재된 통신안테나 혹은 광학 센서를 망가뜨

리거나 궤도를 이탈시킬 수 있다.

장 장군은 대 인공위성 전투계획을 발전시키기 위해서 우주, 사이버 및 전자전을 담당하고 있는 군사 지원부대인 인민해방군 전략지원부대로 눈을 돌렸다. 그 이후 하오웨이종(Hao Weizhong) 중장이 이끄는 그 지원부대의 우주군단이 그 계획을 발전시켰다. 그 사령관은 정보수집, 지휘 및 통제 그리고 정밀 표적획득과 항해에 관한 미국 군사 시스템을 연구했고, 그 시스템들의 특성과 취약점을 잘 알고 있었다. 하오 장군은 우연히 펜타곤의 방위과학위원회 웹사이트에 올려진 2005년 보고서 중국어판을 읽었는데, 그 안에 함정으로부터 폭격기까지 모든 첨단 무기 시스템에 사용된 GPS가 15년 동안 전자 재머에 얼마나 취약한 상태로 있었는지 알려 주고 있었다. 하오는 펜타곤의 잘못된 군사획득 시스템은 GPS 위성을 전자적으로 견고하게 하는 것을 방해할 것이고, PLA 대 위성 부대에게는 전자 재머가 탑재된 보호받지 않는 항해용 위성에게 표적획득을 할 수 있는 이점을 줄 것이라고 믿었다.

하오 장군의 참모가 지구 상공 12,710마일 궤도를 돌고 있는 GPS Block IIIA라고 불리는 최신형 버전으로 공격할 표적인 항해용 위성을 선정하였다. PLA의 전쟁기획가들은 위성의 별칭으로, 다섯 마리의 GPS 새들을 불구로 만들어 태평양과 인도양에서 작전 중인 미국의 부대들이 위치를 식별하고 표적획득을 위한 신호를 혼란시키는 것으로 알고 있었다.

2010년대 후반까지, 중국은 자체 항해와 표적획득을 위해서 대부분 GPS에 의존했다. 그러나 PLA는 베이더우(Beidou)라고 불리는 수십억 위안짜리 항법 위성시스템을 별도로 만들었다. GPS를 사용하는 것을 표적으로 하는 계획을 가지고, 중국은 20개 이상의 베이더우 위성으로 하이테크 전쟁을 지속할 수 있게 되었다 – 분쟁에서 중대한 초기 국면에서, 기습공격이 승리의 열쇠이다.

PLA의 표적 목록에 그 다음으로 올라 있는 표적은 미국의 수십억 달러짜리 사진정찰 위성인데, 이것은 미군에게 PLA에 대한 상세한 사진을 보여 주고 전쟁 초기 단계에서 중국군에 대한 대응공격을 수행하는 데 사용한다. 우주군단 작전계획은 고출력 레이저를 가진 광학렌즈를 태양광선으로 달구어 미국의 사진정찰 위성 3대를 불통으로 만드는 것을 요구하고 있다.

미국의 미사일 방어를 방해하기 위해, PLA는 지구궤도 22,300마일 상공에 위치한 우주기반 적외선 시스템 인공위성 10대 중 몇 대를 표적으로 선정하였다. 그 다음 목표는 미국군의 지휘 및 통제 시스템뿐만 아니라 호주와 일본 같은 핵심 동맹국들의 지휘 및 통제에 사용하는 펜타곤의 글로벌 광역 위성을 타격하는 것이다.

PLA 전쟁 기획가들이 설계한 타격계획은 군사통신을 감청하는 PLA 대정보로 알려진 수 대의 전자정보 수집 위성은 그대로 남게 된다. 그 위성들은 수년 동안 DIA, CIA 및 NSA에 잘못된 정보를 보내는 전략적 역정보 작전의 일부가 된다. 이런 행동은 미국의 정보 당국이 중국 인민 해방군은 기술이 부족하여 위성 부대를 건설하려면 피나는 노력을 해야 하고, 향후 8~10년 동안은 위성 킬러 같은 무기는 배치할 수 없다고 믿도록 하기 위한 것이다. 이 술책은 손자(Sun Tzu)의 계략에서 나온 것이다 — 강자가 적을 현재에 안주하도록 기만하기 위해서는 약자인 것처럼 행동한다.

엄청나게 취약한 위성의 우주 건축 구조는 너무 노후화되어서 공격에 대한 대응을 할 수 없다. 미국이 할 수 있는 최선의 방책은 사실상 대정보 센서와 인공위성을 추가하여 우주에서 정보 능력을 증가시키는 것이었다. 그 목표는 공격을 탐지하고 그것을 태양의 지구 자기요란과 구분하는 것이었다.

하오 장군에게, 개전 초기에 작동불능으로 만들어야 하는 가장 중요한 위성들은 지구정지궤도에서 운영 중인 미국 공군의 우주기반 탐색위성들이었다. 이 성능이 우수한 위성들은 미국군대에 우주공격의 전략적 경고를 제공하기 위한 것이고 개전 초기에 표적을 획득해야만 한다. 이 위성들을 무용지물로 만들기 위해서, PLA는 시얀-7 소형위성의 후속 버전인 시얀-8에 소형 고출력 레이저를 탑재했고, 전자 재머를 탑재한 시얀-9를 제작하였다.

중국은 다가오고 있는 태양폭풍에 대한 준비를 세계가 어떻게 하고 있는지 밀착하여 추적하였고, 타이완에 가장 근접해 있는 동부전구사령부에 함정, 잠수함, 폭격기 및 타이완의 사격거리 내에 있는 위치한 1,200기의 미사일이 참여하는 대규모 연습을 수행하도록 명령하였다. 그 훈련은 타이완 침공 연습으로 위장되었다.

태양의 대량 분출이 있고 난 18시간 후에, 세계의 모든 전자기기들이 불안정해졌다. 통신이 핵 폭발로 만들어지는 전자교란파인 전자기파 같이 유사한 효과를 가져오는 지자기파 혼란 때문에 제한을 많이 받게 되었다. 케이블 뉴스들은 그 혼란과 함께 원인을 태양폭풍이라고 보도하였다.

전자기 폭풍 효과를 느끼고 난 1시간 후, 장 장군은 대 위성공격을 개시하라고 명령하였다.

첫 번째 단계에서는 태양폭풍의 영향을 받는 와중에 있는 두 대의 우주기반 우주탐색 위성 가까이에서 두 달 동안 은밀하게 기동을 하고 있던 두 대의 시얀-8이 관련되었다. 첫 번째 위성이 레이저를 발사하였고 몇 분 안에 생성된 열은 그 위성에 탑재된 전자장비에 혼란을 일으켰다. 두 번째 시안-8도 우주기반 우주탐색 위성으로 비슷하게 접근하여 항행위성에 레이저를 발사하였다. 다른 위성은 작동 불능이 되었다. 전쟁은 계속되었다.

콜로라도 소재 공군 우주사령부에서 탐색 위성 통제를 담당하고 있는 공군 요원들은 인공위성이 활동이 멈춘 후 무언가 잘못되었다고는 생각하지 않았다. 그들은 두 대의 인공위성이 소실되었다고 보고했는데, 태양폭풍의 영향 같다고 했다.

탐색위성의 소실과 함께, PLA 우주부대는 그들의 대 위성 전쟁에 대한 흥분된 감정을 분출했다.

지구의 중간궤도에서 돌고 있는 위성들을 직접 상승하여 공격하는 중국의 제1세대 위성 킬러 무기인 둥닝-2 대 위성 미사일 5기가 동시에 발사되었다. 이 미사일들은 우주발사 센터들 인근에 있던 수 대의 이동발사대에서 발사되었다: 베이징 항공우주 관제센터, 시안 위성 감시 및 통제센터, 그리고 주취안 위성발사센터.

몇 분 후, 5대의 GPS 위성들이 대규모 우주 잔해 덩어리로 분해되었다. 아시아에 있는 미국 군대의 항해 및 정밀 표적획득의 심장부가 격추되었다. 일본에 기항하는 이지스 전투체계 시스템을 탑재한 함정과 함께 태평양에서 작전하는 항공모함들이 GPS 신호 소실을 즉각 인지했다.

그 다음에 PLA는 둥닝-3(DN-3) 대 위성 미사일 5기를 발사하였다. DN-3는 PLA의 가장 발전된 ASAT이고 지구궤도를 돌고 있는 표적획득 위성 공격용으로 사용한다. 발사된 5기의 DN-3는 광대역 글로벌 새트콤 위성 3기와 우주기반 적외선 시스템 위성 2기에 명중했다. 그 위성들이 손실되어 태평양 전 사령부를 위한 군사통신과 미사일 경고에 혼란이 발생하였다.

위성들이 사라지자, 장 장군은 타이완 침공 개시를 명령하였다. 미국 군대는 그 침공을 저지하기 위한 개입을 할 수 없을 것이다.

이 시나리오는 허구이다. 그러나 이는 대위성 무기체계에 대한 중국의 비밀 프로그램이 가하는 매우 현실적인 위험을 사실적으로 그리고 있다.

우주에서 암살자의 철퇴

제5장

우주에서 암살자의 철퇴

> "전쟁에서 미국을 이기는 데 필요한 사항을 해결하려면, PLA는 우주 공격 능력이 있는 '암살자의 철퇴'를 가져야만 한다."
>
> ― 리다갱(Li Daguang) 대령, 우주전쟁, 2001

미국과 국제 안보에 가해지는 중국 우주무기의 위협은 사실이고 점차 커지고 있다. 이 위협은 만약 위성 킬러 미사일, 레이저 및 사이버 공격이 고도로 유선화된 우리 사회를 혼란시키기 위해 사용된다면 미국 국민 수천만 명이 고통을 받게 된다. 미국인들은 오늘날 장차 중국과의 미래 전쟁에서 전략적인 외통수가 될 수 있는 통신, 수송, 금융 및 다른 중요한 기능들을 사용하기 위해 위성에 주로 의존하고 있다.

명백한 사실은 2018년 1월에 펜타곤의 합동참모본부 정보국장이 "일급 비밀"로 분류된 보고서로 보낸 경고이다. 그 내용은 중국과 러시아가 위성 공격 미사일을 만들어 왔고 이제 곧 지구의 저궤도를 돌고 있는 *모든* 미국 위성에 손상을 입히거나 파괴할 수 있다는 것이다. 그 보고서는 "중국과 러시아가 2020년경 지구 저궤도에 있는 미국의 위성들을 심각하게 무력화하거나 파괴할 수 있을 것"이라고 직설적으로 폭로하였다. 이 J—2 보고서에 부응하여 국가정보 국장 다니엘 코츠(Daniel

Coats)는 2018년 5월에 비슷하지만 약간 완화된 특별경고를 하였다. "우리는 러시아와 중국이 군사, 민간 혹은 상업용 우주 시스템에서 파생되는 미국의 군사적 이점을 상쇄할 필요성을 인식하고 그들의 미래 전쟁 교리의 일부분으로 미국의 위성에 대한 공격을 점차 고려하고 있다고 평가한다"고 의회에서 말했다. "양국은 미국군의 전투력을 감소시키는 수단으로 모든 종류의 위성 공격 무기들을 계속 보유하려고 할 것이다."

일 년 후, 코츠는 중국이 상당한 발전을 이루었고 우주부대를 훈련하고 장비를 갖추어 왔으며, 미국과 그 동맹국들의 우주 시스템을 위협하기 위한 새로운 ASAT 무기들을 배치하는 한편, 그와 동시에 우주무기 사용을 금지하는 군비통제 협정 서명을 거짓으로 추진하고 있다고 말했다.

2018년은 미국의 정보 공동체가 중국과 러시아로부터 위성 공격 무기의 점증하는 위협을 대중에게 밝힌 최초의 해가 되었는데, 이 무기들은 DN-3 같이 직접 상승 ASAT 미사일은 물론이고 위성 작전과 소형 기동위성에 혼란을 줄 수 있는 레이저와 전자 재머들이다. 또한 중국은 미국의 위성 운영을 무력화하거나 방해하려는 엄청난 규모의 사이버 공격 능력을 사용할 계획을 세우고 있다.

DNI는 "중국이 지구 저궤도에 있는 그들의 위성 중 하나를 요격한 지 10년이 지난 후, 중국의 지상 발사 ASAT 미사일은 PLA 내에서 거의 운용단계에 있을 것"이라고 말했다. 코츠 역시 궤도에 있는 위성을 파괴하거나 손상을 가하기 위한 로봇 팔을 장착한 시안-7 같은 중국의 소형 위성들이 베이징의 ASAT 프로그램을 말한다. 그러나 위성 무기는 우주 잔해물 처리 위성을 만든다고 위장하고 발전시키고 있다.

코츠는 과거 수년 동안 중국에서 있었던 군사적 재조정은 "우주 시스템에 대한 공격과 다른 영역에서 군사작전을 통합하려고 작전부대를 창설하는 데 점점 중점을 두고 있는 것을 보여주고 있다"고 말했다. "평화적인 이용을 위한 일부 기술들도 – 예를 들면 위성 검수, 연료보급 및 수리 – 적의 우주선에 반대 목적으로 사용할 수 있다."[1]

미국이 우주무기를 만드는 것을 방해하기 위해서, 중국과 러시아가 세계정보작전 활용에 합의했는데, 이는 우주의 무기화 및 우주무기의 선제사용 금지에 관한 국제협약을 추진하는 것이다. 이 노력은 미국의 우주방어를 지연시키고 제한하려는 역정보 공작이다. 코츠는 그 노력은 기만이라고 말했다. "〔중국과 러시아〕가 우주는 반드시 평화적인 영역이어야만 한다고 공공연하게 주장하면서도 우주전쟁 능력을 계속 추구하도록 허용하는 이런 제의로는 많은 종류의 무기 문제들이 해결될 수는 없다"고 코츠가 말했다.[2]

지구 저궤도(LEO) 위성들은 지구상공 100마일과 1,242마일 사이에서 운용되고 있고 정찰과 지구 및 해양 관측용으로 사용되고 있다. 이런 저고도 위성들은 분쟁 혹은 위기에 군을 배치하기 위해서 세계 전역의 전장을 준비하는 데 핵심적인 군사 데이터를 제공해 준다. 또한 이리듐(Iridum), 글로벌스타(Globalstar), 그리고 오르브콤(Orbcomm) 같은 기상감시 및 통신 위성들이 지구 저궤도를 돌고 있다.

다수의 중요 정보 및 군사 통신위성들 역시 타원궤도에서 운용되고 있고, 궤도를 돌고 있는 동안 지구에 아주 가까운 지점에 접근해서 돌 수 있는데, 바로 이 지점에서 취약하다. 이런 모든 LEO 위성들은 이제 중국의 위성 공격 무기와 능력에 매우 취약하게 노출되어 있다.

J-2 경고가 있은 후 한 달도 지나지 않아, 중국은 그들이 보유한 살인자의 철퇴 ASAT 시스템이 실제 존재한다고 세상에 알렸다. 중국은 2018년 2월 초에 가장 발전된 요격기인 둥닝-3 미사일 발사시험을 하였다. 내가 정보 소식통의 제보에 근거하여 그 사실을 최초로 밝힌 사람이다. 그 시험에 관한 사진이 중국 온라인에 올랐고 미사일의 비행운이 보였다. 2007년 ASAT 시험에 대한 국제사회의 격분에 놀랐던 중국은 전술을 바꾸었고 ASAT 시험을 미사일 방어 시스템에 위협은 덜한 시험이라고 가장하였다. 이 시험들은 표적 미사일을 요격하여 ASAT 특성을 감추어 미국을 기만하려고 대기권 상공에서 실시되었다. 미국의 국가안보 관리들이 DN-3 시험의 미사일 방어 관련 사항은 술책이라고 폭로하였다.

2018년 2월의 ASAT 시험은 미국의 군대 및 방어 관련 지도자들에게 중국이 미국의 군사능력에 맞대응할 수 있는 능력을 추구하는 것이 아니라, 비대칭인 이점을 추구한다는 단순한 사실을 알려주는 일종의 모닝콜이었다. "ASAT 시험은 그들이 우리[군대]를 따라오려는 것이 아니라 우리를 추월하려고 한다는 것을 보여 주었다"고 국방관리가 말했다.

위성 방어에 대한 책임이 있는 미국 전략사령관 공군대장 존 이 하이튼(John E. Hyten)은 미국의 위성들이 공격에 매우 취약하고 우주전쟁 위협이 빠르게 증가하고 있다고 믿었다. 하이튼은 "우리는 아주 노후화된 우주 능력이면서, 아주 효과적인 능력을 가지고 있지만, 노후화되었으면서 경쟁적인 환경에 대비하기 위해 건설된 것은 아니다"라고 말했다. "미국 군대는 그것에 대응하기 위해 신속하게 움직일 필요가 있다"고 말했다.[3]

가장 심각한 평가는 몇 년 전에 공군 우주사령부 사령관 공군대장 존 "제이" 레이몬드(John "Jay" Raymond)가 미국 위성의 취약점은 지구 저궤도에 있는 위성에 한정된 것이 아니라고 언급한 것이다. 레이몬드 장군은 2015년 3월에 의회에서 "모든 궤도에 있는 모든 위성이 위협받을 수 있는 곳까지 우리는 신속하게 접근하고 있다"고 말했다.4) 2019년 3월, 트럼프는 레이몬드를 우주전쟁에 전념하게 될 미국의 최초 사령부인 3군 미국 우주사령부의 초대 사령관으로 선임하였다.

대중에게 보다 상세한 내용이 펜타곤의 국방과학위원회를 통하여 알려졌는데, 미국의 위성들이 전자교란에 취약한 것이 바로 위기라는 것이었다. 그 위원회는 한 보고서에서 특히 세계 작전을 위해 사용하고 있는 군사통신위성이 뒤집을 수 없고 파괴적인 영향까지 미치는 무수한 ASAT 효과로부터 도전을 받을 것이라고 결론내렸다.

그 위원회는 "통신위성에 대한 위협을 추정하고 투사해 보면 지난 몇 년 동안 급격히 증가했고 예측 가능한 미래에도 계속 증가할 것"이라고 밝혔다.

"발전된 전자전(EW), 활동적, 우주 및 사이버 능력의 발전과 확산은 정보우위를 유지하려는 우리의 능력을 위협하고 있다"고 그 보고서는 밝히면서, "강력한 스트레스를 받는 상황에서, 재밍은 모든 상업용 통신위성과 국방 통신위성을 사용하지 못하게 만들 수 있다."

"이러한 실체는 즉시 다루어야 할 위기로 고려되어야만 한다"고 위원회가 경고했다.5)

로널드 트럼프 대통령의 행정부는 공격으로부터 위성을 보호할 전략적 필요성을 부각하려고 노력하였다. 그 행정부가 2017년 발간한 *국가안보전략(National Security Strategy)*은 위성보호를 하나의 사활적 국가이익으로 만들어 도전을 뿌리치고자 하였다. 그 선언은 그 시스템을 방어하고 보호하기 위해 전쟁도 불사하겠다는 것을 의미한다. 그 전략은 "미국의 이 사활적 이익에 직접적으로 영향을 미치는 우리의 우주 컴퓨터 시스템의 중요 부대에 대한 어떠한 방해 또는 공격은 우리가 선택하는 시간, 장소, 방법 및 영역에서의 신중하고 의도적인 대응에 부딪히게 될 것"이라고 기술되어 있다.

미국 정부는 중국의 우주무기에 대응하기 위해 건설 중인 무기 종류를 공공연하게 밝히지는 않았다. 그러나 중국의 파괴적인 ASAT 시험이 있은 지 몇 개월 후인 2008년에, 펜타곤은 사전 준비 없이 ASAT 능력을 세계에 보여 주었다. 몇 개월 내에 해군은 지구 저궤도에서 추락하는 국가 정찰국 위성에 대한 요격시험을 하기 위해서 SM-3 미사일 요격 미사일을 약간 개조하였다. 이것은 미국 정부가 익명 번트 프로스트(Burnt Frost)라는 작전으로 미국의 위성공격 미사일 능력을 명백하게 보여 주기 위한 신호를 보낸 것이다.

2018년에 실시한 중국의 DN-3 시험은 최소한 네 번째 위성공격 미사일 시험이었고 무기 프로그램이 곧 배치할 수 있음을 세계에 보여 주었다. 그 이전에 있던 DN-3 시험은 2015년 10월, 2016년 12월과 2017년 8월에 실시되었다. 그 시험 결과로 나온 능력들은 완전히 알려지지 않았다. 그러나 발사 및 비행과 관련하여 수집된 정보를 근거로 판단한 정보에 따르면, DN-3는 지구 저궤도에 - 약 1,200마일 정도 - 있는 위성부터 23,300마일 지구 고궤도에 이르는 위성까지 표적으로 할 수 있는 것으로 나타나고 있다.

이와 비슷하게 암울한 위협은 2013년 8월에 드러났다. 내가 쓴 "중국 세 대의 ASAT 위성을 발사했다"라는 제목의 기사는 미국의 정보가 중국이 미래 우주전쟁에 대비하여 운영 중인 소형 기동위성을 탐지하였다는 최초의 보도였다. 세 대의 위성은 2013년 7월 20일 대장정(Long March)-4C 로켓 부스터를 탑재하고 산시성 타이위안(Taiyuan) 위성 발사센터에서 발사되었다. 이 위성들은 우주에서 비정상적으로 움직이고 있는 것으로 나중에 탐지되었는데, 중국이 미국의 위성들에 대하여 우주전쟁을 준비하고 있는 것으로 나타났다. 시안-7(SY-7 혹은 실험7), 추앙신-3(CX-3 혹은 혁신-3), 그리고 시지안-15(연습-15) 위성들은 무게가 대략 22파운드 또는 그 이하였다.

그 해에 여러 대의 위성이 발사된 것은 클린턴 행정부의 정책이 재앙이었음을 보여 주었는데, 이는 1990년대 내내 중국에 대한 우주 및 위성 기술 이전 수출통제를 느슨하게 한 결과였다. 그 몇 년 새에, 중국은 장거리 미사일의 신뢰성을 개발하고 그 위성에 다탄두를 탑재 발사하기 위해서 미국의 위성 제작사들과의 협력을 이용하였다. 예를 들면 모토로라는 중국의 대장정 부스터를 장착한 이리듐 통신위성을 발사하기 위해 중국과 협업을 하였다. 중국은 모토로라로부터 우주에서 기동할 수 있도록 하는 고유의 위성 스마트 디스펜서와 다중위성을 궤도에 위치시키는 장치를 만드는 데 사용하는 특정 기술을 확보하였다.

일찍이 1996년에 국립항공정보센터에서 나온 비밀 보고서는 중국이 스마트 디펜서를 발전시키고 있는데 이것으로 ASAT 무기 발전을 지원할 것이라고 밝혔었다.

모토로라에서 파생한 스마트 디펜서는, 궤도에 다중 통신위성을 위치시키는 것뿐만 아니라 기동, 항공전자(유도시스템을 포함하여) 및 원격측정 시스템에 사용되는 고체 및 액체 연료 추진기를 포함하고 있다. 이 기술들 모두가 과거 우주 발사대에서는 확보 불가능한 궤도에서 기동할 수 있는 새로운 능력을 중국에 제공했다. 아주 사소한 변경으로 그 디펜서는 핵미사일에 사용되는 다탄두 최종탄부로 쉽게 바꿀 수 있게 되었다. 마지막으로 그 정보보고서에서는[6) 스마트 디펜서를 보유한 중국은 유인 우주선 임무를 위해 궤도에서 랑데부를 할 수 있는 우주 기동 능력을 보유했다고 경고되어 있었다.

중국이 스마트 디펜서를 보유하면서 2013년에 3대의 소형 위성을 발사하게 되었다. 모토로라가 설계한 위성 발사대를 개발한 후 대략 17년이 걸렸는데, PLA는 ASAT 무기로 기동하는 로봇을 우주로 보내는 데 성공하였다. 이제 이것은 미국의 방위 위성뿐 아니라 ATM에서 현금 출금부터 영화를 보는 것까지 모든 것을 위성에 의존하는, 더불어 미국 사회의 기능까지 위협하는 전략적 균형의 실패가 되었다.

그 세 대의 위성 중에서 가장 주목을 받았던 것은 시지안-15였다. 세 대 모두 기동을 위해서 소형 제트 엔진을 탑재했지만, 시지안-15만이 끝단에 집게를 장착한 기계적인 팔이 장착되었다. 그것을 확장하면 핵심 부품을 잡아채거나 혹은 파괴하여 다른 위성을 공격하는 데 사용할 수 있는 것으로 생각된다.

미국의 정보 관리는 "이것이 정말 미국의 국방과 관련하여 진정한 우려가 되는 것"이라고 나에게 말했다. "세 대의 위성이 나란히 운용되고 있으며, 팔을 가진 위성이 가장 큰 우려를 만든다. 이것이 중국의 '스타워즈' 프로그램의 일부분이다."

세 대의 위성이 지구 상공 약 200마일의 궤도에 도착한 후 우주에 성공적으로 배치되었다. 8월 16일 세 대 중 하나가 고도를 약 93마일로 낮추더니 진로를 변경하여 다른 위성과 랑데부를 하였다. 그리고 나서 이 두 대의 위성은 상호 60피트 거리로 지나쳤다.

2013년 소형 인공위성이 발사될 때까지, 국방 및 정보 관리들은 주로 2007년에 밝혀진 중국의 활동 위성 공격 능력과 몇 년 뒤 미사일 방어 시험을 가장한 위성들에 대해서 우려를 하였다. 그때까지 모르고 있던 공격 능력은 시안-7에서 드러났다. 그 관리는 "접이식 팔은 여러모로 사용할 수 있었는데 ‒ 지나치는 위성을 찌르고, 진로를 이탈시키거나 혹은 잡아채는 데 사용할 수 있다"고 말했다. 그러나 중국은 철저히 통제되는 관영 미디어를 통하여 세 대의 소형위성은 단지 위성 정비와 우주 잔해물 수집용이라 하면서 역정보를 흘렸다.

미국 관리가 그 설명을 비웃었다: "이것은 ASAT 시험이다." 중국은 표적 위성에 손상을 입히거나 파괴하고 요격할 수 있는 궤도를 돌고 있는 킬러 위성을 운영하고 있다. "그들은 동일 궤도에 있는 위성을 공격하는 데 필요한 전술, 기술 및 절차를 배우고 있다"고 그 관리가 말했다.

펜타곤은 진보주의자와 반 국방정책입안자들이 그 시험을 공공연하게 비난하는 것을 엄격하게 금지하였다. 공개적인 장소 뒤편에서 관리들은 우주에서 중국의 새로운 위협을 막아내고 억제하기 위해서 미국이 우주무기를 건설하는 정당성을 군대에 부여하는 것을 피하고자 했다. 대변인은 세 대의 모든 중국 위성들이 "우주에서 잔해물을 추적하기 위한 일상적인 작전을 계속하고 있는 것"을 전략사령부의 우주 합동기능전투사령부에서 감시하고 있다고만 하였다. 그 우주선들은 7월 20일 발사 직후부터 추적되기 시작하였고, "각각의 위성과 다른 우주 잔해물과의 상대적인 운동을 알고 있었다"고 국방성 대변인이 발표하였다.

우주 시험이 진행되던 시기에, 오바마 행정부는 대중에게 그 시험의 무기로서의 측면을 의도적으로 감추었는데, 이는 미국 안보에 대한 외국의 위협을 공공연하게 논의하지 않는다고 행정부가 취해 왔던 입장의 일부분이었다.

"우리 위성에 대한 스타워즈 위협이 있다"고 그 관리가 나에게 말했고, 오바마 행정부는 이에 대하여 국민이 아는 것을 원하지 않았는데, 중국의 우주전쟁 프로그램에 대응하기 위해서 "국방비 증액이 필요"하기 때문이었다는 말을 추가했다.

중국이 실시한 초기의 소형 위성 시험은 궤도상의 위성에 대한 근접공격의 우려를 증폭시켰다. 2008년에 중국은 선저우(Shenzhou)-7 유인 우주선에서 BX-1 소형위성을 발사했다. BX-1은 매시간 상대속력 17,000마일 속도로 움직이고 있었고, 국제정거장과 15마일 이내에서 기동하고 있었는데, 만약 두 우주선이 충돌하면 위험스러운 행동은 치명적인 것이 될 수 있었다. BX-1 시험은 미국의 정보 공동체에서는 미래 궤도상에 있는 위성에 대한 ASAT 공격을 위한 시험으로 비춰졌다.

중국 내에서는, 대 위성 전쟁계획이 활동 에너지 위성공격 미사일 사용에 관한 2012년의 군사 보고서에서 밝혀졌다. 그 보고서는 중국이 미국의 도움으로 위성공격 전쟁 프로그램에서 발전을 이루었다고 밝혔다. 그 보고서에서는 위성 도구 키트라고 불리는 미국의 소프트웨어 프로그램은 중국 군이 ASAT 프로그램을 위해 사용하였다고 밝혔다.

"활동 에너지 위성공격 전쟁은 새로운 혁명적 개념이고 작전 억제 모드"라고 중국어판 보고서에 언급되어 있고, 우주 시뮬레이터가 "활동 에너지 위성공격 전쟁"에 관한 연구를 지원한다고 하였다. 또 다른 PLA 분석은 우주가 현대 정보전장의 "넓은 지점"이라고 결론내리고 있다. 중국 군대의 문헌들은 "적의 정찰... 그리고 통신위성을 파괴, 손상 및 방해에 대한 긴급성을 강조하고 있다." 중국 군대의 다른 문헌들은 적의 눈을 멀게 하는 초기 공격 포인트가 위성이라고 제안하고 있다. "위성과 다른 센서들을 파괴 혹은 포획하는 것은 전장에서 적의 주도권을 빼앗는 것이고, 그들의 정밀 유도 무기들을 완전하게 작동하는 것을 어렵게 만든다"고 PLA 보고서에서 언급하고 있다.7)

미국 공군 장교들은 GPS가 어떻게 전자 재머, 사이버 공격, 레이저 및 미사일의 공격에 취약한지 밝혔다. 트럼프 행정부의 공군장관 헤더 윌슨(Heather Wilson)은 2018년에 공군은 ASAT 공격에도 생존력을 높이기 위해서 더 새롭고 보다 발전된 시스템을 가지고 GPS를 강화하는 작업을 하고 있다고 밝혔다. 결국, 공군은 노후화된 GPS 위성을 신형 GPS 블록 IIIA 시스템으로 대체하였다. 그녀는 쉬레버(Schriever) 공군기지에서 일하는 GPS 위성 통제관들을 언급하면서, "당신이 전화대신 스마트폰을 이용하고 혹은 ATM에서 돈을 뽑는 것, 이 모든 서비스들이 콜로라도주의 콜로라도 스프링스 기지의 40명도 안 되는 조종사 전대가 제공하고 있다"고 말했다. "우리는 매일 10억 명에게, 전 세계에 GPS를 제공한다. 이것은 정말 경탄할 만한 능력이고, 우리는 그 능력을 오랫동안 유지할 것이다."

중국은 GPS의 가치를 페르시아 걸프 전쟁에서 배웠다. 2013년부터 발간된 중국의 기술 보고서 *GPS 공간에 관한 연구(Research on the Voidness of GPS)* 는 1991년 걸프전 기간 동안 투하된 폭탄의 80%를 유도하는 데 사용된 핵심 요소가 GPS 위성이라는 것을 확인하였다. 그 연구는 미국의 표적획득용 위성이 감시하는 구역으로 발사하는 정밀유도 폭탄의 정확성을 심각하게 방해할 수 있다고 말한다. 더불어, 이 보고서에서는 "두 그룹의 GPS 위성을 제거한다는 것은 GPS 위성들이 하루 종일 비행 서비스를 제공할 수 없도록 한다"고 말했다.

2018년에 공군참모총장 데이비드 골드핀(David Goldfein) 대장은 중국과 다른 우주 위협에 대한 전략적 이점을 미국에 제공하기 위해서 자체 우주무기고가 필요하다고 말했다. 미국군대는 "공격으로부터 자유롭고 공격에 자유로운" 것으로 그가 정의한 바와 같이 "우주 우위"를 추구할 필요가 있다.

골드핀 장군은 "우리는 지향성 에너지, 초음속학, 퀀텀 컴퓨팅, 이 모든 게임 체인저들 같은 분야에 투자한 우리의 수준을 보고 있고, 우리가 직면한 문제에 대하여 가장 귀중한 자원을 투자할 수 있도록 보장하기 위해서 대안을 찾고 있으며, 그래서 우리가 그로부터 가능한 최선의 최종상태를 얻을 수 있을 것"이라고 말했다.8)

2000년대 후반에, 공군은 6개의 콘스텔레이션을 운영하였고 12개의 위성 시스템을 국가안보에 사활적인 것으로 간주하였다. 이 위성들은 통신, 지휘 및 통제, 미사일 경고, 핵폭발 탐지, 기상 및 세계를 위한 GPS 항행 서비스를 제공한다.

전 전략사령부 사령관이자 예비역 공군대장인 로버트 켈러(Robert Kehler)가 잠수함, 미사일 및 폭격기 등 핵 전력을 지휘하기 위해 사용되는 핵 지휘 및 통제 시스템은 통신위성에 대한 우주공격을 견뎌내기는 어려울 것이라고 경고했다. 켈러대장은 "우리 전력은 우주 없이 작전할 수 없는 그런 곳에 위치할 수 없다"고 말했다. "우리는 강력한 적이 우주에서 공격할 경우 우리가 잃어버린 것을 신속하게 보충할 수단을 가지고 있지 않다."9)

국방성 전 우주정책 차관보 더그 로베로(Doug Loverro)가 미국의 군사력은 우주전쟁에 대한 준비가 되어 있지 않다고 의회에서 증언하였다. 2018년에 그는 "우리는 오늘날 새트콤 재밍 위험을 받고 있다"고 말했다. "오늘날 만약 우리가 태평양에서 전쟁을 한다면, 우리 태평양 사령관은 통신하는 데 큰 압박을 받을 것이고, 아직은 그를 위해 문제를 해결할 대안을 2027년까지는 리스트에 아무것도 가지고 있지 않다. 그리고 그 시기까지, 적은 그들의 능력을 가지고 두 세대 혹은 세 세대까지 질주할 것이다."10)

중국의 우주 위협은 4단계 궤도에 ― 지구 저궤도 100마일부터 22,500마일의 지구정지궤도까지 ― 배치된 미국 위성을 공격하기 위해 계획된 것이다. 그는 "그들은 모든 각각의 위성에 대하여 표적으로 정할 준비를 하고 있고 우리가 우리의 능력을 방어하기 매우 어렵게 만드는 방법으로 그들을 표적으로 만들고 있다"고 말했다.

위성을 방해하고 파괴하는 것에 더하여, 중국과 다른 적들이 공을 들이는 보다 첨단화된 공격은 위성에 대한 사이버 공격을 활용하는 것이다. 적의 위성을 전자적으로 통제하면 적 사령관이 자신의 군대를 공격하도록 하거나 자신들의 패배를 자초할 수 있는 잘못된 정보를 보낼 수도 있다.

미국의 전략 및 국제문제연구소 산하 항공우주안보 프로젝트 디렉터인 토드 해리슨(Todd Harisson)은 중국, 러시아 및 기타 국가의 해커들이 데이터의 흐름에 침투할 수 있고 전략적 목적으로 정보를 조작할 수 있다고 믿고 있다. 그는 "당신이 상상할 수 있는 가장 최악의 공격은 누군가 당신의 지휘 및 통제 업링크에 개입하여 당신의 위성 통제를 탈취한 다음, 그들이 위성을 사실상 파괴하거나 혹은 최소한 당신이 그것을 쓸 수 없게 만들어 버리는 것"이라고 말했다.11)

프로젝트 2049 연구소에 정통한 중국 전문가 이안 이스톤(Ian Easton)은 우주전쟁이 미래의 주요 전장이 되는 것은 의심할 필요도 없다고 하였다. 이스톤은 아래

와 같이 언급하였다:[12]

> 만약 금세기에 강대국의 전쟁이 발발한다면, 그 전쟁은 지상과 하늘에서의 폭발음과 함께 시작되는 것이 아니라, 활동 에너지의 폭발음과 조용한 우주 공간에서의 레이저 빛의 반짝임과 함께 시작될 것이다. 중국은 장차 태평양의 미국 군사전략에 중대한 영향을 미치는 대 위성(ASAT) 무기 개발에 주력하고 있다. 중국의 적극적인 시험 체제와 예상치 못한 빠른 발전은 물론 그것의 폭넓은 규모를 생각해 보면, 중국의 ASAT 건설은 미국의 전략적 재수정과 무기 획득계획과 관련하여 연속반응을 촉발하였다. 미국의 전쟁기획자들은 미국이 "우주의 진주만"에서 의표를 찔리고 중국과의 어떤 전쟁에서든 미국의 군대가 정보화 시대의 비대한 조직에서 힘도 못쓰는 산업화 시대의 군대로 재빠르게 격하될 수 있다는 개념을 심각하게 고려하고 있다. 결과적으로, 이미 시작한 중국의 인상적인 ASAT 프로그램은 계속 발전하고 확대하는 반면에, 미국은 이제 중국의 ASAT에 대응하기 위한 억지와 그 도전에 부응하기 위한 차세대 우주 기술개발을 시작하고 있고, 그래서 이것이 우주에서의 "거대 게임" 유형의 경쟁으로 유도되고 있다.

중국 군대가 ASAT 레이저를 사용하는 것은 미국의 정보당국이 미국의 정찰 위성에 비춰진 "눈부신" 레이저를 탐지한 2006년 이후 계속 식별된 위협이다. 2013년에, PLA의 레이저 사용에 관한 미래계획이 "우주에 기반한 레이저 무기체계의 발전"이라는 제하의 군사 보고서에서 밝혀졌다. 그 논문은 우주 기반 고에너지 레이저 무기에 사용될 핵심 기술을 드러냈다.

미래 우주전쟁은 처참한 결과를 가져올 것인데, 특히 군사작전과 중요한 민간 수요를 촉진하는 위성통신의 손실이 그럴 것이다.

우주 공격에서 최후의 방식은 PLA가 궤도를 돌고 있는 인공위성의 전자 장비를 무력화하는 전자기파(EMP) 공격을 하는 것이다. PLA는 EMP를 생성하기 위해서 우주에서 핵폭탄을 폭발시키는 계획도 가지고 있다. 펜타곤의 미사일 방어국에서 우주전쟁 전문가로 있었던 스티브 람박(Steve Lamak)의 보고서에 따르면, "중국은 점차 모든 궤도에 있는 미국의 위성들을 위험한 상태로 잡아 놓을 수 있고, 활동적인 우주무기의 개선에 중점을 두는 것으로 보이는 그들의 최신 ASAT 행위들로 중국의 반접근/지역 거부 전략을 지원하는 다차원 ASAT 능력을 발전시키고 있다."[13]

중국은 GPS와 같은 인공위성 능력에 미국이 의존하는 것을 반드시 대응해야 하는 외국 지배를 위한 도구로 간주한다. 그래서 중국은 16대의 위성 발사계획 외에 이미 19대의 베이두 위성을 발사한 것을 포함하여 우주 계획에 수십억 달러를 투지하고 있다. 그 위성들은 PLA의 세계적인 현시와 장거리 타격 무기 확장을 지원할 것이다. 중국 군대의 주요 목표는 미국이 인도－태평양 지역에 접근하는 것을 거부하는 것이다.

중국은 "우주 사이버 전쟁"으로 불리는 계획을 드러냈다. 2012년 12월, 우주 분쟁을 수행하는 디지털 수단을 묘사하는 제목과 함께 한 연구보고서가 발간되었다. 그 보고서에서는 "우주 사이버 공격이 우주 기술과 하드 킬 및 소프트 킬 방법을 이용하여 수행된다"고 언급하고 있다. "이것은 자신의 통제는 마음대로 하면서, 적의 사이버 행동 혹은 사이버 시설을 고장, 약화, 혼란 및 파괴하기 위해 사이버 공간을 동시에 이용하는 것을 보장한다."14)

다른 공격 방법은 네트워크 전자기파 재밍 기술, 네트워크 접근 기술, 해커 침투, 정보 기만 및 재밍 기술, 바이러스 감염 확산, 투과성 공격 및 서비스 거부 공격 기술이 있다.

2011년에 중국의 군대에서 작성된 글들에서 위성에 대한 중국의 세 가지 직접 에너지 공격유형 중의 하나로 고출력 마이크로웨이브 무기 사용을 계획하고 있다는 것이 밝혀졌다. 마이크로웨이브 폭발은 "은밀성, 고효율, 광범위한 타격범위 및 주위환경에 무해한 효과"를 가져온다고 한 보고서가 밝혔다.

더욱 심각한 우주전쟁 기술 중의 하나는 전략적 우주 군사력을 건설하는 PLA의 일반무장국이 2014년 2월에 발간한 논문에서 설명하고 있다. 그 보고서에서는 "우주 공간은 주요 강대국들 간의 주요 대결 장소는 물론 국제적 전략경쟁에서 서로 차지하려는 고지가 되었고, 우주 강국은 이 새로운 세기에 위기를 견제하고, 전쟁에서 승리하며 국가적 권리와 이익을 확보하는 결정적인 힘이 되었다"고 말했다. "신속하게 우주 전력을 건설하는 것은 매우 큰 전략적 중요성을 갖는다."

많은 증거들이 중국의 우주전쟁 위협을 나타내고 있고, 공공연하게 중국이 우주전쟁을 준비하고 있음에도 불구하고, 우주까지 전쟁을 가져가지는 않는 평화적인 국가로 남아 있다는 역정보를 중국 군대가 계속 확산하고 있다. PLA의 런궈창(Ren Guoqiang) 상좌는 미국의 우주 군사력에 관해 언급하면서 "중국은 우주의 평화적 사용을 항상 지지하고 있고, 우주에 무기를 배치하는 것과 군비경쟁을 반대하고 있다"고 말했다. "또한 중국은 우주에서 무력의 사용 혹은 무력사용의 위협을 반대한다.”

　중국이 우주의 평화적 사용 개념을 발전시켜 왔다는 거짓은 중국 공산당에 의한 행위와 언급에 관한 거짓과 기만을 정부와 대중의 이해를 돕기 위해서 명백하게 밝혀 줄 필요가 있다. 더욱 중요한 것은 중국의 우주 전쟁능력에 대응하기 위한 조치들이 반드시 취해져야 한다.

　공군대장 골드핀이 말한 바와 같이, “우리가 특기와 무관하게 한 군대로서, 오늘날 우리가 공중 우세를 추구해 온 것처럼 동일한 열정과 주인의식을 가지고 우주 우위를 추구할 시점이다. 우리가 합동, 스마트 우주전력과 스마트 우주 합동전력을 건설할 필요”가 있다. 4성의 공군참모총장은 미래의 우주 분쟁에 대한 미국의 태세는 반드시 “항상 포식자가 되어야 하고 결코 희생자가 되어서는 안 된다”고 말했다.

디지털 우위 추구

중국의 사이버 공격

제6장

디지털 우위 추구
중국의 사이버 공격

"승리하기 위해서 우리는 가능한 한 반드시 적의 눈과 귀를 막아서 적을 장님과 귀머거리로 만들어야 하며, 적의 사령관들의 마음속에 혼란함을 만들어 집중하지 못하도록 해야 한다."

– 마오쩌둥, 1940년대

"헤이! 포이조나비 프로그램(Poisonivy Program) 팔아요? 얼마입니까? 안티 바이러스 소프트웨어로 검색도 안 되고 죽지도 않는 것으로 하나 사고 싶네요." 이 메일이 공식적으로는 일반참모부 제3부로 알려진 PLA의 정보국 특수부에 있는 장교로부터 왔다. 미국의 보안관리들은 단순히 3PLA로 그 스파이 조직을 알고 있고, 이 조직은 사이버 수단을 이용하여 미국의 군사기술을 훔치는 데 가장 성공적인 수단 중 하나이다. 두 번째 중국 군사정보 수집 무기는 일반참모부 제2부 혹은 2PLA로 불리는 곳이다. 제4부 혹은 4PLA는 전자정보 수집 및 전자전을 수행한다. PLA의 모든 정보부대들이 함께 중국을 미국의 안보에 가장 심각한 해외 정보위협 세력 중 가장 선두에 위치하도록 하였다. 이 세 조직 모두 미국으로부터 광범위한 비밀을 훔치는 데 서로 밀접하게 협조하고 있다. 만약 그 정보가 디지털 형태로 있다면, 중국은 그것을 훔친다.

사이버 전쟁에 관한 중국 군대의 사고는 비밀이 아니다. 이 전략은 2014년 3월 모든 사람이 볼 수 있도록 광저우(Guangzhou) 지역 군사신문에 실렸다. 위안이(Yuan Yi), 류룽바오(Liu Rongbao)와 쉬젠화(Xu Wenhua) 이 세 명의 장교들이 "인민전쟁에 관한 사상을 추진하여, 미래 사이버 네트워크 전쟁에서 승리한다"는 글을 선전 스타일의 제목 아래에 썼다. 이 글은 약한 중국 군대가 강력한 미국을 이기는 데 도움이 되기 위한 핵심은 사이버 공간에서 "인민전쟁"을 채택하는 것이라는 것을 보여 주었다. 저자들은 "사이버 네트워크 시대에 인민전쟁을 수행하기 위해서, 우리는 어떠한 위대한 사람으로부터 예언적인 해답을 꾸준히 얻을 수도 없고, 더욱이 과거 경험과 간단한 방법의 관행을 완벽하게 복사할 수도 없다"고 말했다.

"인민전쟁에 관한 사상을 어떻게 물려받고 추구해야 하는지 그리고 인민전쟁의 경계선 없는 바다에 우리의 적을 어떻게 가두어야 할지가, 우리가 큰 관심을 가지고 연구를 해야 할 가치가 있는 주요 임무와 관련된 주제이다."

포이조나비는 PLA가 선호하는 소프트웨어로 국제적인 해커들 사이에서 잘 알려져 있다. 이것은 원격 접근 도구(RAT)이고, 국제 해커들의 암거래 시장에서 가장 발전된 소프트웨어는 아니지만, 특별히 3PLA의 효과적인 사이버 정보수집 무기로 드러났다. 포이조나비가 그렇게 폭넓게 사용되는 이유는 다음과 같이 간단하다. 마이크로소프트 윈도우 운영시스템을 사용하는 모든 컴퓨터와 네트워크들은 쉽게 먹이가 된다. 일단 내부로 침투하면, 악성코드가 원격 로그인, 화면 캡쳐, 비디오 캡쳐, 파일의 대량 이동, 패스워드 도난, 시스템 관리체계 접근, 인터넷 및 데이터 흐름 중계와 그 이상을 허용한다.

포이조나비 사이버 스파이 소프트웨어를 찾고 있는 3PLA 장교가 보낸 이메일은 국가안보국에서 차단하였고, 결국 스테판 수(Stephen Su)로도 알려진 수빈이라는 배우가 중국을 위해 주요 사이버 간첩행위를 한 혐의를 받아 체포되었다. 수빈의 사건은 중국이 "미국 제국주의"를 ─ 중국 공산당의 주적 미국을 기술하는 중국 내부의 많은 통신에서 사용하는 용어 ─ 최종 패퇴시키기 위해 그들의 군사력을 건설하려고 보잉과 같은 방위산업 계약자들로부터 미국 무기의 비밀을 훔치려는 중국 군대의 끈질긴 움직임을 최초로 밝힌 사건이다.

군사정보 조직은 정보지배를 달성하려는 중국의 목표에서 전략적 행위자들이다 ─ 평시와 전시에 주적을 황폐화하고 세계적 우위를 달성하기 위한 꽃길을 놓는 첫 발걸음이다.

2016년까지 그리고 도널드 트럼프 대통령의 행정부가 출현할 때까지, 중국의 사이버 공격에 대한 상세한 내용과 그 뒤에 숨겨진 조직에 대해서는 철저히 비밀에 부쳐졌다. 1990년대 이후 계속된 행정부들은 중국을 달래려는 엄격한 정책의 일부분으로 중국의 범죄적인 정보 활동을 은폐하고 숨겼다. 이것은 제2장에서 언급한 바와 같이, 철저히 무기력하고 패배주의적 정책이었는데, 미국은 이러한 화해와 교류가 당 통치자들과 그들의 군대 심복들을 공산주의와 멀어지게 하고 민주주의와 자유시장에 가까워지도록 할 것이라고 생각했다. 대신 열이 오른 공산당은 미국의 가장 귀중한 정보자산 희생을 영속화하고 심각하게 만들었다.

2018년 봄, 트럼프 행정부는 예상치 못한 조치를 취했는데, 중국의 가장 중요한 스파이 대장 중의 한 명인 PLA 류사오베이(Liu Xiaobei) 소장의 행동을 폭로하였다. 류는 몇 년 동안 3PLA를 이끌었고, 이 조직이 미국의 경제 및 군사 비밀 중 가장 중요해서 왕관의 보석 같이 중요한 부분을 사이버 수단을 이용하여 훔치려고 끝없이 노력해 온 숨어 있는 중요한 행위자이다. 많은 중국의 지도자들과 같이, 류는 PLA 광저우 군사지역 부사령관이었던 류창이(Liu Changyi) 중장의 아들로 태자당의 일원이다. 수가 보잉에 대한 작전을 수행할 때, 류는 3PLA 부국장이었고 2011년에 국장으로 진급하였다 ─ 미국 기술을 사이버 수단으로 성공적으로 탈취한 공이 가장 크게 반영되었을 것 같다.

2015년 후반에, 3PLA는 전략지원부대로 알려진 군사조직의 새로운 핵심 부대와 합병되었고, 사이버 군단으로 불리는 새로운 부대의 주요 구성부대가 되었다. 이 새로운 군단에는 정보전을 ─ 중국의 우위 달성을 위해 세계적인 노력을 지원하는 역정보와 영향력 있는 행위를 하는 ─ 수행하는 311기지로 불리는 특별 심리전 부대가 포함되었다. 사이버 군단은 PLA의 가장 비밀스러운 부대 중의 하나이고 베이징의 하이뎬구(Haidian District)에 있는 사령부에는 해커, 언어 전문가 및 분석가를 합해 총 100,000명이 배치되었다. 그 예하 부대들은 상하이, 칭다오, 산야, 청두 및 광저우 등에 위치하고 있다.

사이버 군단에 관한 세부 내용이 미국 무역대표부(USTR)에서 공개한 보고서에서 최초로 밝혀졌다. 그들은 중국의 국영 석유회사(CNOOC)에서 파견된 관리들과 회의를 하는 동안 미국의 석유 및 가스 회사에 대한 사이버 스파이 작전을 류가 어떻게 지휘했는지 밝혔다. 섹션 301 보고서로 알려진 그 조사 보고서는 트럼프 행정부가 중국의 기술 생산물에 대한 수십억 달러의 관세를 부과한 법적 기반이다. 그 상세한 보고서는 일반으로 분류된 정보에 근거하였고, 최첨단 세일 가스 기술을 가지고 일을 하는 몇 개 미국 석유 및 가스 회사에 대한 3PLA 첩보행위를 CNOOC가 어떻게 요청했는지 폭로하였다. 그 정보는 중국의 거대기업이 어느 거래에서 확인되지 않은 미국 회사를 이기기 위해 사용되었다. 그 보고서에 따르면 "PLA 국장 류샤오베이를 포함하여 중국의 고위 정보 관리들은 CNOOC와 그 회사 간의 협상에서 그 첩보 정보를 사용하도록 허가하였다"고 되어 있다.

1990년대가 시작되고, 중국은 중국의 과학 및 기술 분야 사업과 군사 분야 건설을 위한 대기업 정책을 지원하는 데 대규모 사이버 공격을 사용하였다. 3PLA는 그 예하에 확인된 부대 최소 19개, 가능성 있는 부대 9개를 보유하여 중국에서 단연 최고의 공격적인 기술수집 기관이다. CIA는 2014년 보고서에서 류 장군이 암호 전문가이고 기술정찰국 국장, 다른 이름으로 3PLA의 국장으로 확인했다. 류 장군은 "조용한 경쟁(Silent Contest)"이라는 제목으로 불리는 2013년 PLA 선전용 영상에 등장했는데, 이 영상은 중국이 인터넷의 발원지이고 그 핵심 자원을 통제하기 위한 능력을 가져야 한다는 것에 근거하여 미국을 중국 사이버 공격의 주요 표적으로 묘사하고 있다. 이 영상에서 류 장군은 "미국이 인터넷의 절대적인 우위를 이용하고 있고, 이념적 침투를 강화하기 위해서 네트워크를 통한 간섭을 더욱 활발하게 하고 있으며, 적대 국가들이 장애물을 만들고 파괴적인 행동을 하도록 은밀하게 지원하고 있다"고 하였다. 공산주의 지도자들 사이에 확산된 거의 편집 망상에 가까운 이 믿음은 미국이 중국을 전복하고 "봉쇄"한다는 헛소문을 확산시켰다. 류 장군은 인터넷을 통하여 대중에게 영향력을 행사하는 어느 캠페인에서 미국이 중국 공산당을 전복하려고 한다고 비난하였다.

류 장군의 입장에서, 중국은 미국과 이념 전쟁을 하고 있는데, 이를 위해서 사이버 공격이 선택된 무기이다. 그는 "인터넷이 이념 투쟁을 위한 새로운 장이 되었고 수단이 되었다"고 말했다. "따라서, 우리는 가드를 내려서는 절대 안 된다; 〔우리는〕 반드시 인터넷에 관한 우세한 고지를 통제해야 하고 주도권과 담론권을 유지해야 한다." 류 장군은 미국이 PLA를 표적으로 하고 있다고 확신했다. 그는 "최후의 장애물은 중국 군대이다"라고 말했다. "미국이 중국의 군대를 해체하거나 중국을 향해 총부리를 겨누도록 할 수는 없겠지만, 미국은 최소한 중국 군대의 정당성과 정신력은 억누를 수 있다."

또한 류는 중국 밖으로 많은 돈을 빼내는 중국 관리들의 관행을 비난하였고 그의 정보원들이 그 부패를 밝혀낼 것이라고 암시했다. 2013년 그는 "일부 부패 관리들이 돈을 해외로 빼돌렸고, 어느 누구도 그들의 행동을 알지 못한다고 생각했다. 사실 이 행위들은 해외정보부의 데이터베이스에 기록되었다... 〔우리는〕 반드시 경제 부패가 정치 부패로 발전하는 것을 막아야 한다; 또한 우리는 정권교체를 하겠다는 사고의 변화를 반드시 막아야 한다."

중국의 기술 절도에 관한 미 무역대표부의 보고서는 경제분야에서 사이버 스파이 공격으로 발생한 대규모 증거 중 일부를 최초로 제시하고 있다. 그 보고서에 따르면 중국의 불공정 무역과 지적 재산 절도는 미국에 매년 2,250억 달러에 6,000억 달러에 해당하는 정보손실 피해를 입혔다고 한다.

수빈의 사건은 그 절도가 어떻게 발생했는지를 가장 명백하게 보여 주는 사례 중 하나임을 제시하고 있다. 수는 중국과 캐나다에 설립한 베이징 로드 기술 주식회사(Beijing Lode Technology Company Ltd.)라 불리는 업체의 소유주였고, 이 회사는 미국을 포함하여 중국과 세계의 고객들에게 항공 및 우주 기술을 공급하고 있다. PLA 장군의 아들이기도 한 수는 2003년부터 자기의 회사를 성공적으로 키우기 위해 중국 정부와 군의 관계를 이용하였다. 몇 해 되지 않아, 베이징에만 있던 사무실을 상하이, 광저우, 신진, 청두, 시안, 선양 및 장춘까지 확대하였다. 많은 태자당 멤버와 같이, 수는 아내와 두 아들과 함께 해외에서 살았다. 그는 캐나다 밴쿠버 바로 밑의 남부지역인 브리티시 콜롬비아주 리치몬드에 있는 2백만 달러짜리 주택을 소유하고 있었다. 그는 캐나다에서 영주권을 받았고, 주택 외에 베이징에 아파트 2채, 상하이에 아파트 한 채와 광저우에 아파트 한 채를 소유하고 있다.

수는 미국의 많은 항공회사들과 사업을 하였고, 한 무역전시회에서는 보잉의 전시관 바로 옆에 로드 기술의 전시관을 운영하였다. 그는 보잉사뿐만 아니라 록키드 마틴을 포함해서 미국 항공회사들의 운영방식을 매우 잘 알고 있었다.

PLA 장교가 보낸 2008년 7월 23일자 이메일은 결국 중국이 대규모로 성공한 사이버 절도 작전에 미국 정부를 노출시키는 일련의 사건들의 출발점으로 기록되게 하였다 ― 미국 역사상 사이버 공격을 통해 미국의 부를 가장 대규모로 이전한 사건이었다. 그 기술 절도는 극도로 귀중한 정부 정보로부터 일부 가장 전략적인 무기체계에 사용되는 특허 전자장비의 약탈까지 포함되었다 ― 모든 것이 미국 방위산업 계약자들로 구성된 몇 개의 그룹, 즉 보잉과 록키드 같이 항공기, 군함과 지구에서 미국을 가장 강력한 국가로 만든 기타 군사 장비를 만들고 최첨단 기술을 보유하고 있는 기업으로부터 은밀하게 훔쳐 낸 것이었다. 중국은 이렇게 훔쳐 간 군사기술을 PLA의 대규모 무기 현대화 계획에 쏟아부어 세계 제일의 군사 대국인 미국의 위상에 손상을 입혔다.

몇 개월이 지난 2009년 10월 23일, 그 PLA 장교는 컴퓨터 네트워크 공격과 방어 및 통신보안 업무를 하는 능력이 있다고 광고를 해서 알려진 중국 회사로부터 받은 "인터넷을 이용한 무지향 문서 송달 안전 시스템"과 관련된 계약서 초안을 포함한 메일을 수빈에게 보냈다.

그 회사가 정확히 확인되지는 않았으나 중국 남부 광저우에 있는 회사로 광저우 보유 정보기술 주식회사(Guangzhou Bo Yu Information Techology Company Ltd)로 나타났고 보유섹(Boyusec)으로 알려졌다. 이 회사는 국무부 보안정보 서비스와 PLA 양측과 긴밀한 관계가 있는 것으로 미국 정보 공동체에 잘 알려져 있다. 보유섹이 중국의 사이버 공격작전을 위해 선두에 나선 것으로 나타났다; 2017년 9월, 직원들 중 세 명이 미국 정보회사를 해킹한 혐의로 기소되었다. 그 직원 세 명은 3PLA의 해킹 작전과도 관련되었는데, 상하이에 있는 61398부대라고 불리는 악명 높은 사이버 스파이 조직을 위해 일했던 5명의 3PLA 장교들이 2014년 기소된 사건과 연관되어 있다. 이 부대가 바로 영어 사용 표적에 대한 중국의 모든 주요 사이버 공격과 관련되어 있는 팀이다.

그 계약서를 받고 나서 하루가 지난 2009년 10월 24일, 수는 그 계약서에 서명을 해서 그 3PLA 장교에게 이메일로 보냈다. 그 이후 5개월에 걸쳐 수와 두 명의 PLA 장교가 중국에서 활동하는 해커 한 팀을 지휘했는데, 캘리포니아 롱비치에 있는 보잉 C-17 조립공장에 있는 컴퓨터 네트워크에 접근 권한이 있는 특정 직원들을 표적으로 삼아 접촉하기 시작하였다. 중국인들은 수신자를 다른 사람으로 가장하기 위해서 교묘하게 조작한 사기성 이메일 송신자 주소가 포함된 이메일을 사용하였다. 그 목적은 그 직원들로 하여금 컴퓨터 링크를 클릭하게 해서 중국 악성 해킹 소프트웨어를 자동적으로 다운로드하도록 하는 것이었다. 이런 시도를 스피어 피싱 혹은 단순히 피싱이라고 하고, 이는 중국인들에게 능숙한 전술이다.

2009년 12월부터 2010년 1월 어느 시점에, 중국의 해커 작전은 노다지를 찾아냈다. 공동으로 작업을 하던 수는 보잉 임원들에 대한 세밀한 사항을 수집하였고, 몇 개월이 지나지 않아 해커들은 보잉으로부터 C-17 항공기에 관한 85,000건의 자료를 훔쳤다.

PLA의 고위직에 보내려고 했던 차단된 이메일을 보면 해킹 작전을 상세하게 잘 보여 주고 있다. 그 메일에는 3PLA 해커가 그의 상관에게 보낸 "C-17"이라는 제목의 2013년 8월 12일 날짜의 메일이 포함되어 있다. 이 메일은 다른 두 명의 PLA 장교와 해킹 팀의 다른 멤버 한 명 사이에 — 아마도 계약을 맺고 일을 하는 민간 해커 — C-17 비밀을 성공적으로 탈취했음을 보여 준다. 그 보고서에는 1980년대부터 1990년대까지 미국의 납세자들이 개발을 위해 약 400억 달러를 지불해야 했던 그 개발 프로젝트의 핵심기술을 절도하면서 경험한 해커들의 기고만장한 쾌감이 나타나 있다. 결국 대당 2억 2백만 달러의 비용으로 280대의 C-17 항공기를 제작하였다. 중국인들에게 핵심 기술을 훔치기 위한 그 작전은 정말 특별한 규모의 정보 쿠데타였다. 중국의 항공기 제조사들은 개발비용 수십억 달러를 절감했을 뿐 아니라 이 회사들은 재빨리 이 비밀을 PLA의 신형 수송기 Y-20 생산에 활용하였는데, 대당 비용이 단지 270만 위안 혹은 전체 사이버 스파이 작전에 393,201.98 달러를 사용했다.

이 작전에 관한 PLA 요약에 따르면:

2009년에, ... 〔우리는〕 미국 보잉사가 제조하고 암호명 "글로브 마스터 (Globemaster)"인 C-17 전략수송 항공기에 대한 감시를 시작하였다. ... 〔우리는〕 부여받은 임무를 1년 동안 안전하고 차분하게 완수하였는데, 이를 통해 우리나라의 국방과학연구 발전에 중대한 기여를 하였고 과분한 칭찬을 받았다....

C-17 전략수송기의 발전은 미국의 항공기 연구 및 제조 역사상 가장 시간을 많이 투자했던 사업이었는데, 맥도널드 더글러스사가 1995년 개발계약에 성공했던 1981년 이후, 모든 시험비행이 완료된 1995년까지 총 14년이 걸렸다. 이 항공기 연구 및 개발에 34억 달러가 투입되었는데, 미국 군사용 항공기 개발 역사상 세 번째로 많은 비용이 투입된 사업이다.

기획, 세심한 준비, 기회 포착 등 전 과정을 통하여..., 〔우리는〕 2009년부터 개시된 감시를 위해 모든 인적, 물적 준비를 시작하였다. 몇 달간 엄청난 노력과 지칠 줄 모르는 노력으로, 내부 협력을 통하여 〔우리는〕 2010년 1월 최초로 보잉사의 내부망을 뚫었다.

보잉사의 내부망에 대한 조사를 통하여, 우리는 보잉사의 내부망 구조가 복잡하다는 것을 확인했다. 주변 배포 프로그램은 FW와 IPS를 가지고 있고, 중심부의 핵심 프로그램은 IDS를 가지고 있으며, 그 비밀 네트워크는... 거대한 양의 대침투 보안장치로 〔a〕유형 고립 장비를 보유하고 있다. 현재, 우리는 그 내부망에서 18개의 도메인과 약 10,000개의 기계를 확인했다.

우리의 감시는 보잉사의 내부망이 고도로 복잡했기 때문에 극도로 조심스럽게 진행되었다. 끈질긴 노력과 시간이 걸리는 암중모색을 통하여, 우리는 마침내 비밀 네트워크에 저장된 C-17 전략수송기 관련 자료를 발견하였다. 그 비밀 네트워크가 24시간 개방되는 것이 아니고 통상 물리적으로도 고립되어 있기 때문에, C-17 프로젝트와 관련된 사람이 비밀 코드를 인증했을 때만 연결할 수 있다.

우리는 준비가 철저하게 되어 있었기 때문에, 짧은 시간에 서버의 파일 목록을 확보하였고 문서 몇 개를 복사하였다. 전문가들은 그 문서들이 정말 C-17과 관련된 것이고 자료 범위는 착륙기어, 비행통제 시스템 및 강하 시스템 등을 포함하고 있는 문서임을 확인하였다. 중국 내부의 전문가들은 그 문서에 대해 높이 평가하였고, C-17 자료는 중국에서 처음으로 본 것이라고 말하면서 그 문서가 갖는 중국 내 가치와 유일무이한 특성을 확인해 주었다.

과학적/기술적 지원, 안전한 획득, 명백한 성취. 보잉사의 내부망 구조가 고도로 복잡하고 철저하게 보호되기 때문에, C-17 관련 자료를 성공적으로 획득하기 위해서는 꼼꼼한 준비와 활발한 기술적인 지원이 필요하였다.

(1) 우리는 확실한 정보 획득을 보장하기 위해서 감시대응 업무의 수준을 높였다. 내부망 침투로부터 정보를 획득할 때까지, 감시하는 사실이 탐지되지 않도록 하기 위하여 내부망에서 스킵을 하였고, 또한 미국 밖 다른 나라에서 적절한 시간에 불규칙한 방문을 하였다. 이 스킵 과정에서, 우리는 엄청난 양의 도구, 루트 및 서버들의 지원을 받았고, 이것들은 정보 데이터의 안착을 보장해 주었다.

(2) 우리는 그 네트워크를 안전하게 빠져나가기 위한 기술을 사용하였다. 보잉사의 내부망에 침투하는 것이 생각보다는 어려웠기 때문에, 정보를 확보한 후에는 우리는 데이터를 분리하고, 묶음으로 만들며, 문서 포맷을 변경하기 위한 기술에 의존해야만 했다. 결국, 우리는 보잉사 외부로 데이터를 안전하고 순조롭게 전송하기 위해서 많은 자동 및 수동적인 감시 장치를 회피했다.

(3) 우리는 안전하게 철수하기 위해서 반복적으로 명령어를 생략하는 스킵을 반복했다. 정보 획득은 안전하게 하고 미국법에 의한 추적은 피하기 위해서, 우리는 많은 국가에서 다양한 스킵 루트를 계획해 놓았다. 이 루트들은 적어도 세 국가를 통과하였고, 우리는 그들 중 한 국가는 미국과 친선관계가 없는 국가를 선택했다. 안전하고 순조롭게 이 임무를 완수하기 위해 미

국 밖에서 5개의 루트와 서버를 개방하였고 임무가 완료된 후 이들을 폐쇄하였다.

(4) 우리는 적절한 투자를 하여 엄청난 성공을 거두었다. C-17 전략수송기에 대한 우리의 감시를 통하여, 우리는 65기가 바이트에 달하는 파일을 획득하였다. 이 파일 중 630,000개의 파일과 85,000개의 파일 폴더에 C-17 전략수송기 설계 도면, 변경안 및 그룹 서명 등이 포함되어 있었다. 그 도면들은 항공기의 전반부, 중반 및 후반; 날개; 수평 안정기; 라더; 엔진 주탑 등을 포함하고 있다.

그 내용에는 조립체 도면, 부품 및 예비 부품을 포함하고 있다. 그 도면 중 일부는 측정치와 허용치뿐만 아니라 서로 다른 파이프 라인, 전지 케이블 및 장비 설치 장소에 관한 세부사항을 포함하고 있다. 이와 더불어 비행시험 문서가 있었다. 이 문서 세트는 상세한 내용들을 포함하고 있었으며, 파일 시스템은 전문가가 그린 명확하고 상세한 최고의 도면들이었다. 이 프로젝트는 1년이 걸렸고 270만 위안의 비용이 들었으며, 최고의 가성비와 함께 엄청난 수확을 거두었다. 충분한 준비, 꼼꼼한 기획 덕분에, 이 감시 일자리는 미래 우리의 업무를 위한 풍부한 경험을 확보하였다. 이에 우리는 자신감을 가지게 되었고 새로운 임무를 완수할 수 있다... 2012년 8월 6일

PLA 보고서는 수가 체포된 후 수빈 사건에서 나온 재판문서로 일반에게 알려졌다 - PLA가 보잉의 비밀을 훔친 후 5년이 지난 시점이다.

C-17은 미군의 일꾼이고 미국 국력의 핵심요소로 인정된다 - 미국의 이익과 동맹국들을 지원하기 위해서 세계 전역에 군사력을 투사할 때 사용한다. C-5와 C-130 수송기와 함께, C-17은 공군의 제트 전투기와 같이 많은 다른 무기체계만큼 화려한 역할은 아니지만, 자유를 지키는 데 핵심적인 역할을 한다.

보잉 C-17의 데이터 탈취 후 10년이 채 안 되어, 중국은 그 항공기의 중국 버전인 시안 Y-20 중수송기를 자랑하기에 분주했는데, 2018년 11월 주하이(Zhuhai) 국제 에어 쇼의 전시장에 나타났을 때, C-17과 거의 같은 모습으로 보인 것은 놀랄 일도 아니었다. 중국의 선전 수단들은 Y-20을 지적하며 "군사 중수송기를 설계하고 발전시킨 나라는 러시아와 미국에 이어 중국이 세 번째 국가라고 자랑했다." 최초의 원형은 2013년에 제작되었다 - 보잉을 해킹한 지 3년 후였다.

지금까지 밝혀지지 않은 것은 수의 간첩행위로 발생한 손해가 대중에게 알려진

것보다 훨씬 심각하다는 것이다. 연방검사들이 문서를 하나 작성하였는데, 수와 3PLA 장교들이 보잉과 다른 방위산업 업체들로부터 확보한 비밀들을 칭안 국제무역 그룹(Qing'an International Trade Group)으로 불리는 2PLA의 유령회사에 보냈다. QTC라고 알려진 그 회사는 C-17 기업비밀을 AVIC로 알려진 국영 항공기 제작사인 중국의 항공산업법인에 넘겼다. 그 데이터는 AVIC의 자회사, 시안 항공기 산업 주식회사에 넘겨졌는데, 이 회사는 Y-20에 추가하여 H-6 전략 폭격기와 JH-7 전투기/폭격기를 제작하는 회사이다. 또한 이 회사는 H-20으로 알려진 중국의 가장 최신 장거리 스텔스 폭격기도 개발하고 있다.

칭안과 수의 로드 테크 두 회사는 미국 항공기 기술을 훔치는 과정에서 그들의 역할 때문에 2014년 8월에 상무성의 제재를 받았다.

예민한 재판부 문서도 그동안 절대로 대중에게 밝혀지지 않았던 3PLA 해킹 작전 때문에, 미국 무기 시스템에 대한 전략적 손실 피해에 대한 상세한 내용을 최초로 대중에게 알리게 되었다.

이전에 알려지지 않은 피해 중 가장 손실이 큰 것은, 군에서 가장 발전된 미국의 스텔스 전투 폭격기인 F-35 제트 전투기의 비밀이 밝혀진 록히드 마틴에서 사이버 수단으로 훔친 내부 문서였다. 그 문서는 "F-35 비행시험 계획"으로 알려졌다. 그 비행시험은 무역 비밀이 아니었다고 주장하는 수의 변호사 주장에 반하여, 검사들은 비밀은 아니지만, 그 문서는 스텔스 전투기에 대한 극도로 중요한 정보를 포함하고 있다고 밝혔다. "F-35 비행시험 문서는 F-35 개발 완료 시 어떻게 시험할 것인지; 얼마나 많은 대수의 항공기가 제작되고 활용되는지; 어떤 부품들이 시험되는지, 어떻게 시험 환경이 설정되는지와 사용되는 계기 장비; 그리고 F-35의 성능, 능력과 다양한 특성의 한계를 시험하기 위해 사용되는 기술을 설명하기 위해 사용되었다"고 재판문서는 기술하였다.

재판부 문서에는 록히드 마틴에서 항공학 엔지니어로서 F-35의 핵심 디자이너였던 존 코스탄(John Korstan)의 증언이 포함되었다. 코스탄은 미국에서 가장 발전된 제5세대 제트기는 초음속으로 비행하고 적의 레이더망을 뚫을 수 있다고 진술하였다. "F-35는 총비용 수십억 달러를 들여 미국과 다른 국가들이 계약을 이행하는 많은 회사가 수년 간에 걸쳐 개발한 항공기"라고 하면서 그는 비행시험 계획을 세웠다고 진술하였다. 그는 "비행시험 계획을 수립하는데 59,959시간의 공수가 필요하다"고 하였다. 그는 "[록히드 마틴] 항공사의 내 사무실에서, 내가 알기로는 F-35 비행시험 계획을 공공연하게 확보할 수 없다"고 하였다. 그 정보는 회사 내에서 로그인 권한을 부여하는 방법을 통하여 기술자료에 전자적으로 접근하는 것을 제한하고 비밀정보가 저장된 시설에 물리적으로 접근하는 것을 제한함으로써 보호되었다.

그 시험 계획에는 제작될 시험용 항공기 대수, 시험할 부품의 수, 시험에 사용할 기구, F-35의 성능, 능력 및 한계를 시험하기 위해 사용되는 제트기의 항공 전자 공학과 기술에 관한 상세 내용이 포함된 비밀 유지와 관련된 세부 내용이 들어 있었다. 코스탄은 그가 록히드에서 작성한 문서와 동일한 이미지가 들어간 수가 만든 중국어판 비행시험 계획을 보았다고 말했다. 그 문서 안에는 F-35의 항공 전자 공학을 시험하기 위해 보잉 737 제트기 내부에 설치된 캣버드(CATbird) 혹은 협조적 항공전자공학 시험대(Cooperative Avionics Test Bed)도 보였다.

그 정보는 중국인들에게 매우 중요했고, 그들의 현대적인 제5세대 전투기인 J-20에 그대로 적용되었다. 미국 정보당국은 J-20 디자인은 F-35로부터 훔친 것이라는 결론을 내렸다. 그 정보는 국가정보국이 비잔틴 헤이디스/앵커라고 암호명을 붙인 중국 해커 작전을 통하여 확보하였다. 해킹 작전 사령부는 J-20을 개발하고 시험하는 데 탈취한 정보를 사용한 AVIC 자회사 청두 항공산업 그룹이 있는 청두에 있었다.

예를 들면, 정보 당국들은 2014년 1월 중국 웹사이트에 올라온 J-20 사진을 보고 청두 항공기 디자이너들이 J-20 최초 원형이 2011년 공개된 이후 업그레이드된 몇 개의 설계를 이용했다는 것을 알았는데, 항공기의 앞부분에 있는 노즈콘 밑에 설치된 신형 전자광학 표적획득 포드가 포함되었다. 또한 이전의 항공기에서 보였던 꼬리 부분의 돌출된 엔진 노즐이 뒤에 나온 모델에는 보이지 않았다 - 그 항공기의 레이더 신호를 더욱 감소시키기 위해 스텔스 기능을 강화한 것이다. 미국 전투기의 특성을 훔쳐 제작한 J-20 역시 새로운 레이더 전자파 흡수 코팅 물질을 칠했다.

중국은 F-35 기술 절도를 공공연하게 자랑까지 하였다. 중국 공산당이 관여하는 신문 글로벌 타임스(Global Times)가 2014년 1월 J-20에 사용된 핵심 기술들은 F-35에서 확보한 것이라고 보도했다.

미국 국가 정보국장실의 대정보 고위관리였던 마이클 밴 클리브(Michelle Van Cleave)는, 수를 기소한 것은 하나의 성공이었다고 말했다. 그 사건은 미국의 컴퓨터 네트워크로부터 폭포처럼 쏟아져 새어나가는 비밀의 흐름을 막는 데 역할을 거의 하지 못했고, "매년 커지는 비밀 유출에 비하면 새발의 피라고 할 수 있다."

밴 크리브는 "중국은 수천 명의 스파이들과 미국의 군사 및 기술 비밀을 표적으로 하는 컴퓨터 해커들을 연결하는 첨단 네트워크를 가지고 있다"고 말했다. "그들이 무역을 통해서 법적으로 혹은 합병과 획득을 통해서 얻을 수 없는 것은, 그들이 훔칠 준비를 했다. 그리고 항상 그들을 막는 것은 더욱 어렵게 되었다."

F-35만이 중국 해킹으로 피해를 보는 첨단 항공기가 아니었다. 수 사건은 또 다른 피해를 입혔다: F-22 항공기와 관련된 귀중한 기술의 손실인데, 적의 레이더 망을 회피하기 위해 항공기의 능력을 증가시키는 내부 미사일 저장고에 대한 상세 내용이다. F-22는 중국과의 미래 전쟁에 대비하여 특별하게 설계된 것이다. 이 제트기는 장거리를 저연비로 비행한 후 장거리 무기를 발사한 후에도 기지로 안전하게 복귀할 수 있는 충분한 연료가 있는 독특한 "초음속 순항"능력을 자랑한다.

니콜라스 데시미니(Nicholas DeSimini)는 해리스(주)에서 선임 시스템 엔지니어였는데, 한때 그는 F-22 무기저장 격실을 개발하는데 참여한 EDO라 불리는 항공기 회사에서 일했다. 그는 수 사건에서 재판부에 제출한 진술서에서 AMRAAM 수직발사대 혹은 AVEL로 알려진 F-22의 미사일 발사 격실에 관한 비밀을 훔쳤다고 밝혔다. AMRAAM은 advanced medium-range air-to-air missile의 약자인데, F-22에 탑재되어 있다. 데시미니는 "2002년이 시작되면서, EDO에서 AVEL 프로그램의 반장이었고, AVEL은 무기를 날개 밑에 장착하는 대신 내부에 보관함으로써" 스텔스 성능이 뛰어난 F-22로 기능하는 특성 중의 하나라고 말했다.

2002년과 2004년 3월 사이에, 데시미니는 "F-22 AMRAAM 수직발사대 LAU-142/A 비공식 훈련과 비행 정비 및 서비스"라는 발표 자료를 만들었다. 수와 3PLA 해커들이 그 비밀 자료를 확보하였다. 그 발표 자료는 AVEL의 모형에 해설을 붙인 사진들과 그 부속품, 단면도, 기계적인 설계 도식, 유압식/압축식 도식, 전자적 도식과 AVEL 부품의 기능에 대한 상세설명과 묘사를 포함하고 있었다. 이 자료는 발사대 부품의 성능과 치수뿐만 아니라 설치 및 해체에 대한 해설을 위한 내용들이 포함되어 있었다. 이 모든 세부 내용은 중국이 그들의 스텔스 전투기를 제작하는데 유용한 것이었다. 그 발사 시스템은 "공중 그네" 시스템으로 무기 저장 격실에서 미사일을 발사하기 위해 금속 팔을 사용하는 것인데, 날개 밑에 장착된 미사일 발사에서 사용되었던 폭발 방출 장치가 필요 없게 되었다. 이 시스템 도면이 2000년대 초에 일반인들에게 알려졌지만, EDO표 자료에 있던 만큼 풍부한 정보는 아니었다. 데시미니는 "EOD AVEL 발표에 포함된 세부 내용은 최첨단 제트전투기에 장착된 첨단 부품을 제작하기 위해 사용되는 엔지니어링의 결과"라고 말했다. "그 안에 있는 그림과 기록된 묘사 내용을 검토함으로써, AVEL을 만들었던 많은 작업 내용을 역설계할 수 있다."

그것이 바로 정확하게 중국이 한 행동이다. 그 발사대에 관한 세부 내용을 가지고, 중국은 거의 유사한 수직 발사대를 만들어서 J−20 전투기에 탑재하였다. 그 발사대는 2013년 여름에 중국의 군사 매니아 웹사이트에서 밝혀졌다.

수빈 사건은 미국 역사상 가장 심각한 손해를 끼친 사이버 간첩행위였다. 이것은 2000년 초반부터 PLA가 시작한 사이버 간첩행위 몇 십 건 중의 하나에 불과한 것인데, 베이징이 군사력을 강화하기 위한 전략적 전투행위의 일부분이자 동시에 미국 군사 시스템의 비밀을 배워, 전쟁에서 미국을 이기기 위해 사용하는 행동의 일부분이었다. 언급한 바와 같이, 그 전투는 국가정보국이 암호명 비잔틴 헤이디스라고 지칭했고, 이 전투는 미국 전자 시스템에 침투하는 장기적이고 광범위한 작전이었고, 대규모의 비밀과 민감한 자료를 훔쳐 중국 국영 방위산업과 무기 제조사에 보내는 것이었다. 이 전투는 2019년까지 계속되었고 아직도 약화되었다는 기미는 보이지 않는다. 2013년에 공개된 국가정보국(NSA)의 비밀 브리핑 자료에 따르면, NSA는 비잔틴 헤이디스와 관련된 30,000건 이상의 접촉시도를 탐지했고, 그중 500건이 펜타곤과 다른 컴퓨터 시스템에 침입한 중대한 건수였다. 16,000대 이상의 네트워크가 침해당하였고, 네트워크를 재구성하는 데 1억 달러 이상 소요되는 피해를 입었고 600,000개의 사용자 계정이 피해를 입었다.

수빈과 3PLA 스파이들은 6년 동안 들키지 않고 작전을 수행하였으며, 베이징을 위해서 큰 성공을 거두었다. 마침내 수는 비잔틴 헤이디스와 그 분파를 추적했던 NSA 비밀 사이버 대정보 계획인 에로오 에크립스라 계획에 걸려 식별되었다. 그리고 다른 추적 작전이 많이 있었다: 비잔틴 캔더는 펜타곤 컴퓨터에 대한 중국 해커와 관련된 것이고; 비잔틴 랩터 역시 펜타곤과 의회 컴퓨터를 목표로 하고 있으며; 비잔틴 풋홀드는 미국 태평양 사령부와 수송사령부 네트워크 해커와 관련되어 있다.

암호화를 무력화하는 공격에 불을 붙였던 3PLA의 가장 성공적인 작전 중의 또다른 하나는 디지털 보안회사 RSA에 대한 첨단 사이버 공격이었다. 보잉사의 컴퓨터 관리자를 바보로 만들었던 포이즈나비 소프트웨어를 사용하여, 2011년 초에 3PLA 해커들이 RSA가 사용 중인 네트워크에 침입하여 그 회사의 SecurID로 불리는 시스템에 사용되는 암호화 키를 훔쳤는데, 그 키는 미국의 방위산업 계약자들이 원격으로 로그인하는 데 사용하는 기술이고, 방위산업 계약자 네트워크에 원격 접근을 허용하는 보안인증 기술이다.

이것이 미국 군사기술의 핵심을 탈취하려고 추구하고 있던 군사 해커들의 주요 돌파구였다. 범인들은 3PLA에 소속된 군사 해커들이었다.

기술 절도에 대한 사이버 공간에서 비밀 전투는 은밀한 전자 전쟁이고, 그 분쟁에서 국가정보국(NSA)은 일부 성공을 거두었다. 미국 방위산업 계약자들에 대한 추가 공격을 부추겼던 RSA 암호 해독 키 사이버 절도 사건이 있기 2년 전에, NSA가 중국의 군사 사이버 정보 기반시설에 침투함으로써 중요한 승리를 거두었다. 2009년 7월, 메릴랜드의 포트 미드에 있는 NSA 위협작전본부(NTOC)는 컴퓨터 네트워크 방어자로부터 비밀정보를 받았다 – 사이버 전사들은 공세적인 사이버 간첩행위보다는 해커에 대항하여 미국 시스템을 보호하는 데 주로 관심을 가지고 있었다. 비잔틴 랩터 사이버 공격에 참여하고 있는 중국 해커들이 사용하고 있는 지휘 및 통제 노드와 연결된 해외 해커들 중 한 명이 사용하는 인터넷 통신규약(IP) 주소들을 주목했을 때, NOTC가 펜타곤의 국방관련 사용자들을 표적으로 하는 악성 소프트웨어를 감시하고 있었다.

이 비밀정보는 NSA는 신호정보부 맞춤형 엑세스 작전 그룹으로 알려진 공세적인 전자 정보 및 사이버 전 그룹으로 전달되었는데, 이 그룹은 전 세계에서 가장 우수하거나 총명한 해커와 전자 스파이들을 고용하고 있다. 그리고 NSA는 비밀리에 지휘 및 통제 노드를 활용하여 비잔틴 랩터 뒤에 있는 PLA 해킹 그룹에 관한 방대한 정보를 수집하기 시작했다. 하와이 오아후에 있는 쿠니아 지역 신호정보 작전본부의 NOTC 그룹은 3PLA가 아닌 2PLA의 작전에 대한 광범위한 감시를 하였다. 터널(The Tunnel)로 알려진 쿠니아는 1941년 일본의 진주만 폭격 직후 휠러 육군 비행장 근처에 항공기 조립을 위한 대규모 군사시설로 건설되었다. 이것은 아직도 사용 중이나, 대부분의 기능은 오하우에 있는 새로운 NSA 빌딩으로 이전되었다.

NSA는 변절자 에드워드 스노든(Edward Snowden)이 비밀 염탐을 폭로할 때까지 수개월 동안 2PLA에 대한 가치 있는 관찰결과를 얻었다. 그러나 피해를 입기에 앞서 그 정보가 얻은 것은 가치 있고 중국이 어떻게 유엔의 컴퓨터 네트워크를 해킹하며, 그 안에 있는 내부 비밀을 복사하는지 정보당국들이 이해하는 데 도움이 되었다.

이 작전을 통해 NSA는 PLA가 어떻게 포이즈바니를 이용하여 적어도 3개국에 있는 "도약점"을 통하여 탈취한 정보를 안전하게 중국에 보내는지 알게 되었다. NSA는 스파이에 대한 스파이 행위를 할 정도로 노련했는데, 그 관행을 정보당국은 "제4부문 수집"이라고 불렀다. 이것은 제3자에 대한 감시를 위해 사용되는 해외 정보 시스템을 은밀하게 이용하고 그들이 수집한 정보를 그들은 모르게 탈취하는 것이다. 정보 당국은 그 관행을 *피가 있을 거예요(There Will Be Blood)*라는 영화에서 가져온 대사 "내가 네 밀크쉐이크를 마실거다"라고 부른다. 그 영화에서 배우 대니얼 데이-루이스(Daniel Day-Lewis)가 분장한 인물이 다른 사람의 밀크쉐이크를 마시기 위해 빨대를 이용하는 것을, 다른 사람이 소유한 인근 유전에 은밀하게 시추 구멍을 뚫고 그들의 지하 저장소에서 비밀스럽게 기름을 빼내는 것에 비유한다. 유엔에서 NSA의 "밀크쉐이크"는 비잔틴 랩터를 통해 중국인들이 은밀하게 훔친 유엔 문서들의 일부를 퍼 올리는 능력이었다.

전 세계에 걸쳐 있는 어마어마한 양의 자료를 퍼 올리기 위한 작전의 일부로, 사이버 대정보 탐정들이 사용하는 핀웨일이라 불리는 비밀 저장 시스템에 대규모 데이터를 보낸다. PLA의 비잔틴 랩터 해커가 사용하는 비밀 해킹 작전은 결국 수빈을 조사했던 FBI 대스파이 작전을 위해 유용한 것임을 증명하였다. 비잔틴 헤이디스와 유사한 작전인 비잔틴 앵커는 미국과 유럽의 무기체계, 정보기술 및 NASA 데이터를 해킹했다. 이것이 수빈 사건의 배후에 있는 해킹 그룹이고, 법무부가 기소한 소수의 사이버 간첩행위 중의 하나로 PLA 사이버 공격작전의 내부 업무에 대해 최초로 일반에게 공개한 것이다.

포이즈나비를 이메일로 요청했던 사람은 수빈 사건에 대해 공개된 재판부 문서에서 밝혀지지 않았다. 그 사건에 대한 분석은 이메일 발송자가 3PLA 국장인 류 장군을 가르키고 있는데, 기소장에는 단지 "기소되지 않은 공모자 2(UC-2)"로만 확인되었다. 이 사건에서 제2의 주요 플레이어는 C-17, F-35 및 F-22 항공기 비밀 절도와 관련된 실제 해커이며, 역시 "기소되지 않은 공모자 1(UC-1)"로만 확인되고 이난펑(Yinan Peng)으로 알려진 중국 정부와 관련이 있는 악명 높은 해커이다. 펑은 자바파일(Javaphile)로 불리는 중국 해킹 그룹의 리더인데, 이 그룹은 3PLA, 국가안보부 및 상하이 공안국을 포함한 중국의 여러 스파이 조직들과 함께 일을 하였다. FBI는 UC-1이 다양한 조직과 연계되어 있고 중국에 있는 독립체로 묘사했는데, 그와 부합하는 인물이 펑이다. UC-2는 UC-1의 감독자로 묘사하였다.

2008년 11월 5일 국무성에서 유선 비밀 전보를 하나 보냈는데, 그 전보는 펑이 IP 주소를 통하여 비잔틴 앵커(BA) 해킹 작전과 직접적으로 관련이 있다는 것이었다. "2008년 3월 17일 자바파일 리더 펑의 이메일 주소로 보내진 이메일 통신은 이전에 BA 침투 행위에 사용되었던 IP 주소 203.81.177.121로부터 온 것이었다"고 전보에 기록되었다. "많은 민감한 보고서들이 겹치는 특성에 근거하여 중국 해커 그룹 자바파일과 BA 침투 행위 사이에 분명한 관계가 식별되었다. BA의 〔컴퓨터 네트워크 착취) 시도와 연관된 IP주소 역시 Javaphile.org 웹페이지를 호스트하였고 자바파일 관련 게시물을 올리는 원천이 되어 왔다. 더욱이, 자바파일과 BA는 자바파일의 멤버 에릭쿨이 개발한 맞춤형 지휘 및 통제 도구를 사용하므로 연합을 해왔다. 비록 결정적인 증거는 나타나지 않았지만, 최근의 예민한 보고는 펑이 BA에 관련되어 있다는 추가적인 강력한 징후가 나타났다."

2012년 여름에, NSA가 수집한 대규모 이메일이 FBI 로스앤젤레스 지사장이자 특별 요원인 저스틴 발레스(Justin Vallese)에게 보내졌다. 그는 "첫날부터 우리는 그것이 잘못되었다는 것을 알았다"고 말했다. "이 이메일의 내용이 꽤 폭발성이 있다."

수와 PLA 해킹팀이 오렌지 카운티에 있는 보잉사의 서버에 침투하여 그 회사의 C-17관한 비밀을 훔쳐 간 후 미국정부가 행동을 취하기까지 4년이 걸렸다. 대간첩행위의 경우 보통 시간이 걸린다. 그러나 수 사건이 더욱 시간이 걸린 한 가지 이유는 NSA의 악몽이다 - 스노든 - 그는 홍콩으로 간 후 결국 모스크바로 날아갔다. NSA의 배반자는 NSA 일급 비밀을 백만 건 이상 탈취했고 여러 좌파 신문사들을 통해 피해자료들을 발간하는 데 도움을 주었다. 조사관들은 그가 FBI에 대한 복수심으로 그런 행동을 한 것이고, 의혹이 있는 부당한 전자감시를 끝내기 위한 내부 고발자로 가장한 것이라고 하였다. 그 문서들은 거의 확실하게 PLA 대정보 관리들이 분석했을 것이고, 그들은 NSA의 독특하고 성공적인 에로우 이크립스 사이버 대정보 프로그램에 대해서 알게 되었을 것이다. 그러나 NSA는 확신하지 못해서 FBI의 수 체포 영장 승인을 미루었을 것이다. 수를 체포하는 것에 대해 우려를 한 관리들은 에로우 이크립스의 비잔틴 헤이디스와 그 곁가지에 대한 침투를 알고 있었을 것이다.

그 사건에 대한 50쪽짜리 FBI의 범죄 불만 사항 설명서가 2014년 6월 27일에 상세하면서도 비밀리에 작성되었다. 밴쿠버의 캐나다 왕립 기마경찰과 협력하여 수를 다음 날 체포하였다 - 그가 중국으로 떠나기로 예정한 하루 전날이었다.

수는 외교와 정보 작전의 조심스런 협력의 일환으로 본국 송환을 포기하기 전까지 20개월 동안 캐나다의 억류하에 있었다. 그 계획은 수로 하여금 미국의 국방기술의 불법 수출과 보잉 및 다른 방위산업 계약자들의 네트워크를 해킹하려 한 음모에 대한 유죄를 시인하도록 요구하는 것이었다. 만약 수가 중국의 사이버 기술 절도에 대하여 추가 비밀을 밝히지 않는다는 것에 동의하면 PLA와 공산당 중앙 군사위원회가 수의 가족을 돌보아 주겠다는 약속을 한 후 중국, 미국과 캐나다 사이의 협상에서 수가 유죄답변을 하기로 정리하였다.

유죄 협상은 중국인들이 그 의혹에서 수를 마이너 플레이어로 묘사하도록 허용했다. 실제로 그는 결코 마이너 플레이어가 아니다. 미국의 대정보 관리들은 수를 지금까지 밝혀진 중국의 사이버 스파이 중에서 가장 중요한 인물이라고 했다. 그의 성공과 중요성을 보여 주는 사인의 하나로, 수는 C-17뿐만 아니라 스텔스 최선두에 있는 F-22와 F-35 전투기에 관한 비밀을 훔치는 데 그가 담당한 역할로 중국 정부로부터 권위 있는 상을 받았다.

수가 중국의 캐나다 기반 국방기술 탈취 작전에 얼마나 중요했는가는 그가 체포된지 한 달도 되지 않아 알려졌다. 중국 단둥의 경찰은 중국에서 살고 있는 두 명의 캐나다 사람을 체포했다 – 기독교 선교사이며 단둥에 레스토랑을 소유한 케빈과 줄리아 가렛(Kevin and Julia Garratt)이다 – 그리고 그들에게 중국의 국방기술을 탈취하려고 했다는 혐의를 두었다. 그 커플은 수를 미국으로 송환하는 대신 그를 중국으로 보내도록 캐나다를 압박하기 위한 베이징의 인질이었다. 중국은 수가 중국이 미국의 항공기 비밀을 탈취하려고 했을 뿐만 아니라 무인 항공기와 NASA의 우주 기술을 포함하여 다른 국방정보도 탈취하려고 했던 대규모 사이버 탈취 작전에 관한 비밀을 폭로하는 것을 두려워했다.

케빈 가렛은 2016년 9월까지 2년 이상 중국의 감옥에서 석방되지 못하고 지냈다 – 수가 상대적으로 짧은 기간인 4년 형을 받은 후 4주를 조금 넘긴 기간이다.

수가 포함된 정보 드라마에서 인질로 캐나다인들을 활용한 것은 미국이 중국의 여성 사업가를 체포하기 위해 캐나다 당국을 방문한 시점인 2018년 11월에 다시 종료되었다 – 그녀는 PLA과 관련이 있는 세계적인 대기업 통신회사인 중국의 화웨이 최고 재무 책임자였다.

화웨이의 최고 재무 책임자 멍완저우(Meng Wanzhou)는 수 같이 2014년 이란의 테러 정권에 물품 판매를 금하는 미국의 제재를 회피한 혐의로 밴쿠버에 수감되었다. 얼마 후에, 중국 당국은 인질을 잡고 있는 캐나다인 13명을 억류하였다. 후웨이와 멍은 이란과 불법적 금융거래와 미국 회사 티-모바일로부터 태피라고 불리는 로봇 테스팅 장비관련 통신기술 탈취 혐의로 입건되었다.

그 조치는 제9장에서 밝힌 바와 같이 중국의 서방에 대한 결연한 경제전쟁을 강조하였다. 중국의 사이버 첩보 행위는 베이징의 대규모 정보수집 작전 중 가장 눈에 띄는 특징이다.

하이테크 전체주의

제7장

하이테크 전체주의

"2017년에 상하이 경찰이 보유한 컴퓨터 통신망 담당자는 500명이 안 되었다. 그 수는 일 년이 채 안 되어 5,000명까지 증가하였다. 이 담당자들은 컴퓨터 통신망의 정보를 통제하고 온라인 '범죄' 조사에 전념하였다."

– 2018년 망명한 상하이 재무담당 임원

20년 전에 중국 정부와 집권 중국 공산당은 10억 명 이상의 인구를 통제하기 위해 정부 조직이 지휘하는 무자비한 정치 경찰과 보안 조직을 이용하여 권력을 유지하였다. 이것은 소련의 무시무시한 KGB를 모방한 보안 정권이었다. 오늘날 중국 통치자들은 발전된 기술의 지원을 받아 압박하는 도구를 이용하여 더욱 현대화된 하이테크 전체주의를 강요하고 있다 – 소련 지도자들이 한때 신소련인(New Soviet Man)이라고 불렀던 것을 모방하여 사람을 통제하는 안면 인식, 인공지능, 빅데이터 채굴 및 사회적 신용 시스템 등을 말한다. 이 대규모 경찰과 정보 시스템은 1984년 조지 오웰(George Orwell)의 고전 소설에서 나타난 전체적인 통제의 암울한 비전에 버금가는 현실 세계이다.

2018년에 이르러 중국은 전국에 설치된 2억 대의 탐색 카메라에 일부 의존하여 신기술 통제 시스템 가동 준비를 하였다. 이 카메라들은 기둥, 가로등, 천장, 신호

등 언뜻 보기에는 모든 곳에 설치된 것으로 보인다. 이 정권은 2020년경에 초고속 5G 통신과 연결되고 인공정보, 빅데이터 및 기계 학습으로 동력을 받는 카메라 6억 2600만 대 보유를 기대하고 있다.

그 목표는 2020년까지 어디에나 존재하고, 완전하게 연결되며, 항상 작동하고 완전하게 통제 가능한 국가적인 비디오 탐색 네트워크를 만드는 것이다.

그 이후 중국의 전체주의적 통제가 가져올 악몽은 세계 지배를 위한 중국의 원대한 계획의 일부로 전 세계에 수출하고 확산하는 것이다. 경찰은 사람의 안면을 스캔하고 대규모 안면 데이터 베이스를 이용하여 안면을 검색하는 특수 안경을 사용하고 있다. 공안경찰 역시 사람의 걸음걸이로 사람을 식별할 수 있는 탐색기술을 사용하고 있다. 이 시스템은 중국에 수천만 명을 식별하는 능력을 부여할 것이다.

중국의 모든 전화는 모든 전화통신 서비스 제공회사들이 공산당 국가에서 통제하기 때문에 도청에 취약하다.

매우 엄격한 사회 신용 시스템은 공산당에 참여하지 않는 사람들에 대한 통제를 위해 사용하는 가장 최근의 방법이다. 이 시스템으로 공산당은 보다 원대한 전체주의적 통제를 완성해 가고 있는 과정에 있다. 신용 시스템은 당근과 채찍을 이용하여 중국 인민 각자가 공산당 통치를 인정하도록 강요하는 것이다. 2014년 중국 정부의 문서에 나타난 바와 같이, 그 프로그램은 "신용이 있는 사람은 하늘 아래 어디라도 돌아다니도록 하면서 신용이 없는 사람은 한 걸음 걷기도 어렵게 하는 것"을 추구하고 있다.

사회적 범죄는 당과 지도자들을 비난하는 것부터 세금을 내지 않는 것까지 다양했다. 경범죄는 기차에서 흡연을 하거나 혹은 걸을 때 반려견 목줄을 하지 않는 등 외견상 해롭지 않은 행동에 부과되었다. 통제 사항들은 중국의 국가 신용정보 센터에서 모니터링을 했는데, 2018년 통계에 따르면, 총 2,300만 명의 신용 불량자가 발생하였고 항공 혹은 철도로 하는 여행을 금지당하였다. 그 센터에 따르면 사회적 신용 불량으로 중국인 1,750만 명이 항공 티켓을 구매할 수 없고 550만 명이 고속 철도 티켓 구매를 할 수 없었다.

그 보고서에 따르면, 그 프로그램은 "한 번 신용 불량이 되면, 어디서든 제한을 받는 것"으로 요약된다. 공산당 기관에 대한 신용이 낮으면 인생을 바꾸거나 이미 제한된 자유가 더욱 제한을 받는 것으로 계획되어 있다. 예를 들면, 사회적 신용 통제는 "신용 불량자"가 보험 가입, 부동산 혹은 금융투자를 하지 못하도록 사용되었다. 만약 어느 회사의 신용이 저조하면, 그 회사는 사업 입찰이나 회사채 발행을 금지당하게 된다. 사회적 신용 시스템은 공산당 공안 조직들이 모니터링 프로그램에 인공지능과 대규모 데이터 세트를 적용하기 시작하면서 향후 더 강한 압박이 될 것이다.

마이크 펜스(Mike Pence) 부통령은 중국의 기술통제를 중국을 불평등한 감시국가로 만들고 있으며, 미국 기술의 도움으로 더욱 확장되고 침투적으로 변할 것이라는 우려를 표명했다. 인터넷을 검열하기 위해 사용되는 중국의 만리장성(the Great Firewall) 프로그램은 중국인들이 자유롭고 개방적으로 검열되지 않은 뉴스와 정보를 접하지 못하도록 차단하는 데 더욱 첨단화되고 있다.

펜스 부통령은 "2020년경에, 중국의 통치자들은 소위 사회적 신용 점수라는 인간 생활의 모든 면을 실제 통제하는 것을 전제로 하는 오웰식 시스템 정착을 목표로 하고 있다"고 말했다.

종교의 자유 역시 공식적으로 무신론주의인 중국 공산당에 의해 심하게 제약을 받을 것이다. 기독교도, 불교도 및 무슬림들은 예배를 드릴 기본적인 자유를 거부당한다.

캐나다 보안 정보 서비스가 작성한 보고서는 중국 공산당이 권력을 공고히 하면서 확장할 목적으로 처리 과정을 자동화하기 위해서 현대 기술을 결속하고 있다고 한다. 그 목표는 "빅데이터 발전을 증진하기 위한 조치계획"인데, 국가안보를 보장하기 위한 당의 선제적 처리 과정인 "사회적 지배"에 빅데이터의 발전을 연결시키는 것이라고 2017년에 명확하게 밝혔다. 그 시스템은 "자신들의 관리에 참여시키기 위해 개인들을 강요하고 끌어들이기 위한 기술에 의존하고 있다."

중국의 지도자들은 미신적인 열풍으로 인한 불안정을 두려워한다. 중국 전역에 걸쳐 발생한 작은 규모의 많은 시위는 제국주의 중국 시대로부터 있었던 하늘의 명령인 천명을 상실한 사인으로 보이기 때문에 공산당 지도자들을 두렵도록 하므로 대부분 보도되지 않았다. 한 번 천명을 상실하면 황제가 몰락하고, 그래서 대규모의 경찰, 군사 및 기술력이 국민 통제에 투입되고 있다.

캐나다 정보 보고서에 따르면, 사회적 신용 시스템의 기능은 국가안보와 안정을 지지하거나 그렇지 않으면 공산당 국가 기관의 분풀이에 당하도록 개인에게 강요하는 중국인들이 말하는 소위 "개인 책임"을 자동적으로 다하도록 하는 것이다.

그 보고서는 "정치적 압력이 새로운 것은 아니다; 예를 들면, 기업들이 중국의 주권의 영토의 통합을 존중하지 않는다는 이유로 고발당한 후에 타이완 혹은 티베트의 독립을 부인하라는 등의 압력을 받는다"고 밝히고 있다. "이미 사회 신용 시스템은 그들의 의사결정을 형성하도록 정부의 역량을 확대하였다. 또한 이 시스템은 정부가 국민의 삶과 해외여행에 대해 더 많은 통제를 행사하도록 하였다."[1]

중국에서 첨단 기술을 이용한 압박 중에서 가장 지독한 사례 중 하나는 중국 북서부 위구르 지역에서의 대량 투옥에서 볼 수 있다. "공산당은 집단 수용소에 중국 무슬림을 대량 감금하는 데 공안부대를 활용하였다"고 국방부 인도－태평양 안보문제 차관보 랜달 슈라이버(Randal Schriver)가 2019년 5월에 언급하였다.. 슈라이버는 300만 명의 위구르족이 투옥되었다고 하면서, 그 캠프에 대해서 설명하였다. 그는 "거기에서 무슨 일이 일어나고 있고, 중국 정부의 목표와 그들 국민의 의견이 무엇인지가 바로 적절한 설명"이라고 말했다.

위구르는 인구 대부분이 무슬림으로 독립과, 티베트 사람들이 점령당한 티베트를 회복하려고 하는 것처럼 중국이 점령한 동투르키스탄 지역을 회복하기를 원한다.

중국은 표면상으로 대테러 대책의 일환이라고 하였지만, 백만 명 이상의 위구르족을 투옥하는 대대적인 잔인한 단속을 하였다. 그 집중 단속의 일부로 2016년에, 중국 정권은 신장(Xinjiang) 지역에 대해 표면상으로는 완곡하게 "전면 건강 검진"이라고 이름을 붙인 프로그램을 집행하였다. 2018년 1월경에는 중국 서부지역을 통틀어 위구르족과 다른 민족을 포함하여 5,380만 명에 대해 소위 건강 검진을 하였다. 이 검진은 혈액 샘플 채취, 안면 촬영, 음성인식을 위한 목소리 녹음 및 지문 채취가 포함되었다. 검진을 받은 사람들에 대한 심장 혹은 신장에 대한 검진은 없었다 － 건강 체크가 실제로는 대규모 생물학적 감시 계획이라는 것을 알려 주는 가장 명백한 징후였다. 공안부에서 일하는 중국 과학자들이 DNA 표본을 수집해 왔고 매사추세츠 기업인 써모 피셔 사이언티픽(Thermo Fisher Scientific)과 협력해 왔는데, 이 회사는 DNA를 분석하는 장비를 공급해 왔다. 써모 피셔와 협력관계는 뉴욕 타임즈가 이 사실을 폭로한 후에 종결되었다.

다른 감시 조치들은 위구르 사람들이 사용하는 전화기에 감시 소프트웨어를 강제로 설치하는 것도 포함되었는데, 이 프로그램은 이슬람 키워드와 이미지를 스캔하는 것이었다.

2000년 3월, 빌 클린턴 대통령이 중국이 국제무역기구(WTO)에 가입하는 것을 도우면, 그 기구에 가입한 공산당 국가는 예상하지 못한 민주화와 경제적인 자유를 향유하게 되는 미래가 있고, 미국이 받는 수혜는 엄청난 것이라고 극찬을 하는 연설을 하였다. 클린턴은 중국이 WTO에 가입하면 2005년에 정보기술 생산물에 부과되는 관세를 없애고, 품질은 높으면서 값은 싸고 보다 많은 곳에서 사용할 수 있는 통신 장비를 만들게 될 것이라고 예측하였다. "우리는 인터넷이 미국을 얼마나 많이 변화시켰는지 알고 있다"라고 클린턴이 말하면서, "우리는 이미 개방된 사회이다. 인터넷이 중국을 얼마나 많이 변화시킬지 상상해 보라. 중국이 인터넷을 단속하려고 노력해 왔다는 데 의문의 여지가 없다. 행운이 함께 하길! 그것은 벽에다 젤리 못을 박겠다는 무모한 시도이다."라고 하였다.[2]

인터넷이 중국을 보다 유순하고 보다 개방적인 사회로 만들 것이라는 클린턴의 예측은 정말 잘못된 것이었고, 반대로 중국 내에서 전체주의적 통제를 더욱 강화하는데 기여했으며, 사이버 간첩 행위로 미국의 기술을 대량으로 도둑질하도록 해 주었다. 1999년 내가 쓴 책 *배신(Betrayal)*에서 밝힌 바와 같이, 클린턴 행정부는 미국과 중국의 관계에서 가장 치명적이고 해가 되는 실수를 저질렀다.

예를 들면, 클린턴의 집권 기간 동안 중국과 규제가 없는 우주 문제 협조는, 현재 중국의 대규모 탄도 미사일 부대에 적용하도록 전략 미사일 기술을 PLA가 확보하도록 해 주었으며 - 그 미사일들은 미국 본토와 아시아에 있는 미군 기지를 목표로 하고 있다. 여기에 관련된 휴즈 일렉트로닉스(주), 로랄 스페이스 통신(주)는 중국 미사일의 신뢰성을 개선하도록 해 준 미사일 기술 불법 이전을 한 책임을 물어 상대적으로 작은 벌금인 3,200만 달러와 1,300만 달러를 각각 부과받았다.

클린턴 정부의 승인하에, 모토로라 역시 중국에 단일 탄두에서 다탄두로 분리되는 기술을 이전하였고, 2017년에 중국은 이 미사일을 보유하게 되었다. 그 당시 비밀로 분류된 공군 정보평가에 따르면, 모토로라의 위성 발사대가 다탄두 각개 목표 재돌입 미사일 혹은 MIRV을 배치하기 위해 조정될 수 있다고 한다. 중국의 모든 최신 미사일들은 다탄두를 장착하고 배치될 예정이다.

인터넷 접근이 가능한 중국은 자유화와 민주화가 이루어질 것이라는 예측은 엄청난 실수였다. 오늘날, 중국이 인터넷 접근을 제한하는 탄압에 미국의 기술을 사용하고 있다. 그리고 중국은 "인터넷 주권"이라는 미명하에 인터넷에 대한 더욱 강력한 통제를 확대하려고 있다. 그 목표는 중국의 지배 및 통제 체계와 세계의 모든 국가에 폭압적인 경찰국가의 전술을 확대하는 것이다.

중국은 1994년에 최초로 인터넷에 접속하였고, 현재는 8억 명으로 추정되는 거대한 네티즌 공동체가 있으며, 이들 대부분은 모바일 장비를 이용하여 접속하고 있다.

친민주주의 그룹인 프리덤 하우스는 중국이 인터넷을 통해서 자유를 통제하고 단속하는 분야에서 세계를 이끌고 있다고 경고했다. "민주화된 사회들과 보다 위험스럽고 경쟁이 심한 온라인 환경에서 경쟁함에 따라, 베이징에 있는 지도자들은 국내외에서 그들의 힘을 증가시키기 위하여 디지털 매체를 사용하기 위한 노력을 배가할 것"이라고 인터넷 자유 위협에 관한 프리덤 하우스의 저자인 아드리안 샤베즈(Adrian Shahbaz)가 말했다. 중국은 인터넷 자유와 관련하여 최악의 남용국가이고 무모한 체계를 사용하여 검열과 감시를 하기 위해 2백만 명 이상을 고용하고 있다.

중국의 기술 기업들은 중국과 같은 탄압을 하려는 전체주의 국가에게 통신 장비, 발전된 안면 인식 소프트웨어 및 데이터 분석 도구들을 제공한다. 샤베즈는 "디지털 전체주의가 인간 해방의 엔진으로 사용될 인터넷 개념을 변환시키는 기술을 통해 정부가 자신들의 국민을 통제하기 위한 수단으로 사용된다"고 경고했다.

인터넷 자유에 대한 중국의 위협은 세계가 직면한 가장 중대한 자유에 대한 위협 중 하나이고, 우리의 디지털 시대가 생존하고 전체주의에 의해 통제되지 않으려면 이 위협은 반드시 극복해야 한다.

중국의 첨단 기술을 이용한 탄압의 핵심적인 특징은 중국을 인터넷 사막으로 바꾼 전자적 장벽인 만리장성이다. 내가 2018년 6월 중국을 방문했을 때, 구글과 사회적인 대규모 미디어 페이스북과 트위터가 차단되었다는 것을 알았다 − 이 세 가지는 미국인 수억 명이 통신을 하고 정보를 공유하는 가장 인기 있는 온라인 및 사회적 미디어이고 전 세계를 통하여 다른 많은 사람들이 이용하고 있는 것이다. 중국이 국민들의 자유스런 표현과 개방 통신을 막으면서 선전 및 정보 통제 시스템에 의존하도록 강요하는 정보 사막임은 명백하다

기술 거인 구글의 중국과 관계는 군사 해커들이 2010년에 매우 귀중한 소스 코드를 해킹한 것에 대한 분노로 시작되었는데, 이 해커들은 구글의 탐색 엔진을 독재를 위한 검열 버전으로 발전시키기 위해 베이징 정권과 협력 활동을 시작했다. 잠자리(Dragonfly)로 알려진 구글의 검색 엔진이 표현의 자유와 개방된 통신을 탄압하는 공산당 독재의 검열 도구가 되도록 한 것은 미국의 기업이 공모한 가장 부끄러운 흔적이다.

구글 행태의 반전은 정말 놀라운 것인데, 2009년 봄 중국 남부에서 운영되고 중국군과 협업을 하는 일단의 해커들이 그 당시 정보화 시대의 가장 중대하고 효과적인 컴퓨터 공격작전을 어떻게 수행했는가를 생각해 보면 그렇다. 그 해커 그룹은 구글을 표적으로 하였는데, 구글의 검색 엔진 소프트웨어는 캘리포니아 실리콘밸리에 기반을 두고 있는 기업들의 새로운 사업으로 전환되기도 하는 엄청난 정보와 데이터를 쏟아 내면서 매일 수십억 건의 인터넷 탐색을 수행한다. 구글만 표적이 되었던 것은 아니다. 미국 내에서 가장 중요한 20위에 드는 첨단 기술 기업 중의 하

나가 후에 오로라 작전(Operation Aurora)으로 알려진 사이버 공격의 희생양이 되었다. 해커들은 전문가들이었는데, 그들은 구글 임원들과 다른 기업의 직원들이 그들의 컴퓨터가 있는 일자리에서 일을 하는 동안 이메일과 전화를 걸어 외관상 거스르지 않게 상세 내용을 알고 싶다고 하면서, 그들의 표적을 조심스럽게 "사회적인 공학자"들을 탐색하였다 – 보다 중요한 것은 컴퓨터는 작동 중인데 그들이 아무도 없이 자리를 비웠다는 것이다.

중국군 사이버 전사들이 정보를 수집했는데, 이들은 첨단 기술전을 담당하는 중국 인민 해방군이었다. 1990년대 이후, PLA는 비밀 군사 "정보화" 부대를 창설하고 수천 명의 컴퓨터 과학자들을 훈련해 왔는데, 이들의 임무는 적의 컴퓨터에서 정보를 수집하고, 미국에 대항하여 사이버 영역에서 전쟁을 수행할 준비를 하고 조직을 만드는 것이었다 – 이 전쟁은 만약 타이완을 재 탈환하기 위해 필요하다면 군사력을 사용하겠다는 수십 년 묵은 중국의 약속으로 촉발될 수 있는 전쟁이다.

PLA 연구자들은 구글뿐 아니라 다른 기업에서도 폭넓게 사용 중인 마이크로 인터넷 익스플로러 버전 6.0(IE 6.0)을 소프트웨어를 구성하는 수백만 개의 O와 I의 흐름에서 독특하고 잠재적으로 자신들에게 득이 되는 보안상 결함을 발견하였다. 해커들이 IE 6.0에서 발견한 것은 구글의 경쟁회사 바이두(Baidu)로 알려진 초보 브라우저에게 기회를 제공하려는 중국 공산당 정부에게는 엄청난 기회였고, 중국의 집단 독재체제는 표현의 자유와 민주주의를 고무하는 외부의 뉴스와 사상을 막는 전자적 통제장치를 만드는 것이었다.

중국은 구글의 검색 엔진 위에 추가하여 매우 민감한 정보를 확보한 것에 추기하여, 중국 내 중국 인권 운동가들의 구글 계정을 해킹하였다.

그 후 구글은 중국 정부가 인터넷에서 내용을 검열하는 것을 지원하기 위해 소유권이 있는 알고리즘을 사용하여 특별 검색 엔진을 개발하는 것을 도와주기로 비밀리에 합의하고 중국에 복귀하는 것을 결정하였다.

그래서 구글은 인권, 민주주의, 종교 및 평화적 시위 등과 같은 위험스러운 것으로 보이는 웹사이트와 탐색어를 블랙리스트로 만드는 구글 검색 엔진의 중국 버전을 개발하기로 합의하고 중국 시장에 접근 권한을 확보하려고 하였다. 이러한 노력은 2018년 8월 비밀 폭로 뉴스 사이트 *The Intercept*에 드래곤플라이(Dragonfly) 계획이라는 익명으로 노출되었다. 프로그래머들이 마오타이(Maotai)와 롱페이(Longfei)라는 안드로이드 적용 프로그램을 만들어 2019년에 출시되었다. 구글의 내부자 한 명이 그 회사 내에서 비밀스럽게 진행된 그 프로젝트에 관한 비밀문서를 폭로하였다.

"나는 거대 기업과 정부가 자국 국민을 억압하기 위해 협업하는 것을 반대하고, 대중의 이익과 관련된 것들은 투명하게 이루어져야 한다고 생각한다"고 하면서 "중국에서 이루어진 일은 다른 많은 국가에서도 본보기가 될 것"이라고 언급하였다.

약 500명의 구글 직원들이 드래곤플라이를 지지하는 서한에 서명을 하였는데, 이들은 중국 국적의 직원들로, 회사는 그 프로젝트를 종료하라는 압박을 중단해야 한다고 주장하였다. 그 서한은 테크 크런치(TechCrunch)에 의해 온라인에 공표되었는데, 드래곤플라이는 "세계의 정보"를 조직화한다는 구글의 임무와 부합하고, 세계적으로 접근할 수 있도록 하며 유용하다는 것이다. 그 서한은 온라인 상에서 표현의 자유를 엄청나게 제한하려고 하는 중국 공산당이 어떻게 검열 엔진을 만들었는지는 밝히지 않았다.

구글 직원들만 드래곤플라이를 비난하는 것이 아니었다. 인권 단체들과 일부 상원의원들이 중국의 탄압을 지원하였다는 이유로 그 회사를 비난하였다. 마이크 펜스 부통령은 한 연설에서 구글을 향하여 드래곤플라이 지원을 끝내라고 요구하였다. 그는 "비지니스 지도자들은 중국의 시장에 뛰어들기 전에 이것이 그들의 지적 재산을 불리거나 베이징의 탄압을 도와주는 것이라면 두 번 생각하고 그 이후를 생각해봐야 한다"고 말했다. "그러나 더 많은 것들이 뒤따라야 한다. 예를 들면, 구글은 공산당의 검열을 강화하고 중국 고객들의 사생활을 위태롭게 하는 드래곤플라이 앱 개발을 즉시 중단해야 한다."

추가적인 누수는 거대 기술 기업으로 뻔한 위선을 노출시킨 구글로부터 흘러 나갔다. 그 비밀 검열 엔진 사건이 밝혀지기 몇 주 전에, 구글의 클라우드 사업 본부장인 다이앤 그린(Diane Green)은 그 회사는 진보적인 미군 반대 직원들의 압력으로 인공지능을 개발하는 것과 관련된 국방부의 프로젝트 마벤(Maven) 계약을 정리하고 있다고 발표하였다. 2018년 10월, 구글의 개발자들과 검색 엔진 부문장 벤 고메즈(Ben Gomes)의 사적인 미팅을 기록한 내용을 보면, 이들은 "후속 10억 사용자들"을 유도하기 위한 노력으로 중국에 다시 들어가는 것을 정당화하려고 하였다. 고메즈는 수차례에 걸쳐 작업자들에게 드래곤플라이 프로젝트는 쉽지 않다고 말하면서, 그는 모인 사람들에게 "우리는 당신들의 경력이 이것으로 영향을 받지 않도록 당신들과 함께 한다"고 했는데, 이것이 바로 개발 프로젝트가 문제가 있다는 것을 명확하게 보여 준 것이었다. 고메즈는 그동안 중국이 할 수 없었던 무엇인가를 하는 혁신에서 세계를 리드할 것이라는 것을 믿었다. 중국이 획득한 것의 대부분은 대규모의 사이버 경제 스파이 행위를 통해서 혹은 정보를 제공한 외국기업을 사서 취득했거나 외국의 정보 출처로부터 확보한 것이다. 그는 "중국이 우리가 알지 못하는 것을 가르쳐 줄 것이다. 그리고 당신이 이에 관한 일을 하면, 중국 안에 있는 사무실과 어디에 있든 거기서 발생하는 일들에 주목을 하고 있는 사람들은, 단지 중국에만 그런 것이 아니라 점점 구글에 있는 우리에게 가치가 있고, 전체적으로 가치가 있을 것"이라고 말했다.

이 문제는 2018년 12월 구글 CEO 선다 피차이(Sundar Pichai)가 하원 법사위원회 청문회에 나타나면서 의회에서 다뤄지게 되었다. 그 청문회는 중국 정부가 이슬람 테러를 단속하면서 신장 지구의 위구르족 백만 명을 투옥하면서 시작되었다. 위구르족은 테러리스트가 아닌데, 그러한 취급을 받았고, 그들의 역경이 서구 정부들로부터 거의 무시당했으며, 주요 뉴스 매체들은 중국의 집권 공산당을 흔드는 일은 피하려고 하였다. 직원들의 모임에서 회사가 2016년 도널드 트럼프 선거에서 어떻게 행동했는지에 관한 질문이 수면 위로 부상했다는 보고서가 있은 후에 피차이는 상당 시간 동안 구글의 정치적 편향에 대한 질문을 받았다.

구글 대표는 중국인들을 위해 드래곤플라이를 절대 구축하지 않겠다는 약속은 거부했다. 그러나 그는 그 회사가 "중국에서 출시할 계획은 없다"고 주장했다. 피차이는 드래곤플라이를 개발하기 위한 노력은 계속될 것이라는 것을 암시했고, 구글이 드래곤플라이 개발에 관해서 중국 정부와 협의를 했는가라는 질문에 대해서는 답을 회피했다. "현재, 우리 내부에서만 벌어진 일이다. 우리는 중국에서 이것을 하지 않을 것"이라고 그가 말했다. 구글이 중국에 검열 검색 엔진을 제공할 가능성을 완전 배제할 것인가 하는 압박에 직면하여, 피차이는: "우리는 사용자에게 정보를 제공한다는 명문화된 임무가 있다, 그래서 우리는 항상… 당신도 아는 바와 같이, 사용자에게 정보 접근 권한을 부여하기 위한 가능성을 분석하는 것은 우리의 임무이다. 나는 그 약속을 해 왔으나, 그러나 이 문제에 관해 앞서 언급한 바와 같이, 우리는 매우 신중할 것이며 우리가 진전을 이루어 감에 따라, 우리는 폭넓게 주의를 기울일 것이다."

구글은 청문회 당시 시제 원형을 개발하였고 관련된 인원은 100명 이상이었다.

폭로 뉴스 발산 매체인 The Intercept는 2019년 3월 구글 내부의 소식통을 인용하여 중국을 위한 검열 검색 엔진 관련 일이 계속되고 있다고 보도하였다. 진행 중인 표시는 드래곤플라이를 위한 소프트웨어 코드 변경이 2월에 발생하면서 드러났다 − 피차이가 논란이 되었던 프로그램에 대해 증언한 후 2개월 지난 시점이었다.

공화당 의원 키스 로스퍼스(Keith Rothfus, R−PA)는 검색 엔진 사업에 관하여 피차이에게 도전적으로 말하였다. "구글은 회사의 윤리기준을 간결하나 함축적인, 위대한 문장으로 기술해 왔다: '악이 되지말라. 올바른 일을 행하라'"라고 그는 말하면서 중국과 함께 구글이 일하는 입장과 관련하여 그 회사의 생각을 토의해 보기를 원한다고 추가로 언급하였다.

로스퍼스는 "절대 권위주의로 국민을 통치하는 중국 정부는 수십 년 동안 전 세계에 대한 관심을 가져왔다"고 말했다. "나는 1989년 6월 초순의 천안문 광장을 생생하게 기억한다. 이제 우리는 최근에 무슬림, 기독교 및 파룬궁에 대한 탄압에 대한 소식을 듣고 있다. 중국에서 종교를 믿는 사람들에 대한 대량 투옥과 인권남용은 당신 회사를 포함하여 전 세계 모든 사람들에게 주요 관심사가 되어야 한다."

2010년대 초반은 "마이크로 블로그"로 불리는 중국의 소셜 미디어가 제공하는 익명성의 베일을 통하여 표현의 자유를 힘차게 표현하고, 종종 중국 지도자들을 비난하며 나타나는 힘찬 소리로 검열과 전쟁을 하기도 해서 중국의 인터넷 사용자들이 상대적으로 자유를 가졌던 시기이다. 당시 그곳에는 운신의 폭이 넓었는데, 가끔 금지된 주제에 관한 코멘트, 사진 및 영상도 올라왔다 - 예를 들면 망명을 시도했던 왕리쥔과 지역 공산당 서기이자 신 마오쩌둥 이념주의자 보시라이의 전격적인 추락에 관련된 리더십 위기 같은 사건이다.

2013년 3월, CIA에 있는 오픈 소스 센터는 2012년에 있었던 온라인 네티즌들이 토론을 했던 다양한 주제를 강조하는 상세한 그래픽을 발간하였다. 주요 발표 수단은 시나 웨이보(Sina Weibo)로, 마이크로 블로그 같은 대단히 인기 있는 트위터이다. 또 다른 하나는 QQ 웨이보 혹은 단순히 웨이보라고 하고, 세 번째는 위챗(WeChat)인데, 2억 명 이상의 사용자를 자랑한다. 예를 들면, 중국의 네티즌들은 2012년 9월 당의 최고 지도자로 지명된 시진핑이 며칠 동안 보이지 않고 당시 국무장관 힐러리 클린턴과의 계획된 회담에 나타나지 않는 미스터리한 실종에 대해서 침묵을 지켰다. 그 실종 사건은 정치적 음모, 신체적 질병 혹은 자동차 사고로 발생한 부상에 대한 의혹으로 온라인을 들끓게 하였다. 다른 네티즌들은 분쟁 중에 있는 남중국해의 우디 섬(Woody Island)에 배치된 개선된 대함 유도탄 YJ-62 사진을 익명으로 올리기도 하였다.

중국의 인터넷 사용은 계속 증가하였고 2015년에 당국은 다음과 같이 통계를 제공하였다: 웹사이트 4백만 개, 인터넷 사용자 7억 명, 이동통신 이용자 1.2억 명 그리고 위챗 및 웨이보 이용자 6억 명, 매일 300억 건의 정보를 발생. 일부 사람들이 이런 대규모 공동체를 중국 정부가 검열하기 어렵다고 주장하기는 하지만, 그들은 검열을 하고 있다.

마가렛 로버트(Margaret E. Roberts)는 2018년 발간한 그녀의 책, *Censored: Distration and Diversion Inside China's Great Firewall*에서 중국은 2010년 초기부터 구글을 향해 기술을 가지고 중국 밖으로 나가라고 압박하였다 — 이것은 의심할바 없이 2009년까지 몇 년 동안 훔친 소스 코드 해킹을 도움을 받았다는 것을 보여준다고 했다. 중국 기술부대는 중국 정부가 통제하는 검색 엔진인 Google.cn을 완전하게 차단하거나 시간의 75%만 결과를 제공하여 로딩 시간을 아주 느리게 만들어 사용자들이 포기하도록 만들거나, 검열 검색 엔진 만리장성을 교묘히 피해가도록 가상사설 네트워크(VPNs)를 사용하였다. VPNs는 검색 엔진 중 검열을 받지 않는 버전에접근 권한을 갖도록 회피하며 작동하는 네트워크이다. 로버트는 그녀가 이름을 붙인"다공성 검열"을 위해 모든 사람을 검열하는 미세 검열을 포기했다고 하였다.

그녀는 "정말, 중국 정부가 실시한 대부분의 검열 방법은 정보를 금지하는 것이아니라 사용자들에게 검열된 자료를 사용하기를 원하면 돈을 내거나 혹은 시간을더욱 많이 사용하도록 강요하는 것"이라고 말했다.[3]

시진핑은 2015년 중국 남부의 우전(Wuzhen)에서 개최된 콘퍼런스에서 중국 주도 인터넷 관리에 관한 그의 어두운 비전을 내놓았다. 그 콘퍼런스에는 러시아의드미트리 메드메데프(Dmitri Medvedev), 사업가들을 초청한 주빈 및 기술 기업 대표들을 포함한 세계적인 지도자들 몇 명이 참가하였다. 시는 어떻게 정보기술이 사회를 변화시키고 있는지를 언급하고 그가 규정한 "불충분한 규제"와 "무질서 상태"의문제점에 대해서 경고하였다. 중국은 온라인 행위에 대하여 주권 개념으로 자기의영토위에서 운영되는 인터넷을 통제하려고 한다는 언급은 하지 않고, 시는 "다른국가들 간, 그리고 지역 간 정보의 차이는 계속 커지고 있고, 온라인 공간에 대한현재의 규제 상태 및 관리는 대부분 국가들의 희망 혹은 이익을 반영하지 못하고있다"고 말했다. 그는 "대화와 협조"를 요구하면서 "범지구적인 인터넷 관리체계의변환을 추진할 것을" 주장하였다.

중국 공산당은 인터넷에서 표현의 자유를 절대 허용하지 않을 것이고 1990년대이후 모든 콘텐츠와 자료들과 — 이메일, 텍스트, 영상, 블로그, 웹사이트 — 모든디지털 및 전자적인 대규모 자료를 집권당 및 당의 조직력으로 조그마한 도전에 대응하면서, 이를 통제하기 위해 끊임없이 노력해 왔다.

시는 집권 이후 온라인에서 표현의 자유를 제한하기 위한 단속을 해 왔다. 아시아 전문가 엘리자베스 이코노미(Elizabeth C. Economy)는 그녀의 책 *The Third*

*Revolution: Xi Jinping and the New Chinese State*에서 시진핑이 권력을 잡기 전까지, 인기 있는 중국의 네티즌들은 과감한 사회 및 정치적 개혁을 압박하였고 수억 명의 팔로워를 이끌었다. 그녀는 "시민들은 실제적인 청원과 물리적인 항의를 조직하여 당국이 그들의 행동에 대해 책임을 질 수 있도록 함께 뭉치기도 하였다"고 말했다. 시가 그러한 투명성과 표현의 자유에 대해 종지부를 찍었다.

이코노미는 "그러나 시진핑에게는 가상세계와 현실 세계 사이에 차이가 없었다: 양자 모두 동일한 정치적 가치, 사상 및 기준을 반영했다"고 기술하였다. "이를 위해, 정부는 검열 내용과 감시 능력을 기술적으로 향상시키기 위해서 투자를 했다. 정부는 수용할 수 있는 콘텐츠에 관한 새로운 법을 통과시켰고, 새로운 제한을 무시하는 사람들에 대해서는 공격적으로 처벌을 하였다."[4]

시는 공산당이 계속적인 집권에 위험하다고 생각하는 모든 온라인 연설과 소통을 제한하기 위하여 국가적인 우선순위를 설정하였다.

외국의 콘텐츠 공급자들은 시의 이념적 공격으로 축출되었는데, 이는 중국이 국제적으로 적절하고 내용이 부합된다고 간주하는 것에 대한 통제는 요구하면서, 인터넷은 정보의 흐름이 자유롭게 이루어져야 한다는 서방의 개념에는 반대하는 것이었다. 시가 철저하게 통제한 "차이나 넷(Chinanet)"은 다른 국가가 중국 공산당을 따라 할 수 있도록 세계에 제시하는 모델이다.

그리고 나서 2015년에 VPNs를 차단하였는데, 만리장성(Great Firewall)을 회피하기 위해 이를 사용하는 사람들을 적극적으로 통제하기 위한 목적이었고, 같은 해인 2015년부터 인터넷에서 콘텐츠를 조정하고 대체할 수 있는 기술 도구인 대포(Great Cannon)를 사용하기 시작하였다.

이 글을 쓰는 시점에서 가장 대규모의 서비스 거부 공격은 2015년도에 기록되었는데, 중국이 샌프란시스코에서 오픈 소스 코드 및 호스팅 서비스를 제공하는 깃허브(GitHub)라는 회사에 대해 5일간 매초 1.35테라바이트의 대규모 사이버 폭격을 한 사건이다. 그 전자 홍수는 그 회사의 가동을 완전정지시켰다. 중국 공격의 목적은 깃허브로 하여금 뉴욕 타임즈의 중국어판과 만리장성을 제한하기 위해 VPN을 사용하는 GreatFire.org을 검열하도록 하는 것이었다.

시는 중국에서 모든 인터넷 콘텐츠가 공산당의 독재에 순응하도록 하는 "사회주의 체제의 기준선"을 포함하여 인터넷 콘텐츠를 위한 7대 기준선(Seven Baselines)으로 알려지게 된 것을 도입하였다. 이에 부응하여 웨이보는 매우 가혹한 통치를 인정하지 않는 10만 개의 계정을 폐쇄하였다.

중국의 현대적인 홍위병은 — 문화혁명 당시 공산당 광신자들 — 표현의 자유와 비공식적인 견해 및 의견을 근절하려고 시시각각 중국의 인터넷을 감시하는 수천 명의 검열관들과 선전 담당 관리들이다. 이를 위해 중국은 50센트 아미(50센트 당으로도 알려진)를 모집했는데, 이들은 중국을 위해서 자랑스러운 선전을 하고 비공식적인 온라인 연설에 대응하여 문화부로부터 돈을 받는 사람들이다. 50센트 아미에 속해 있는 디지털 전사의 수는 밝혀지지 않았으나, 최대 30만 명으로 추정되고, 중국 인터넷을 검열하기 위한 증명서를 받기 전에 시험을 반드시 통과해야 하며, 정보전 수행 방법을 모두 훈련받는다.

2011년 중국의 반체제 뉴스 매체인 *China Digital Times*는 50센트 아미가 어떻게 일을 하고 핵심 주제는 무엇인지를 기술한 선전 지침을 상세하게 보도하였다. 이 메모에 따르면, 주요 표적은 민주주의 타이완의 영향을 막는 것이다. 여기에는 50센트 아미가 어떤 책임감을 가지고 중국 네티즌들의 사고방식에 대한 연구를 하며 당에 순종하는 인터넷 해설자가 되어 일을 하는 방법을 기술하고 있다. 선전원들은 과거의 거칠고 무모한 선전과는 다르게 토론에 영향을 미치기 위해서 가장 현대적이고 첨단 방법을 사용하고 있다.

그 메모에 따르면, 이 방법들에는 다음 사항들이 포함되어 있다:

1. 가능하면 최대한, 미국을 비판의 표적으로 한다. 타이완의 존재는 깎아 내린다.

2. 민주주의 〔사상과〕 직접적으로 충돌하지 않는다; 대신 "어떤 시스템이 진정으로 민주주의를 구현하는가"라는 주장의 틀을 만든다.

3. 가능하면 최대한, 민주주의가 어떻게 자본주의에 잘 맞지 않는다는 것을 설명하기 위해 서방 국가들의 폭력성과 불합리한 환경에 대해 다양한 사례를 선택한다.

4. 어떻게 서구 민주주의가 다른 국가를 침략하는지와 〔어떻게 서방이 다른 국가에〕 서구의 가치를 강요하는지를 설명하기 위해 미국과 다른 국가들이 국제문제에 개입하는 사례를 사용한다.

5. 친 공산당 및 애국적 감정을 고무시키기 위하여 〔한때〕 약소 민족〔예, 중국〕의 피와 눈물로 얼룩진 역사를 활용한다.

6. 중국 내부의 긍정적인 발전을 수용하는 언급을 증가시킨다; 추가하여 〔사회적〕 안정성 유지에 대한 일을 수용한다.

이념적인 순수성을 강화하기 위해 중국의 선전부는 2019년부터 9천만 명의 공산당원들에게 웹사이트와 휴대폰의 프로그램을 이용하여 최고 지도자의 사상을 학습하도록 요구하였다. 사용된 앱은 당원들의 진도를 추적할 수 있는 포인트 방식이었고, 만약 점수가 높지 않으면 징계 조치가 내려질 수 있었다. 그 앱에 있는 학습 과정에는 논문과 영상이 포함되었고, 그 자료들을 습득한 후에 점수를 받기 위한 시험을 치거나 질문에 대한 답을 해야 했다. 근무 시간에 학습하는 것을 피하려고 아침 이른 시간, 점심 시간 혹은 저녁에 학습하는 당원들에게는 두 배의 점수가 부여되었다. 학습 자료들은 당원들이 점수를 받을 수 있는 비법과 요령을 알려 주는 소셜 미디어에서 공유되었다.

중국 인민의 자유를 노골적으로 지지하는 고든 창(Gordon Chang)은 중국의 기술적 통제 시스템을 대규모의 디지털 전체주의 시험으로 보았다.

창은 "중국의 지도자들은 오랫동안 장쩌민이 1995년에 언급한 '정보화, 자동화 및 지능화'에 집착해 왔고, 이제 단지 출발한 것뿐"이라고 말했다. "그들이 축적해 온 능력을 고려하면, 그들은 저항을 실제 불가능하게 만들 수 있다고 주장한다. 이제 문제는 점차 저항적인 중국 인민들이 시 서기장의 모두를 아우르는 비전을 수용할 것인가 하는 문제이다."[5]

중국은 확실히 중국과 사업을 함께 하는 외국 기업들의 기대를 이용하여 중국 외부에 대한 기술적인 전체주의적 체계 통제를 확대할 것이다. 타이완과 사업을 하거나 티베트와 동부 투르키니스탄에서 중국의 인권 남용을 비판하면, 당신의 사회적 신용은 완전히 망가지게 된다.

이 시스템은 또한 미국의 데이터 뱅크, 예를 들면 건강 검진 자료를 제공하는 앤썸(Anthem), 메리어트 호텔 체인 그리고 미 정부의 인사국 등에서 훔친 수억 명의 기록으로부터 이득을 취하려고 할 것이다. 개인적인 자료는 사회적 신용 점수 시스템에 입력되고 최소한 미국에 그 시스템을 확장하는 데 도움이 될 것이다.

중국의 첨단 기술 전체주의는 세계에서 가장 공격적인 정보 수집 작전의 일부가 받쳐주고 있다.

제8장

중국의 정보 작전

제8장

중국의 정보 작전

"영적인 세계의 지식은 점괘로 얻을 수 있고; 자연과학에서 정보는 귀납적 추리로 확보할 수 있을 것이며; 우주의 법칙은 수학적인 계산으로 입증할 수 있으나; 적의 배치 상황은 첩자들과 첩자들로만 알 수 있다."

– 매요신(Mei yaochen), 전쟁의 술에서(IN THE ART OF WAR)

2018년 9월 26일 자오진리(Zhao Qianli)가 플로리다주 키 웨스트의 주차장에 그가 대여한 차를 주차했다. 그는 해변을 걸어 미국의 최남단에 있는 키 웨스트의 해군항공기지로 향했다. 보안장벽은 기지로부터 수면까지 뻗어 있었고 통행을 할 수 없도록 설계되었다. 자오는 손에 휴대폰과 캐논 카메라를 들고 그 벽 근처까지 가기 위해 바닷물 속으로 들어갔다. 그 장벽 주위에 일단 도달하자 그는 그 기지에 있는 군 시설, 마약 단속 당국 및 정보 당국이 사용하는 민감한 장비를 포함한 안테나 설치 지역을 촬영하기 시작하였다.

키 웨스트 기지는 공대공 전투 훈련을 받으러 오는 모든 조종사들을 훈련하는 장소로도 사용된다. F-18 전투기 1개 편대와 육군 수중 특수전 학교가 그 기지에 있다.

그 기지에서 일하고 있던 근무자가 자오를 발견하고 헌병에게 통보하여 그를 즉시 체포하였다. 자오는 헌병에게 자신은 여행자인데 길을 잃었다고 하였다. 그는 여권이나 다른 신분 증명서를 가지고 있지 않았다 − 그가 미군 기지의 전자장비에 관한 정보를 수집하기 위해 파견된 중국 스파이라는 것이 밝혀졌다.

FBI 대정보 요원들이 조사를 하기 위해 기지를 방문하였고 무엇인가 비정상적인 것을 발견하였다. 잘 알려진 중국의 스파이 조직에 소속되어 일을 하는 것이 아니라, 자오는 많이 알려지지 않은 국가 보안부(MSS)와 2PLA에 소속되어 있었으나, 점차 힘이 생긴 스파이 조직이 된 중국 공안부(MPS)를 위해 일했다. 자오가 숙박하던 모텔 방을 조사한 FBI 요원들은 경찰 유니폼과 벨트 버클을 발견하였다. 자오는 그 물건들은 자신의 아버지가 그에게 준 것이고 그래서 미국을 방문할 때 좋은 옷을 입을 수 있었다고 거짓말을 하였다. 또 그는 중국에서 음악을 공부하는 학생이라고 거짓말을 하였다. 그의 휴대폰을 검사한 결과 그는 군사훈련을 받은 공학도였으며, 그의 학교인 중국 북부대학교는 PLA과 중국 방위산업 회사의 통제하에 있었다.

키 웨스트 간첩 작전의 목표는 미래전에서 전자전 혹은 사이버 공격을 위한 미국의 군사 통신 장비를 파악하기 위한 준비를 하는 것이었다. 전시에, 중국군의 전자전 부대는 재래식 무기 및 드론 무기와 부대를 통제하기 위해 사용되는 핵심적인 전투 도구인 적의 통신 체계를 무용지물로 만들기 위한 대응책을 사용할 것으로 예상된다.

담당 부서는 국내적으로는 물론, 자오의 사건이 보여 주는 바와 같이 외국에서도 새롭게 권력을 확보한 중국의 최고 지도자 시진핑의 그늘 아래에 있는 중국 공산당의 국가 정치 경찰과 정보국이다. 자오는 보안부 부대를 구성하고 있는 160만 명 중의 한 명인데, 이 부대는 2016년 대 테러법에서 대단히 강력한 정보수집 권한을 부여받은 부대인데, 현재 많은 분석가들은 이 조직이 공안부의 권력을 갉아먹고 있다고 믿고 있다. 공안 스파이들은 중국의 컴퓨터 네트워크와 광범위한 감시 장비들을 지키기 위한 새로운 권력을 부여받았다.

MPS는 범죄를 사전에 예방하려고 정보를 활용하여 감시하는 기구의 중국 버전이라고 할 수 있다. 그러나 법이 경찰과 정보국의 행동을 제한하는 서방과는 달리, 중국의 보안 작전은 거의 장애물이 없다. MPS의 한 가지 특성은 중국의 경찰과 정보국으로부터 받는 데이터의 대량 묶음을 한 프로그램으로 융합하는 "빅 인텔리전스 시스템"이라 불리는 체계이다. 빅 인텔리전스는 − 첨단 기술 분석 및 행위를 위한 용어인 −"정보화"를 위한 PLA의 정보 버전이다.

"공공 보안 정보의 도입은 − 디지털 감시와 정보 극복방법론의 조합으로 특징

지어지는 ― 중국 공안 국가의 생산성을 극적으로 향상시켜 준다"고 중국 정보국 전문가 에드워드 슈왈츠크(Edward Schwarck)가 말했다. 슈왈츠크는 대규모 경찰－정보 조직은 중국에서 민주주의적인 정치 개혁을 추구하는 사람들이 운영하는 것을 더욱 어렵게 만들 것이라고 믿고 있다. 범죄자들에 추가하여 중국 공산당의 반체제 인사나 적들이 "정보국 요원들이 수집하고 연결할 수 있는 디지털 흔적을 뒤에 남기지 않고 계획하고 조직하려고 투쟁할 것"이라고 한 잡지의 논문에 썼다.[1] MPS는 중국 전역에서 정보를 공유할 수 있도록 군대 유형의 지휘구조를 가지고 있는 골든 쉴드(Golden Shield)를 창설하였다. 이 체계는 관료주의적 장애물과 데이터 연동 체계를 돌파할 수 있도록 경로가 구성된 네트워크를 만들었다. 이 체계는 컴퓨터에 저장한 안면, 소리 및 보행 태도 인식을 포함하여 대규모 자료를 분석하기 위한 자동화 분석 및 클라우드 전산화를 포함하고 있다.

슈왈츠크는 "새로운 공안 정보 체계는 이제 분리된 보안 황제가 아니라 지휘봉을 잡은 시진핑에게 보다 중앙집권화된 국가 보안 조직체를 제공하고 있다"고 말했다. "정보 당국의 디지털화된 정보화로 인하여 증진된 국가권력이 당의 핵심 지도부에 집중되고 있다."

MSS와 PLA의 정보 협업 파트너들이 그들의 첩보 작전에 기술 획득을 가장 중요한 것으로 강조하고 있는 반면에, MPS 요원들은 미국 내 중국의 반체제 인사들에 대한 첩보활동을 하고 있다.

자오는 중요 미군 기지에 대한 불법 사진촬영을 한 간첩 행위를 법정에서 인정했고 2019년 초에 그 죄로는 최대 형량인 1년의 감옥형을 선고받았다.

전 DIA 중국 정보 전문가 니콜라스 에프티미아데스(Nicholas Eftimiades)는 자오 사건을 중국이 자행하고 있는 많은 간첩행위 중 하나에 불과하다고 보고 있다. 그는 "자오진리의 체포와 유죄 선고는 PRC가 사이버 침투를 위하여 미국군의 통신에 대한 정보를 적극적으로 수집하고 있다는 것을 명백하게 보여 준 것"이라고 말했다. "미국 남부에 있는 합동 기관의 기동부대 안테나 집합 장치에 대한 정보를 수집하려고 했던 과감한 시도와 함께, 그의 PRC 군대와 보안 조직체와 얽힌 자오의 역사는 미국과 동맹의 군사 시설에 대한 위협 조건 수준을 높일 것이다."[2]

자오는 동부 해안에서 중국 정보원을 접촉하고 미팅을 가진 다음에 키 웨스트 군사 시설에 파견되었다. 그는 PLA 고위 장교의 아들이다.

중국의 공안부가 정치적인 감시와 통제를 위한 가장 강력한 세력으로 부상한 것은 시진핑 정권이 점차 전체주의적인 성격을 더해 가고 있다는 것을 반영한다. 과거에, 중국의 지도자들은 정보 및 보안 조직에 너무 많은 권력을 주면 그것이 다시 공산당에 돌아올 수 있다는 두려움 때문에 별로 좋아하지 않았다.

그러나 현재는 공산당 통일전선부, 당 정보부대와 함께 MPS, MSS 및 PLA 정보 기관들은 중국 정보력의 주도 세력이다. 이 정보력은 중국 공산당이 범지구적 패권을 달성하고자 하는 힘을 유지하고 확장하는 데 전적으로 초점을 두고 있다.

법무부 국가안보국을 담당하고 있는 존 디머스(John C. Demers) 법무 차관보는 선진 기술을 지배하기 위한 중국의 전략적 계획의 일부인 중국의 정보 수집 행위를 법적으로 단속하는 업무를 주도하였다.

디머스는 "우리는 우리의 지적 능력의 결실과 화력을 훔쳐 가는 국가에 대해서 참을 수가 없었다"고 말하였다. "그리고 이것이 바로 중국이 그들의 발전 목표를 달성하기 위해 하는 짓이다. 중국은 주도적인 국가가 되기를 염원하고 있으나, 행동은 그렇지 못하다. 그 대신 자유시장 경제와 우리와 같은 개방된 사회의 특성을 교묘히 이용하는 악의적인 행동을 통해서 목표를 달성하려고 한다."3)

그 방법은 경제적 간첩행위와 강제적인 기술이전부터 교묘한 채용 작전 및 정치적으로 영향을 미치는 행위들까지 불법적이고 부정한 행위들이다. 중국의 기술 중심 정보 작전은 기소할 수 없는 합법적인 행동과 탐지하기 어렵고 범인을 체포하기도 어려운 장소에서 자행되는 불법적인 행위들이 포함된다.

2017년 트럼프 행정부는 그런 위협에 대해서 전통적인 간첩 작전에 대응하기 위해서 오랜 세월에 걸쳐 유효성이 증명된 대정보 작전을 수행하고, 다른 한편으로 베이징의 비용을 증가시키고 궁극적으로는 중국이 순응하도록 강요하는 제재와 관세와 같은 다른 장기적인 수단을 활용하는 다면적 접근법을 활용하기 시작하였다.

국가 안전부가 관련된 소송이 하나도 없었던 30년 이상의 세월이 지난 후, 2018년 트럼프 행정부가 MSS 기술 절도 작전과 관련된 세 가지 사건을 기소하였다. 2013년 이후 9월에 미국에 거주하고 있던 중국인 지차오쿤(Ji Chaoqun)이 MSS 장교와 같이 일하면서 미국의 방위산업 계약자들로부터 기술을 불법 획득한 혐의로 체포되었다. 지는 그의 작전을 계속하기로 하고 육군 예비역에 등록이 되었다. 그는 중국의 미등록 외국인 에이전트로 활동한 혐의를 받았다. 이 MSS 지사는 장수성 MSS로 식별되었다. 그 사건은 미국의 항공기 엔진 공급회사 내의 한 에이전트가 중국에 기술자료를 은밀하게 전달했다는 것을 보여 주었다.

12월에는 한 그룹의 중국 해커들이 대한 고발장이 발부되었는데, 이들 중에 장수성 MSS 소속인 주후아(Zhu Hua)와 장실롱(Zhang Shilong)이 포함되었으며, 이들은 십수 개 이상의 미국 기업들로부터 기술을 훔치기 위해 대규모 사이버 해킹 작전을 시도한 혐의를 받았다. 주요 표적은 상업용 제트 수송기에 사용되는 미국의 터보팬 엔진 관한 상표권이 있는 기술을 절도하는 것이었다. 이 스파이들은 한 미국 기업에 고용된 중국 국적의 직원들 중 최소한 두 명을 고용했고, 이들은 그 회사의 네트워크에 악성 소프트웨어를 설치할 수 있는 사람들이었다. 그 내부자들은 미국의 법률 집행으로 조사가 시작되자 MSS에게 경고를 보냈다.

세 번째 사건이자 예상치도 못하게 연방 사건이 된 것은 2018년에 발생했는데, FBI와 CIA와 함께 일하던 오하이오주 검사가 MSS 첩자를 벨기에서 체포하여 미국으로 인도하는 데 성공한 사건이다. MSS 현역 장교가 간첩 혐의를 받고 체포된 것은 처음이었다. 벨기에로부터 인도하는 데 한 달이 걸린 MSS 장교 옌중슈(Yanjun Xu)는 10월에 제트기 엔진 무역 비밀을 탈취하려고 한 경제적 간첩 행위로 고발을 당하여 연방판사 앞에서 혐의를 인정하였다. 슈는 미국 항공회사에서 일하는 전문가들을 선발하여 대학강의와 비정부 교환 프로그램으로 위장하여 그들을 중국에 초청하였다. 실제로는 중국에서 청중은 모두 정부 소속 인원들이었다. 슈는 이 글을 쓰는 시점에 무죄를 호소하였고 오하이오에서 재판을 기다리고 있다.

MSS가 성공한 간첩 행위는 CIA에 한정되지 않았다. 그들은 국무부에도 침투하였는데, 2007년부터 최소 2017년까지 중국 내 외교직책에서 일한 사무실 관리자인 캔데이스 캐일본(Candace Caliborne)를 채용하였다. 그녀는 55만 달러 상당의 현금과 선물을 받는 대가로 귀중한 내부정보를 중국에 전달하였다. 캐일본은 정부를 기만한 한 가지 음모에 대해서 유죄를 인정하였다. 법무 차관보 존 디머스는 "캔데이스 마리 캐일본은 그녀의 존엄성과 정부의 비공개 정보를 중국 정보 기관을 위해서 일하고 있다는 것을 그녀가 아는 중개인들의 현금 및 선물과 바꾸었다"고 말했다. "그녀는 정보를 알리지 않고 있으며 이 접촉에 대해서 거짓말을 반복하고 있다."

이 사건은 중국의 스파이들이 메이드 인 차이나 2025(Made in China 2025)로 불리는 당 국가 프로그램 하에서 운용되고 있는데, 이 프로그램은 선진 기술 분야에서 세계 시장의 주축의 되겠다는 야망으로 외국 기술을 훔치거나 사는 것을 추구하는 것이다.

디머스는 "중국 사람들이 추구하는 것이 무엇인지 알고자 한다면, '메이드 인 차이나 2025' 구상만 보면 알 수 있다: 수중 드론과 자동 이동 수단부터 농업에 사용되는 지구 항행 인공위성까지, 강철 산업부터 핵발전소 및 태양광 기술까지, 중요한 화학 복합물부터 근친교배한 옥수수 씨까지 모든 것을 포함하고 있다"고 말했다.

"중국이 훔치려고 하는 것은 무역 비밀뿐 아니라 군사용으로 사용될 수 있기 때문에 수출이 제한되는 물품과 서비스를 포함한 모든 상용 정보이다."[4]

이 여러 개의 사건과 앞서 언급한 PLA 스파이 수빈의 사건이 보여 주는 바와 같이, 미국의 대정보 기관들은 극심한 피해를 주는 중국의 첩보 행위에 당황했다.

중국의 스파이 행위에 대한 무능력한 대처를 넘어, 국내에서 행해지는 간첩행위에 책임이 있는 FBI와, 국외에서 행해지는 간첩행위에 책임이 있는 CIA 모두 중국에 대한 감시를 하는 역량에 있어 비참할 정도의 기록을 남겼다.

FBI의 경우, 주요 실책이 중국에 일급 핵 비밀을 넘겨준 혐의를 받는 로스 알라모스 (Los Alamos) 핵 과학자 웬호리(Wen Ho Lee) 사건이 불거진 1990년대에 발생했다. 그 사건은 리의 조사를 부실하게 다루면서 실패하였고 결국 그에게 비밀문서 취급을 잘못했다는 아주 사소한 죄를 선고하는 것으로 그쳤다.

두 번째 대첩보 실패는 2003년에 발생하였는데, FBI가 중국 지도자 장쩌민과 매우 가까우면서 로스앤젤레스에 침투한 요원인 카트리나 렁(Katrina Leung)이 중국 정보 당국을 위하여 비밀스럽게 일했다는 것을 적발하였던 시점이다. 리의 사건과 같이, 렁에 대한 조사도 그녀가 FBI 대첩보 요원 관리자 및 그녀의 상사와 불륜을 했다고 밝혀지면서 실패로 끝났다. 간첩 행위는 조사에서 누락되었고, 리와 같이 더 약한 혐의만 적용되었다. 관리들은 나에게 그녀의 이중간첩 행위에 대해서 폭로했는데, 그녀는 백악관을 포함해서 미국 정부의 최고위층에 거짓 정보와 잘못된 정보를 제공했기 때문에 20년간의 중국 관련 정보에 심대한 해를 끼쳤고, 동시에 중국과 관련하여 채용한 FBI의 다른 정보원들의 신뢰성을 해치는 데 성공한 것이다.

CIA의 경우, 재난급 실패는 2018년에 발생했다. 그리고 이 피해는 한마디로 충격적인 것이었다. 2010년경 시작되어 2012년까지 계속, 중국 내 CIA 및 기타 지역에서 채용된 요원 30명이 노출되어 살해되거나 투옥되었다. 주요 대정보 기관인 MSS는 CIA의 중국 내 인간 정보자산 모두를 사실상 검거하였는데, 이는 중대한 쿠데타였고, 이 조치로 중국이 핵 및 재래식 전력을 미국에서 훔친 기술로 대규모 전력증강을 하는 시점에 미국 정부가 중국에서 인간정보를 수집하는 것이 차단되었다.

CIA 요원의 네트워크에 대한 차단은 미국 정부의 가장 중요한 정보 표적에 대한 첩보를 부족하게 하였고, 이 네트워크가 차단되기 전까지 받았던 첩보 중 얼마나 많은 내용이 중국의 전략과 목표에 대한 CIA의 분석을 기만하기 위해 흘려보낸 잘못된 정보인지 구분하려고 할 때 크게 혼란을 야기하였다.

미국 정보기관에 비밀을 제공하려고 생명의 위험을 무릅쓰는 사람들을 보호하지 못한 것은, CIA가 어떻게 그렇게 무능했느냐고 묻게 될 미래 역사가들로부터 호되게 평가받을 것이다. 이미 앞서 언급한 바와 같이, 중국에 대한 미국의 정보는 왜곡되었다. 이것이 정치문제가 되자 이제 요원들의 손실로 타협이 이루어졌고, 그런 타협의 결과는 미국의 핵심 의사결정권자, 정책 입안자 그리고 정보 분석가들이 중국 공산당, 인민해방군 및 중국 정부의 위협을 충분하게 이해할 수 없도록 가로막고 있다. 이런 피해는 주요 개혁이 개시되지 않는 한 계속될 것이다.

추가적으로, 만약 중국 내 인간 정보 요원의 부족 문제가 해결되지 않으면, 국가안보국에 베이징이 보내는 중국의 전략적 기만과 거짓 정보에 더욱 취약하게 될 것이다.

중국 정보 당국이 어떻게 CIA의 중국 내 작전을 차단했는지에 관한 모든 과정이 아직도 완전하게 밝혀지지 못했고 2019년 현재 미국의 대정보 관리들조차도 무슨 일이 있었는지 알아보려고 함께 노력하고 있다.

그러나 그 작전을 잘 아는 관리들은, MSS가 CIA 관리 혹은 관리들을 채용하고, 기술적인 대정보 돌파 방안으로 CIA의 현장 요원들이 외국에서 거주하는 사람들을 접촉하고 정보를 수집하는 데 사용하는 보안 통신체계에 침투하는 전통적인 복합 대정보 방책을 활용했을 것이라고 믿는다.

전 CIA 부국장 마크 켈톤(Mark Kelton)은 중국에서 요원들의 손실에 대서 언급하는 것을 꺼려 했지만, 중국의 정보 행위가 폭풍 같다고 말했다. 켈톤은 "미국에 영향을 미치는 중국의 정보 폭풍은 1930년대와 1940년대 모스크바에 의해 절정"에 달했던 이후 비교 대상이 없을 정도로 미국에 대한 비밀 공습이라고 말했는데, 그는 채용 요원 손실에 대한 조사를 하는 데 관여한 사람이다. "소위 소련 첩보 행위의 황금기라고 했던 기간의 사건과 같이, 베이징의 계속되고 있는 첩보 작전은 종종 발생하는 일이어서 대수롭지 않은 것으로 대중의 시선을 받았고, 스파이가 체포되었을 때 혹은 세간의 이목을 끄는 사이버 공격이 탐지되었을 때만 대중의 관심을 끌었다."[5]

미국에 대한 중국의 초기 성공은 소형 W88 탄두를 포함하여 미국 핵 병기고에 들어 있는 모든 탄두에 관련된 비밀을 간첩 행위로 절도를 한 행위가 포함되어 있다. 켈톤은 미국의 요원채용에 대한 중국의 표적 활동이 중국인 ― 렁 같이 ―을 찾는 것으로부터 변경되었다. MSS의 채용 대상 표적은 중국이 원하는 비밀에 접근 권한을 가진 모든 미국인에게 집중되고 있다. 이 비밀은 두 가지 주요 통로를 통해서 들어온다: 미국 정보 당국을 위해 일을 하는 중국인들에 대한 역정보와, 중국의 군대와 민간 현대화 및 산업화 프로그램에 기여하는 공개적으로 확보 가능한 정보와 정부 비밀이다.

중국에서 채용한 요원들의 손실은 중국 정보 당국이 제기한 위험에 대한 사례 연구이다. 2010년 중반 어느 시점에, 미국 정보 당국 관리들은 중국 정부 당국 내에서 혹은 정부의 비밀에 접근할 수 있는 곳에서 채용된 중국 내 요원들이 공급하는 정보의 질이 심각하게 낮아지고 있다는 것을 인식했다. 중국 정부와 집권 공산당 내에서 만연하는 부패에 환멸을 느낀 중국 관리들이 종종 미국인들과 협력하여 부패한 지도자들을 폭로하고 궁극적으로 권력에서 축출할 수 있다는 희망으로 내부 정보 제공을 하는 데 자원했다. 일부는 역시 그 비밀을 제공하는 대가로 주는 돈 때문에 움직이기도 하였다.

중국으로부터 수집되는 정보의 질이 현저하게 떨어지자 CIA 본부의 7층에 경고 벨을 울렸는데, 2010년 그곳에서 CIA 국장 레온 파네타(Leon Panetta)가 그런 통보를 받았다. 그는 그 기관의 대정보 담당 참모에게 CIA의 네트워크가 위태롭게 되었는지와 그 위태로운 상황이 기술적인 실패 혹은 최악의 시나리오로 그 기관 내에서 다른 배신자가 중국에 전향해서 넘어갔는지를 다시 검토하라고 지시하였다.

그 기관은 1985년부터 1993년까지 소련과 러시아에서 CIA 자원으로 채용된 모든 요원들의 정체를 모스크바에 넘겨준 CIA 대정보 담당관이었던 알드릭 아메스(Aldrich Ames)로부터 배신을 당한 적이 있다.

초기의 우려가 2010년 말경에 악화되었는데, 그 시점에 가치가 있는 정보의 흐름이 말라 버렸고 요원들의 중요 정보 보고 건수가 감소되기 시작하였다. 이런 피해는 2013년까지 계속되었다.

FBI 대정보 요원들이 중국의 작전을 어떻게 하면 차단할 것인가를 전통적인 대첩보 기술로 형성된 이론에 따라 특별 대책 위원회에 CIA 요원들과 함께 참여해 줄 것을 요청받았다. 극비의 대첩보 작전이 코드명 오소리(Honey Badger)로 개시되었다. 첩보 요원들과 담당관들이 어떻게 MSS가 그 요원들을 적발할 수 있었는지 단서를 찾기 위한 상세 보고서와 작전에 시간을 투자하기 시작하였다.

두 가지 대치되는 이론이 나타났다 – 기술적인 차단 혹은 기관 내 스파이 활용 – 그리고 대책위원회의 담당관들이 치열하게 토론하였다. 조사가 계속되면서, 대간첩 작전은 계속된 반갑지 않은 뉴스로 질타를 받았고, "우리가 또 한 명을 잃었다"는 말은 정보 관리에게 최악의 악몽인 냉혹한 현실을 절실히 느끼게 해 주었다.

CIA, 국무부, FBI와 주중 대사관 및 영사관에 있을 잠재적인 첩자들의 목록이 만들어졌고 각 용의자에 대한 배경 조사가 신중하게 진행되었다.

대간첩 작전 그룹 내에 있던 많은 FBI 관리들은 중국인들이 불가능한 일 — 채용된 요원들이 은밀하게 통신하도록 CIA가 개발한 보안 시스템을 단속한 것 — 을 했다고 의심하였다. 당시 CIA는 두 가지 시스템을 사용하였다: 하나는 새로 채용된 요원들을 위한 것과 다른 하나는 이미 활동하고 있는 요원들을 위한 것이다. 두 가지 시스템은 서로 분리되어 있으나, 대간첩 작전 그룹에 있던 관리들은 전자적인 침투의 위험을 증가시키도록 두 가지 시스템이 어떻게든 연결되었다고 의심을 하였다. CIA 관리들은 그 시스템은 침투할 수 없다고 단호하게 말했다.

외국인 정보 침투원을 말하는 용어, 첩자가 CIA 내부로 침투했다는 이론 역시 조사관들이 잠재적인 스파이의 프로필에 딱 맞는 전 정보원, 제리 천싱 리(Jerry Chun Shing Lee)를 발견할 때까지 치열한 토론을 계속하였다.

중국 성명 젠청리(Zen Cheng Li)로도 알려진 리는 홍콩에서 거주하고 있던 전 CIA 운영관이었는데, 조사관들은 전적으로 홍콩에 있는 국가 안전국에서 일하는 비밀 부대의 일부로 국가 안전부의 여러 담당관들이 그를 채용했다고 하였다.

제리 리는 홍콩에서 출생하고 하와이에서 성장한 귀화 미국인이다. 그는 1982년부터 1986년까지 미 육군에서 복무하였고, 1992년 하와이 퍼시픽 대학교에서 국제 비즈니스 전공으로 학사학위를 받았다. 그는 1993년에 인적자원관리로 석사학위를 받았다.

그 이후 1994년에 CIA에 입사하였고, 그 유명한 비밀 업무를 하기 위해 그곳에 가서, "농장(The Farm)"으로 알려진 버지니아의 윌리엄스버그 인근의 CIA의 훈련 시설에서 비밀 정보 수집을 위한 교육에 들어갔다. 그 농장은 오바마 행정부 기간 동안 CIA 국장이었던 존 브레넌(John Brennan)이 그 기관의 작전 부서를 정치 이슈화할 때까지 수십 년 동안 CIA의 네트워크 담당관들을 위한 훈련 캠프로 사용되어 왔다. 브레넌은 작전 담당관들과 분석가 및 기술자를 혼합하는 새로운 시스템을 만들었다 — 그들 중 상당수가 진보적인 사람들이었다 — 그리고 그 사람들은 농장에서 2주간의 교육에 등록하도록 허용했으며 나중이 이들은 전문적인 네트워크 담당관들이라고 주장하였다. CIA의 작전 부서에 있었던 전통주의자들은 그 과정을 비난하였고 그것을 작전을 희석하고 약화시키는 다양성 측정을 정치적으로 수정하려는 것으로 보았다. 더욱 상황을 악화시킨 것은 분석 유형의 담당관들이 요원들을 채용하는 작전 경험이 거의 없거나 전무한 경우에도 지부장 직위를 부여했다는 것이다.

리는 아시아의 여러 직위에 파견되었는데, 1999년부터 2002년까지 도쿄, CIA

본부의 동아시아 국 그리고 2000년대 초반에는 베이징에서 몇 년을 근무했다. 그는 2007년에 CIA에서 퇴직을 하고, 또 다른 일을 하기 위해 홍콩으로 떠났다. 대부분의 외국 정보 기관과는 다르게 CIA는 전에 비밀 공작업무를 한 요원들이 중국에서 혹은 적대적 첩보 당국이 그 사람을 채용하여 위험할 것처럼 보이는 "적대적인 정보 환경"을 생각할 수 있음에도 불구하고, 중국의 보호국에서 일을 하는 것을 제한하지 않는다. 홍콩은 2000년대 중반에 MSS와 PLA 정보 기관의 공격적인 스파이들을 충원할 주요 스파이 채용 지역이 되었다.

리는 과거 도쿄에서 일본 보안 관리들과 접촉한 경험을 바탕으로 일본 담배 인터내셔널(JTI)에서 보안 관련 직업으로 자리를 잡았는데, 이 회사는 모회사 JT 그룹이 R.J. 레이놀드 담배의 미국 이외 지역의 운영권을 획득한 1999년에 수립되었다. 리는 중국과 북한에서 JTI 담배를 모방 생산하는 것을 방지하기 위한 일을 했다. 그러나 그는 회사의 규정을 위반했고, 2009년 계약이 종료된 후 2010년에 FBI에 대형 홍기를 보냈다, 그 회사의 임원들은 FBI에 리가 일본 담배회사를 위해 일하는 척 하면서 중국 정보 당국을 위해 일한 것 같다고 의심된다고 말하였다.

전 JTI 임원은 "우리는 그가 회사에서 일을 시작하고 1년이 되지 않아 제리에게 문제가 있다는 것을 알게 되었다"고 *South China Morning Post*에 말했다. "그 시기 우리가 그것에 대해서 증명할 수 없지만, 그가 담배 복제 및 밀수에 관한 우리의 조사 세부내용을 ─ 서방의 법 단속 기관과의 상세한 협력 내용과 북한과 고도로 발전한 조직 범죄단체를 표적으로 하는 것 ─ 중국 본토의 당국에 흘린 것으로 의심하고 있다."

담배 밀수에 대한 조사는 리가 그것을 통보한 후에 차단되었다. 그 임원은 "조사의 일환으로 구매했던 배 수척에 해당하는 모조품 담배가 중국 당국에 압류되거나 사라져 버렸고, 우리와 조사 계약을 했던 조사관 중 한 명은 체포되어 투옥되었다"고 말했다.

2010년에 JTI 보안 직원들이 FBI에 리와 중국인들에 대한 의혹을 통보해 주었다. 그러나 FBI는 이것을 추적하지 않았고, 그래서 나중에 이 사건이 미칠 피해를 막을 기회를 놓쳤다. 이것이 클린턴 행정부 기간인 1990년대 후반에 시작된 일련의 내부 개혁 이후에 FBI의 대정보 능력을 상실한 또 하나의 잘못된 사례이다.

JTI는 2009년에 리와의 계약을 취소했고, 그 이후 그는 사업 파트너이자 전 홍콩 경찰청장인 베리 청캠런(Barry Cheung Kam-lun)과 2010년 6월에 FTM 인터내셔널을 창립하였다. 그 회사의 유일한 목적은 중국 국영 담배 독점 행정국을 대신하여 중국으로 들어오는 외국 담배를 중개하는 것이었다. 2011년 12월 FTM에서 그의 지분을 청에게 넘겼다.

미국으로 망명한 MSS 전 관리였던 리펑지(Li Fengzhi)는 MSS가 두 가지 주요 과업을 가지고 있다고 했다: (1) 중국 공산당의 권력 유지, 그리고 (2) 중국과 해외에서 중국인과 외국인에 대한 첩보 및 대첩보 행위 수행. MSS 작전의 50% 이상이 중국 내에서 실시되었다고 그는 말했다. 리는 그가 MSS에 있을 때, MSS가 외국 정보 관리들과 중국 내 그들의 대리인들에 대해 공격적인 정보 작전을 수행한 것을 알게 되었다고 한다. 체포된 사람들은 그들 행동의 심각성 수준에 따라 투옥되거나 처형되었다. "MSS는 감시팀을 활용하고 전자적인 비디오 및 오디오 감시 장비를 활용하는 감시 능력이 뛰어나다"고 리는 말했다.

그 방법에는 이중간첩으로 외국의 정보 관리를 채용하거나 그들이 채용한 요원들을 활용하는 방법도 있다 ─ 이들은 외국 정보 당국에 충성을 하는 척하면서 실제는 MSS 대첩보 관리의 통제하에 있다. 미국은 여전히 전문 정보 관리뿐 아니라 비전문 수집 요원들을 활용하는 MSS 첩보활동의 주요 표적이다.

대첩보를 담당하는 MSS 부서는 그 기관의 가장 큰 부서 중 하나이다. "MSS는 중국의 고위급 지도자들의 행동도 조사하는 업무에 연관되어 있다"고 리가 나에게 말했다. "그들은 자신들이 무엇을 하고 있는지 잘 알고 있다"

제리 리는 CIA에 있는 동안, 민감한 정보 수집 작전과 방법에 대한 세부사항과 함께, 많은 CIA 관리 및 그들 정보원의 신원 자료에 접근할 수 있었다.

2010년 4월 26일, 중국의 선전으로 여행을 했는데, 그곳에서 단지 렁(Leung)과 쌍(Tsang)으로만 확인된 두 명의 MSS 관리들을 만났다. 세 명 모두 광둥어로 말했다. 한 미팅에서, 그 관리들이 리에게 리의 CIA 배경에 대해서 알고 있고, 그들 역시 같은 전문 분야에 있다고 말했다. 렁과 쌍이 뇌물로 현금 10만 달러를 리에게 주었고, 그 돈은 중국 정보에 대한 그의 협조 대가라고 말했다. 그들은 리를 평생 돌보겠다고 그에게 말했다.

선전 여행 후 15일이 지나서, 리는 홍콩에서 CIA 관리 한 명을 만났고, 그에게 렁과 쌍의 제안을 말했다. 그러나 그는 그 정보 관리들의 현금과 약속에 대해서는 말하지 못했다. 5월 14일, 리는 17,468달러에 해당하는 홍콩 달러를 예금했다. (그 예금이 거의 2013년 말까지 리에게 전달된 MSS 현금 중 최초의 수만 달러였다.)

그 달 늦게, 리는 MSS로부터 일련의 문서 요청서를 받았다. 그 요청서들은 FTM 파트너인 청이 리에게 보내는 봉투 안에 들어 있었다. 대부분의 요청서는 CIA에 대한 민감한 정보를 요구하는 것인데, 특히 중국과 다른 지역에서 채용한 대리인들에 관한 것으로 MSS의 대첩보 작전에 중요한 것들이었다. 전체적으로, 렁과 쌍이 정보를 요구하는 최소 21개의 요청서를 만들었고, 그러한 요청은 2011년까지 계속되었다.

리가 MSS를 위해 작성한 문서 중 하나는 CIA에 배치된 관리들이 사용하는 일정 장소뿐 아니라 민감한 CIA 작전 수행되는 장소가 포함되어 있다. 그는 중국에 있는 CIA 시설의 평면도 역시 MSS에 제공하였다.

스파이 활동 기간 중 어느 한 시점에, 리는 청에게 보낸 이메일에서 "중국의 친구들과 어떤 모임"이라도 있었는지 물었고, 그 질문에 대해 청은 "아직까지 중국 친구들로부터 전화가 없었다... 당신은 그 친구들로부터 연락을 받았나?" 하고 답을 했다. 그리고 리가 "현재까지 어떤 조치가 없었다면 그것으로 좋다. 어쨌든 나는 우리 친구들과 접촉을 유지하겠다"고 답했다.

2012년 3월 8일, MSS로부터 받은 과업의 일부로, 리는 CIA에 재취업하려고 노력했고 버지니아의 맥린에 위치한 본부에서 보안 관리를 만났다. 그는 지난 2년 간 중국에 여행한 적이 있는지 질문을 받고 그런 적이 없다고 거짓말을 하였다.

한 달 후에 리는 홍콩으로 돌아가는 비행기를 타기 전에, 그의 MSS 조정관을 만나기 위해서 중국 광저우로 갔다.

그 간첩 사건은 2012년 8월에 엄청난 반전이 있었는데, 그 시점이 대첩보 대책위원회가 주도한 작전의 일부로 CIA가 리를 미국으로 유인하는 중이었다. 그 여행은 그가 홍콩에서 버지니아의 페어폭스로 오는 것인데, 중간에 호놀룰루에서 며칠 간 쉬는 여정이었다. 리가 하와이에서 머무는 동안, CIA는 그에 대한 간첩행위와 관련된 핵심 증거들을 수집하였다.

FBI가 물리적 및 전자적으로 철저한 감시를 하는 상황 속에서, 한 팀의 요원들이 리의 호텔 방에 대한 비밀 수색을 실시하였다. 그들이 발견한 것은 리가 중국 내 요원들의 손실에 대한 이유일 것이라고 의심을 하였던 대첩보팀의 최악의 우려를 확인해 주었다. 이것은 리가 중국의 첩자였다는 의혹을 더욱 강화시켜 주었다.

리의 짐안에 들어 있던 것은 두 권의 노트에는 채용된 CIA 대리인들과의 미팅에 대한 내용을 상세하게 기록한 내용과 작전 미팅 장소, 전화번호, 채용된 인원의 실제 성명 그리고 시설들에 대한 정보들이 포함되어 있었다. 그 정보는 중국 내 CIA의 요원 네트워크와 시설에 대한 1급 비밀 및 2급 비밀로 나중에 법정 보고서로 남게 되었다.

휴대용 저장장치 섬드라이브 한 개도 발견되었는데, 그 안에 역시 민감한 중국

내 CIA 스파이 작전에 관해 리가 MSS를 위해 작성한 문서들이 들어 있었다. 세 번째 증거는 렁과 쌍이 리에게 제공한 두 번째 전화번호였다.

이미 CIA-FBI 태스크 포스의 의심을 받는 상황에서, 두 명의 MSS 관리들이 여성인 전 CIA 관리와 만나고 그녀에게 함께 일한 중국 대리인과 그녀가 일한 장소에 대한 질문을 했을 때, MSS에 대한 리의 협력은 약화되었다.

리는 CIA에 절대 재취업을 하지 못했고, CIA는 그가 첩자 체포 작전의 일환으로 용의선상에 있다는 것을 눈치채지 못하도록 모든 조치를 다했다. 리 역시 MSS가 CIA의 네트워크를 차단해 왔다는 것을 알지 못했다.

FBI가 리를 체포하는 데 5년이 더 걸렸다. 간첩 사건은 조사하기 어렵고 기소하기도 매우 어렵다. 그 태스크 포스는 그에 대한 감시를 계속하면서 이 기간 동안 리를 놓아두기로 결정하였다. 그 계획은 그를 계속 감시하면서 그가 의심받고 있는 그의 배신에 더 많은 증거를 추가하는지 보는 것이다.

사실 진술서는 리가 간첩행위 음모 혐의로 유죄를 받은 2019년 4월에 일반에게 공개되었는데, 그는 2010년 4월 15일부터 체포된 2018년 1월 15일까지 MSS에 문서와 정보를 제공하였다.

그 진술서는 그 해로운 사건에 대해 몇 가지 질문에만 답을 하고 있다. 예를 들면, 리의 사업 파트너 청은 MSS의 연결고리로 확인되었고, 2010년 4월, 리와 MSS 관리 두 명과 최초의 미팅을 주선하였다. 선전에서의 미팅에서 두 관리는 리에게 사실 현금 10만 달러를 선물로 주었다. 그리고 MSS 관리들은 리에게 그의 협력의 대가로 평생을 돌보아 주겠다고 했다.

선전 미팅 후 얼마 지나지 않아서, 중국에서 채용된 CIA의 귀중한 자산들이 상당수 죽기 시작했고, 대첩보 요원들이 확신한 것은 그것이 리가 배신한 결과라는 것이다.

검사들은 리의 형량 협상을 발표하면서 CIA 요원들의 손실에 대해 언급하지 않았다.

버지니아 동부지구의 미 연방검사 지 자저리 터윌리거(G. Zachary Terwilliger)는 정부가 가장 밀접하게 지켜야 하는 비밀을 책임져야 하는 리 같은 미국인들은 비밀정보의 안전을 보장하는 데 엄청난 책임이 있다고 말했다.

터윌리거는 "국방에 관한 정보를 발설하지 않겠다는 그의 선서에 대한 책임과 명예를 수용하는 대신, 리는 외국 정부를 위해 스파이가 되겠다는 작정으로 그의 조국을 팔았고, 그의 행동에 대한 조사를 하는 조사관들에게 반복적으로 거짓말을 하였다"고 한 진술서에서 답했다.

"이 기소는 우리나라의 국가 비밀을 위태롭게 하고 조국의 믿음을 배반하려는 다른 사람에게 경고가 되어야 한다."

중국 내 요원들이 죽거나 투옥된 것은 통신 차단의 결과라고 믿는 사람들은 리의 간첩 행위로는 요원들의 네트워크를 차단하기 위해 MSS가 적용한 그 속도를 설명할 수 없다고 생각했다. 대신, 이들 대간첩 작전에 참가한 사람들은 새로운 요원들을 다루는 데 사용된 인터넷 통신 체계가 기존의 요원들과 접촉하기 위한 극비의 주 체계와 부적절하게 연결된 것이 문제라고 생각한다.

중국인 요원들의 네트워크를 위해 사용된 분리되었으면서도 보다 안전한 주요 체계는 랩톱과 데스크톱 컴퓨터 프로그램이 연결되어 있다. 보안상의 이유로 두 체계가 분리되어 있지만, 새로운 요원들을 위한 체계는 주 통신 네트워크와 완전하게 분리된 것이 아니었다. 포린 폴리시(Foreign Policy)와 그 위험성에 대해 토론했던 전 관리에 따르면, CIA가 단기 시스템에 접근 권한을 가진 사람은 다른 시스템에도 접근할 수 있도록 "방화벽을 엉망으로 만들었다"고 했다.

중국인들이 바로 그렇게 했다. 새로운 요원들을 위해 사용되는 그 시스템에 접근 권한을 확보한 후에, 중국 정보 요원들이 극도로 민감한 요원들의 통신망에 전자적으로 침투한 것이다.

요원들의 손실을 부른 중국에서 사용된 시스템은 전장에서 보안 부대가 사용하였던 것으로 중동에서 수입한 것이다. 그 시스템은 첨단 MSS 대첩보 부서의 정밀 검색 및 조사에도 견뎌 내도록 설계된 것이 아니었다.

그 중동 시스템은 전 공군 대첩보 요원 모니카 위트(Monica Witt)가 사용 불능 상태로 만들었는데, 그는 공군과 정보 계약업체 부즈 알렌 해밀턴(Booa Allen Hamilton)에서 일했고 요원들의 통신 프로그램을 위해 일을 계속했다. 위트는 이슬람으로 개종하고 2013년에 이란으로 이념적 망명하였다.

한 가지 대첩보 이론은 중국인들이 스파이들 용어로 "댕글(dangle)"을 사용한 것이다 – 첩보 혹은 보안 관리들이 CIA에 정보를 제공하는 척하면서, 실제는 MSS에 충성하는 것을 말한다. 일단 MSS가 보다 안전한 시스템의 내부와 접속할 수 있는 링크를 확보한 다음, 그 댕글을 신입 요원들을 위한 통신 채널로 제공하는 것이다.

요원들의 통신 채널을 차단하는 작전은 MSS와 보다 기술적으로 앞선 3PLA 사이버 및 전자 정보국이 포함된 특별 태스크 포스 임무의 일부였다.

MSS는 리가 제공한 요원들에 대한 상세 내용과 통신 시스템 파괴를 조합하여 중국 내 CIA의 통신망을 완전하게 파괴할 수 있었다. 그들은 기다릴 필요가 없었고, CIA에 거짓 정보와 잘못된 정보를 입력하는 대신, 채용된 모든 요원들에 대한 차단은 어떻게 그들이 위험에 빠지게 되었는가에 대한 조사를 촉발할 것이라는 위험은 감수하기로 하였다. 중국인들은 요원들이 무력화되지 않는 한 신경쓰지 않았다. 그리고 그들은 그렇게 되었다.

중국인 요원 30명을 채용한 것으로 추정하는데, 중국 정부 건물의 재판정에서 다른 사람들에게 미국 정보 당국을 위해 일하지 않았다고 말하라는 직설적인 경고를 하였다고 그의 동료들 앞에서 머리에 총 한 발로 단순히 처형한 요원을 포함하여 최소 3명이 사망했다.

요원들의 통신망은 CIA를 인간정보 수집의 약자인 휴민트(HUMINT)를 수행하는 17개 미국의 모든 정보기관들에 대한 "임무 관리자"로 만든 전략적 정보 지침하에서 CIA 관리들이 몇 년간 운영하여 어렵고 고통스럽게 개발해 온 것이다.

그 배반 사건은 인사국에 엄청난 피해를 줄 수 있는 기술적 침투 전에 발생하였는데(제3장 참조), 인사국에는 미국 정보 관리들의 기록과 비밀 정보에 접근하기 위한 비밀 취급 허가를 유지하기 위해 매 5년 마다 기입해야 하는 매우 민감한 인적 자료가 있다. CIA 역시 2017년에 폭로 웹사이트 위키리크스(WikiLeaks)에 탑재된 기술적 정보수집에 관한 가장 가치 있는 문서 일부를 잃었다. 그 7번 금고에 있는 문건에는 버지니아에 있는 CIA의 사이버 정보 센터로부터 훔친 극도로 민감한 해킹 도구들이 포함되어 있다.

전 CIA 대간첩 국장 켈톤은 제3자를 통해서만 획득할 수 있는 적에 관한 지식은 사이버 경고가 필요하다고 손자의 경구로 말했다. 그는 "PRC는 모든 정보 활동을 동원하여 미국에 대한 은밀한 공격을 개시하였다"고 말했다. "민감한 정보, 무역 및 산업에 관한 비밀 탈취를 포함하여 우리에게 심각한 손해를 끼친 그 전투는 미국 정부 및 민간 영역 조직에 주로 인민해방군 제3국(3PLA)이 가하는 중국의 무수한 사이버 공격이 특징이다."[6] 사이버 공격은 물론 중국의 스파이로 정부, 산업 및 상업 비밀에 접근할 수 있는 미국인을 채용하는 것과 함께, 중국의 정보 작전은 합법적인 중국의 여행자와 미국을 방문하는 사람들을 활용하여 정보를 수집하는 보다 전통적인 방법을 사용한다.

켈톤은 중국의 정보 작전이 베이징이 보다 조심스런 방법을 사용하는 것을 중지하고 비밀을 훔치고 스파이를 채용하는, 보다 대담한 접근법을 채택한 이후, 2010년대 후반 관심을 집중시킨 바로 그 시점에 시작되었다.

미국의 국립 연구소들을 침투하는 것은 중국에 매우 긴요한 것이었다. 켈톤은 "중국의 정보 작전은 특히 미국의 국립 연구소를 표적으로 효과적이었는데, 가장 유명하게 트라이던트〔잠수함 발사 탄도〕 미사일에 장착된 W-88 탄두를 포함하여 최소 6종류의 미국 핵무기 디자인을 PRC에 빼앗긴 결과가 되었다"고 말했다. 그는 중국의 핵 스파이 활동을 소련의 작전이었던 에노모즈(ENORMOZ)와 비교했는데, 소련의 작전은 맨하탄 프로젝트에 침투하고 미국의 원자력 비밀을 훔치는 것이었다. 중국의 핵무기 설계 절도는 미국 핵무기 시스템의 성능 저하를 야기하였고 중국의 공격 및 방어 능력은 강화하는 결과를 초래했다고 켈톤은 말했다.

앞서 언급한 바와 같이, 중국에서 발생한 정보의 대재난은 정보원 채용을 위한 미국 정보 체계가 위험에 빠지고 파괴된 최초의 일은 아니다. 사실, 미국 정보 기관들, 주로 해외에서 CIA와 국내에서 FBI의 요원 채용 프로그램은 1970년대 이후 망가졌었는데, CIA 지도부 내에서의 주요 권력 투쟁이 대간첩 작전에서 그 기관의 전설인 제임스 지저스 앵글턴(James Jesus Angleton)에 의해 수행되던 종류의 대정보 능력이 훼손되는 결과를 야기했다. 앵글턴은 1987년 그가 사망하기 전 수년 동안 나에게, CIA에서 권력 투쟁의 라이벌인 윌리엄 코비(William Colby)가 소련과 소련의 위성 능력에 대한 CIA의 주요 기능으로 전략적 대정보 작전을 수행하기 위해 CIA를 재건하기 위한 계획 입안을 어떻게 방해했는지 말해 주었다. 소련의 공산당이 최고의 권력 중재자는 아니라는 것이 앵글턴의 믿음이었다. 그것은 국가안보 위원회였으며, - 악명 높은 KGB의 정치 경찰과 정보국 - 그들이 소련에서 최고의 권력이었다. 앵글턴은 CIA의 대정보 분야 수장으로서, CIA 국장으로 임명되거나 여러 명의 대정보 분야 후배들 중 한 명이 국장으로 임명되기를 희망했다. 대신 그는 퇴직을 강요받았고, 그 이후 기관의 대정보 노력은 CIA가 계속 희생당하는 수준까지 감소되었다.

앵글턴이 1970년대에 제출한 아이디어는 외국 정보기관에 대한 침투를 하고 그들의 작전을 혼란시키는 공격적인 작전이 긴급하게 필요하다는 것이었다. 별도의 전략적 대정보국이 중국 공산당 체제의 주요 기둥을 추적할 수 있도록 창설되어야 한다 - 국가 공안부, 국가 안전부와 많은 PLA 정보 기능을 통합하고 있는 새로운 PLA 전략지원부대를 말한다. 미국은 이 조직들을 무력화함으로써, 세계적인 우위를 추구하고 궁극적으로 미국을 파괴하려는 중국 공산당의 위협을 완화할 수 있다.

켈톤은 미국에 대한 피해가 단지 귀중한 기술 혹은 다른 비밀의 손실에 국한되는 것이 아니라는 것을 명백히 하였다. 이것은 미국을 돕기 위해 모든 위험을 무릅

쓰는 영웅들의 생명을 희생시키는 피해까지 입힐 수 있다. 중국인들은 전통적인 인간정보(HUMINT)와 사이버 요소들을 통합하는 "혼합된" 정보 공격 전략을 추구해 왔다. "그리고 이것은 중국의 경제적인 간첩 행위가 명백하게 엄청난 손해를 끼쳤던 것 이상으로 우리나라에 손해를 끼치고 있다"고 그가 말했다. "우리 조국을 배반하여 체포되었던 미국인들이 가지고 있던 문서들이 보여 주는 바와 같이, 베이징에 그들이 제공했던 비밀 정보는 중국인들이 생명을 잃는 결과로 초래되었다 − 이들은 악마에 반대하고 PRC 정권에 압박을 가하기 위해 우리와 함께 일한 사람들이다. 그들은 과거에도, 오늘에도 자유를 위해 싸운 영웅들이다."[7]

영향력

베이징과 선전술 및 역정보 작전

제9장

영 향 력
베이징과 선전술 및 역정보 작전

"우리는 재래식 전쟁만 혹은 전장에서 벌어지는 전쟁만을 할 수 없다. 우리는 융통성을 가져야 한다 – 상대가 어떤 방법으로 우리를 공격하든, 우리도 공격해야 한다. 우리도 보복할 것이고 기습적인 기동으로 그들을 쳐부숴야 한다. 우리는 다른 사람들이 우리를 제멋대로 하도록 할 수 없다. 우리는 전술적 경직성 때문에 보다 큰 전략적 구상을 중단할 수 없다."

– 시진핑, 2013년 국가 선전 및 이데올로기 콘퍼런스 연설에서

궈웬귀(Guo Wengui)는 중국의 평범한 망명자가 아니다. 추방당한 억만장자이자 부동산 거물로 뉴욕 센트럴 파크의 남동 코너에 있는 고급 호텔의 상층부 한 층 전체를 주거지로 소유하고 있다. 2015년 중국을 떠난 후, 궈는 이제 중국으로 귀국하도록 강요하기 위해 중국 공산당이 행사하는 세계적인 영향력과 역정보 작전의 대상이다. 궈는 센트럴 파크의 남동 코너가 부동산 업계에서 황금의 삼각주이자 맨해튼에서 사람들이 가장 많이 찾는 장소 중의 하나로 알려졌다고 말하면서 "이곳의 풍수가 매우 좋다"고 하였다. 풍수(Feng shui)는 어떤 일정한 지리적 위치가 인간과 땅 사이에서 가장 조화로운 기를 준다는 중국인들의 믿음이다. 궈는 당의 최선임

당료와 친밀한 관계로 알게 된 비밀을 퍼트리기 시작하면서 공산당 지도자들의 분노를 샀다.

2017년이 시작되고 초기 몇 달 동안, 귀는 트위터와 페이스북 같은 소셜 미디어에 중국 고위 관료들의 부패 관련 내용을 폭로하였다. 가을에 그는 상장을 준비 중에 있었다. 10월 3일 귀는 걸프스트림 개인 전용 제트기를 타고 뉴욕을 출발하여 워싱턴으로 30분간 비행을 하였다. 추방당한 재벌은 약 280억 달러 상당의 재산을 보유하고 있고, 몇 주간에 걸쳐 워싱턴에서 데뷔를 하고 온라인에서 연설을 한 후 처음으로 대중 앞에 나설 준비를 해 왔다. 그가 폭로한 내용 중에는 무소불위의 권력을 가진 시진핑의 잠재적 라이벌로 보이는 고위 당원들, 군사 "호랑이들" 및 보통의 관료를 포함하여 앞서 4년 동안 수천 명을 숙청한 당의 전능한 중앙기율 검사 위원회의 위원장인 왕 치산(Wang Qishan)이 저지른 부패에 대한 상세 내용도 있었다.

중국 체제 안에서 나온 정보에 따르면, 귀는 2000년대 초 이후 왕치산은 시의 정치적 숙청 뒤에 숨은 그저 추종자였다고 폭로했다. 중국 내에서 왕은 장막의 뒤에서 모든 경제적 및 재정적 거래를 대부분 통제하는 은밀한 금융 황제가 되었고, 가장 강력한 지도자가 되었다. 2017년까지, 왕은 중국을 철권으로 통치하고 시가 이끄는 집단 독재체제인 7명으로 구성되는 정치국 상무위원회의 일원이었다. 그러나 그가 67세의 연령 제한에 도달했기 때문에 퇴직하는 대신에, 사망한 지도자 덩샤오핑, 이전의 지도자 장쩌민과 후진타오의 지배 가문들과 연결된 공산당 재정의 중심인물 몇 명이 시에게 왕을 권력에 그대로 있도록 하였다. 그는 부주석으로 임명되었다.

귀에게, 왕과 몇 명의 다른 고위 당 지도자들이 그가 공산당 도둑정치(kleptocracy)라고 부르는 마피아 같은 체제를 전형적으로 보여 주었고, 이 체제가 엘리트 통치 계급과 고위 당 지도자 집단을 배불리기 위해서 중국 인민들로부터 수십억 달러를 훔쳤다고 한다. 왕 부주석은 수십억 달러 상당의 가족 재산을 보유하고 있다.

워싱턴을 방문하기 몇 주 전, 귀는 어떻게 반부패 제왕인 왕 그 자신이 그렇게 비정상적으로 부패했는지에 관하여 일련의 온라인 영상을 발표하였다. 귀에 따르면, 1980년대 후반부터 시작하여, 왕과 몇몇 가족 구성원들이 백개 이상의 부동산을 구매하면서, 당 자금 약 3천만 달러를 캘리포니아에 있는 부동산 벤처 회사와 미국의 다른 지역에 투자했다. 2018년에, 그 부동산의 가치는 20억 달러에서 30억 달러까지 상승하였다.

궈는 나에게 "나는 중국 체제에 대해서 아주아주, 매우 잘 안다"고 말했다. "나는 그 체제가 어떻게 돌아가는지 아주 극도로 상세한 내용에 대한 정보를 가지고 있다."

궈의 최초의 공개 미팅은 1961년에 설립된 보수 성향의 씽크 탱크인 허드슨(Hudson) 연구소에서 군사 전략가 허만 칸(Herman Kahn)과 그와 동석하게 된 랜드 연구소(RAND Corporation)로부터 온 동료들과 워싱턴에서 함께할 예정이었다. 한때 허드슨은 미국 군대를 지원하는 기금을 연합으로 조성하는 제일의 연구 센터였다. 허드슨은 최근에 미국에서 가장 영향력 있는 중국 전문가 중의 한 명으로 평가받는 전 국방부 관리 마이클 필스버리(Michael Pillsbury)의 감독하에 중국 전략 센터를 창설하였다. 그 허드슨 미팅은 도둑정치 계획(Kleptocracy Initiative)라는 이름으로 주관하였고, 이 계획의 임무는 "수입된 부패와 독재정권으로부터 흘러들어 온 불법적인 금융 흐름이 가하는 미국의 민주주의와 국가안보를 갉아 먹는 위협을 연구하는 것이었다"1) — 이 행사는 직설적으로 말하는 궈가 그의 폭발적인 폭로를 널리 알리기 위해서 딱 맞는 것이었다. 이 행사는 "궈 웬귀와의 대화"로 명명이 되었다.

그러나 그 미팅은 궈가 나타나기 몇 시간 전에 갑자기 취소되었다. 이것은 어떻게 중국이 돈과 정치적 강압을 이용하여 미국의 민주적 체제에 영향력을 행사하는가를 잘 보여 준 사례였다. 보수적인 연구소는 중국의 정치적 위협, 협박 및 사이버 공격에 항복하였다.

궈는 한반도의 바로 맞은 편에 있는 중국의 동북 해안에 위치한 산동성에서 1968년 5월 10일에 태어났다. 산동성은 중국에서 가장 부유한 지역이면서 불교, 도교 및 유교에서 발원한 문화 및 종교적 유산이 풍부한 지역이다. 독실한 불교 신자인 궈는 마일즈 곽(Miles Kwok)이라는 영문 이름도 사용한다.

그 행사가 취소되기 전에, 궈는 태양이 밝게 빛나는 10월의 아침에 전용기 걸프스트림이 로널드 레이건 워싱턴 국립 비행장에 착륙하자 설레임을 느꼈다. 이 사업가는 보안 전문가들과 함께 여행하는데, 그들은 9명까지 허용되며, 몇 명은 미국 특수전 부대 특공대 요원이었거나 전직 뉴욕시 경찰관들이었다.

궈가 25년 이상 중국과 세계를 돌며 사업을 하면서 먼저 배운 것이 중국 공산 정권의 무자비였다. 이 기간에 그는 핵심 권력 브로커와 친구가 되었다: 그는 국가 안보부 부의장 마젠(Ma Jian)이었다. 마와 궈는 당의 가장 민감한 비밀에 접근할 수 있는 정보 수장이 시의 숙청 표적이 될 때까지 사업과 보안 프로젝트를 같이하였다. 마는 치산에게 정보를 보여 주었고 부패하게 되었다. 마가 해고된 후, 궈는 다음에 그가 정치적 탄압을 받게 될 것을 두려워하여 2015년에 뉴욕으로 도망하였다.

궈는 그의 친구 마로부터 중국의 스파이들이 정권 반대자들을 죽이는 데 전문가들이고, 독살을 하거나 교통사고로 가장하는 등 다양한 방법을 사용한다고 들었다. 궈는 백악관에서 라파에트 공원을 직접 가로질러 위치하고 워싱턴에서 가장 안전한 숙소인 헤이-아담스 호텔(Hay-Adams Hotel) 묵었다. 도착하자마자 그는 워싱턴 권력의 심장부인 백악관을 바라 볼 수 있도록 특별한 전망을 가지고 있고, 하루에 9,000달러인 귀빈실에 체크인을 하였다.

궈가 그날 허드슨에서 있을 기자회견을 준비할 참이었다.

허드슨 미팅은 도둑정치 구상을 책임지고 있는 허드슨 교수 찰스 데이비드슨(Charles Davidson)이 거의 한 달 전에 계획한 것이다. 데이비드슨은 첫 번째로 허드슨이 방문 교수이자 전 미 상원 스태프이며 중국 민주화 행동가이고 궈와 친밀한 리안차오 한(Lianchao Han) 교수에게 접근했다.

데이비드슨과 한은 궈를 다루는 그 콘퍼런스의 목적이 워싱턴에서 중국의 불법적인 영향력 행사 작전이 가장 공격적이고 미국의 대중에게 그것을 알려 주는 것이기 때문에 그 구상과 딱 맞아 떨어진다는 데 의견을 같이했다.

한이 10월 아침 궈를 만나러 가기 위해 지하철을 타고 맥퍼슨 스퀘어 역까지 갔을 때, 데이비드슨으로부터 전화를 받았다. "행사 관리팀이 그 미팅을 취소하기로 결정했다"고 데이비드슨이 말했다. 한은 충격을 받았다. 그가 처음 질문한 것은 왜냐고 물은 것이다. 데이비드슨이 그에게 지도부가 궈의 신뢰도를 의심한다고 말했다. 그의 유튜브 영상 중 하나를 보면, 대담한 궈가 말레이시아 항공 370편의 의문의 실종 뒤에 중국이 있는지 여부를 질문했다. 궈는 탑승객 중 중국 국적의 의사 한 명을 확인했는데, 그는 왕치산과 관련이 있는 사람이고, 국제적인 장기 이식 시장에 보내기 위해 중국 재소자로부터 생체 장기를 적출하는 일에 관련되었다고 말했다.

한은 그 신뢰성 주장은 계략이고 확실하게 데이브드슨에게 말했는데, 그의 변명은 "헛소리"라고 했다. 허드슨 연구소가 중국 압력의 희생양이 되었던 것이 확실하다.

그 행사가 취소되기 몇 주 전, 데이비드슨이 자기 아들과 중국 학생의 약혼과 관련된 개인적인 문제가 있으니 한에게 궈와의 미팅 계획을 책임져 달라고 부탁했다(미국 내 중국 유학생은 30만 명 이상인데 그중 한 명). 그는 만약 데이비드슨이 궈 미팅을 주관하면, 중국이 아들의 약혼자를 중국으로 복귀하라고 강요할 것임을 걱정했다. 한은 그 세션을 조직하는 책임을 맡기로 하였다 - 모든 것은 10월 3일까지 몇 주간 허드슨의 관리자와 책임자들이 긴밀하게 협조하였다.

허드슨의 대변인 데이비드 텔(David Tell)은 그 미팅을 취소한 것과 관련하여 연구소의 중국과 노골적인 유화에 대해 공공연하게 방어해야 할 달갑지 않은 임무를 받았다. 그는 부적절한 계획이 문제라고 말했다. "그 계획이 우리로부터 사라졌고, 우리는 유감으로 생각한다"고 나에게 말했다.

한은 이의를 제기했다. 그는 "모든 것은 협조되었다"고 말했다.

허드슨 연구소 미팅을 방해한 것은 궈에 대한 중국의 대대적인 영향력 행사 작전의 한 부분이었는데, 이는 전례없는 일이었고, 중국에 재정적 이해관계가 있는 허드슨 이사회 구성원에 대한 경제적 압력과 연구소의 컴퓨터 네트워크에 대한 사이버 공격의 결합이 연관되어 있다.

중국 공산당의 역공작 작전의 목표는 궈는 재정적인 비행 때문에 망명한 많은 부패 망명자 중의 한 명에 불과하다는 것을 그려 내기 위한 것이다. 이 목표를 위하여 베이징은 끊임없이 선전을 하고, 일련의 거짓 혐의를 포함한 역정보 작전으로 로비를 하는 것이다. 재정적인 부패 혐의에 더하여, 중국은 인터폴 내에 있던 공작원 맹홍웨이(Meng Hongwei)를 활용하여 일종의 국제적 체포 수배서를 말하는 두 종류의 "적색 수배서"를 발령하도록 하였다. 맹은 2016년부터 2017년까지 인터폴의 회장이었는데, 궈에 대해 그가 발령한 적색 수배서 중 하나는 범죄 행위와 관련된 것이고, 두 번째 것은 강간과 관련된 것이다 ─ 전 사업 보조원에 대한 중국 정부가 통제한 청문회에서 나온 내용을 근거로 한 것이다. 궈는 그 혐의를 강하게 부정했고 잔인한 공산당의 조직적인 중상모략이라고 무시했다.

적색 수배서는 발령된지 얼마 되지 않아, 맹이 중국을 방문한 기간인 2018년 10월 사라졌고, 나중에 뇌물을 받은 혐의로 체포되었다. 그가 체포되던 시간에 맹은 그의 아내에게 암호 텍스트 메시지를 보냈다 ─ 하나의 나이프 사진 ─ 그녀가 믿기로는 그가 곤경에 빠졌다는 신호였다. 그의 아내, 그레이스 맹은 나중에 인터폴 본부가 있는 프랑스로 정치적 망명을 신청하였다. 궈는 중국이 맹을 체포한 것은 그가 망명한 억만장자를 중국의 되돌려 보내기 위해 자신의 직책을 활용하지 못한 것에 대한 책임을 물은 것이라고 확신하였다.

궈에 대한 영향력 행사는 초당적으로 구성된 미─중 경제 및 안보 검토 위원회가 의회에 보고한 2017년 보고서의 특별 섹션에서 설명하고 있다. 그 보고서는 그 역정보 작전을 전례가 없을 정도로 잔인하다고 말했다. 그 보고서는 공공연하게 공산당의 반부패 캠페인을 비판하고 고위급 CCP 부패를 폭로하였다. 중국의 관영 미디어들은 궈를 "범죄 용의자"로 매도하였다 ─ 다른 사건에서는 있었던 어떤 증거나 혹은 공식적인 혐의 없이 그렇게 했다. 선전 작전은 궈를 부패로 고발하는 전 고위 정보 관리의 고백을 영상화한 내용을 공개하고 그를 불명예로 몰기 위해서 '궈웬궈에 대한 진실'이라는 채널에 유튜브 영상을 탑재하는 것을 포함하여 "국제적인 홍보 활동"을 개시하였다고 그 보고서가 폭로하였다.[2] 그 캠페인은 "전례가 없는 것"이고 "비정상적으로 정교한 것"으로 설명되고 있다.

트럼프 대통령과 가까웠던 백악관의 전 전략가 스티브 배넌(Steve Bannon)은 2017년에 중국과 관련이 있는 미국 사업가들이 궈를 중국으로 돌려 보내라고 트럼프 대통령을 설득하기 위해서 오발 오피스안으로 소리를 치기 시작하는 "퍼레이드"를 할 때까지 궈에 대해서 결코 들어 본 적이 없다고 했다.

중국의 소수 민족 거주지 마카오에 카지노를 소유하고 있는 라스베가스 카지노 거물 스티브 윈(Steve Wynn)이 관련된 한 가지 예가 있다. 마카오에서 카지노를 운영하려면 중국 정부의 면허가 필요하다. 윈은 2017년 트럼프 대통령을 만났고, 그는 궈를 송환해 주는 것은 당 지도자에 대한 "개인적인 부탁"이라고 써 있는 시진핑으로부터 받아 온 서한을 대통령에게 전달했다. 윈 리조트 마케팅 수석 담당관 마이클 위버(Michael Weaver)가 *Wall Street Journal*에 보도된 그 전달된 서한은 "거짓"이며, "그 이상 논평할 게 없다"고 추가해서 언급했다. 백악관 내부에서도 역시, 중국의 영향력이 대통령 보좌관(배넌이라고 이름은 밝히지는 않았다)에 의한 계획의 형태로 트럼프 대통령에게 도달해 있으며, 그 보좌관은 미국 대학생으로 위장한 스파이로 30만 명의 중국 국적자와 연결되었음을 트럼프 대통령에게 보고서로 제출했고, 중국의 이익은 궈를 송환하는 것이다. 트럼프는 "그들 모두를 보내라"라고 반응했다. 나중에, 백악관 법률가들은 대통령에게 궈를 강제로 본국으로 송환할 권한이 없다고 알려 주었다.

중국 위원회의 보고서는 워싱턴 주재 중국 대사관이 어떻게 궈와의 미팅을 취소하도록 허드슨 연구소에 압력을 행사했는지 세부내용을 추가로 폭로하였다. 중국 여행을 위해 비자를 기다리고 있는 중국 전문가 중 한 명을 포함한 허드슨 연구소의 연구원들은 중국 대사관으로부터 전화를 받았는데, 궈 미팅을 취소하거나 아니면 그 결과가 잘못되면 괴로울 것이라는 것이었다.

궈 미팅의 중지 문제에 관한 연구소의 공식적인 입장에 논란이 있는 가운데, 그 위원회가 진술하였다: "그 위원회가 연구소 내부의 이메일을 검토한 결과에 따르면, 최소 두 명의 고위급 연구원이 중국 대사관으로부터 걸려온 전화를 받았고, 한 명의 고위급 연구원은 대사관의 '영사'가 '〔그 선임 연구원의 중국〕입국비자 신청'에 대해서 물었다; 그 영사는 궈 초청이 허드슨 연구소를 곤란하게 만들고 중국 정부와의 관계를 해치게 될 것이라고 하였다."[3]

중국은 외교적 압박과 강압만으로는 만족하지 않았다. 거의 같은 시간에, 베이징은 10월 미팅에 앞서 허드슨의 컴퓨터 네트워크에 대한 사이버 공격을 개시하였다. 그 연구소의 웹사이트가 보안 분석가들이 상하이로[4] 추적한 분산 서비스 거부(DDoS) 공격을 받았다 – 악명 높은 인민해방군 61398 사이버그룹 부대의 위치이다. 그 그룹은 미국 정보에 의해서 정부와 민간단체들에 대한 주요 사이버 공격과 관련된 것으로 보인다.

허드슨에 대한 압력은 우연하게도 중국의 공안 부장 궈성퀀(Guo Shengkun, 궈웬궈와는 아무런 관계가 없음)의 10월 9일 방문과 일치했는데, 그는 당시 법무장관 제프 세션스(Jeff Sessions)와 회담을 하였다. 세션스는 그가 중국의 공안 부장과 회담을 하는 동안 허드슨에 대한 사이버 공격이 있었고, 이전에 교류가 있었던 그는 대화를 없애는 방법으로 그 일이 있었는지 조사하겠다고 말했다는 것을 인정하였다.

그 해 후반에 기자들과의 인터뷰에서, 세션스는 궈를 인도하지 않을 것이라는 것을 확실하게 하였다. 그 법무장관은 나에게 그 사건을 재검토해 보았고 궈를 강제로 송환하지 않겠다는 결론을 내렸다고 말했다. 세션스 역시 10월에 공안부 장관을 만났을 때, "중국인들은 그를 너무 위태롭게 하고 있다"라고 말했다.

세션스와 가까운 한 관리는, 2018년 11월에 이임한 법무장관은 법무부와 FBI가 그 망명자를 강력하게 지원하는 의견을 반영하여 행정부 내에서 궈를 방어했는데, 두 기관은 중국 정보 작전을 잘 아는 궈의 정보를 캐려고 간절히 원했다. 어느 시점에서 세션스는 궈 사건에 대한 베이징의 요구에 뭔가를 하려는 친중국 관리들의 말을 들어 주기보다는 그렇게 하려면 사직하라고 할 정도로 단호했다. 사임 위협에 대한 질문을 받고, 세션스는 부정하지 않았다. 그리고 그는 웃으면서 "약간의 과장이 있었다"고 말했다.

궈를 송환하라는 중국의 요구에 대한 법무부의 입장은, 미국은 중국에서 온 범죄자들을 위한 안전한 천국은 아니다. 그러나 동시에 법무부 관리들은 중국에 망명자를 넘겨주기 전에 죄를 증명할 증거를 달라고 요구해 왔다.

궈 캠페인은 소셜 미디어에서도 계속되었다. 중국 정부의 대리인들은 혼란스럽고 불공평한 서비스 강화 규정을 이용하여 트위터, 페이스북 및 구글에 압력을 행사했다. 트위터는 궈가 올리는 중국 지도자들의 개인 정보를 포함하여 부패 관련 상세내용을 차단하였는데, 이것이 서비스 규정을 위반하고 있기 때문이라고 했다.

귀는 당 국가와 시민들의 내부 일을 토의하여 만들어 낸 유튜브를 탑재하는 데 그의 트위터 계정을 사용하였다. 구글 역시 중국 관리들이 귀의 구글 사용이 사용 규정을 위반하고 있다고 이의를 제기한 후 한 시간 분량의 방송을 위해 구글을 사용하는 것을 차단했다.

UC 버클리 정보학교의 겸임교수인 샤오치앙(Xiao Qiang)은 귀에 대한 역정보 캠페인은 진행 중인 하나의 드라마로 보았다. 샤오는 위원회에 "중국 정부의 그에 대한 반응을 회고하는 측면에서, 나는 이와 같은 것을 본적이 없다"고 말했다. "중국 정부가 하는 것을 보라. 인터폴, 그에 대한 법적 소송... 다른 국가들의 양자관계에 대한 외교적 대화, 국내적으로 대량의 기사로, 매체로 그를 폄하한다. 그들은 〔투옥된 노벨 평화상 수상자〕 류사오보(Liu Xiaobo)에게도 그렇게 하지는 않았다. 그들이 류에게 그렇게 하지 않은 것은 중국의 모든 사람들에게 그의 이름을 알리고 싶지 않기 때문인데, 그러나 귀에게는 그렇게 하고 있다. 그들은 그렇게 해야만 한다. 그래서 현재 이 순간에 동원하는 자원의 양 그리고 (정부의 트롤인) 50센트 당만을 언급하는 것은 아니고, 외국에서 그리고 기술, 모든 것, 현재 모든 힘을 그에게 쏟고 있다."5)

샤오는 중국에서 귀에 대한 정권의 두려움의 정도를 귀웬지의 이름으로(In the Name of Guo Wengui)라는 비공식 웹사이트에서 생생하게 보았는데, 이 사이트는 "인민의 이름으로(In the Name of the People)"라고 불리는 시진핑의 정당성과 반부패 운동 강조를 강화하는 것을 목표로 하는 공식적인 친 시진핑 선전에 대응하기 위해 만들어진 것이다. 귀 프로그램은 "정치적 투쟁이며 권력 투쟁인 전체 반부패 캠페인의 신뢰성을 직접적으로 깎아내리기 위한 것"이라고 말했다. 샤오는 귀가 촉발한 것과 같은 정치적 토론을 검열하는 만리장성과 같은 것이 없었다면, 중국의 정치는 보다 개방적이고 민주적으로 되었을 것이라고 말했다. 그는 "정치적으로 반대 세력들은 국내 미디어 공간과 인터넷에서 그들의 정치는 줄어들 것"이라고 말했다.6)

귀에 대한 중국의 검열은 그가 망명한 억만장자이기 때문에 중국 내에서 인기가 높은 것을 억누르려고 하여 과도하게 진행되었다. 웨이보에 오르는 글에 대한 검열을 철저하게 추적하는 FreeWeibo.com이라 불리는 웹사이트는 귀를 가장 검열이 심한 주제 중의 하나라고 하였다. 반검열 행동그룹인 그레이트 화이어(Great Fire)는 중국 정부가 귀의 트위터 계정을 DDoS로 공격할 표적으로 정했다고 기술하였다.

베이징의 귀에 대한 캠페인은 약화되지 않았다. 사실, 그의 인기를 올라가게 하는 역효과가 나타났다. 중국 내에서 수천 명, 아니 그 두 배 이상의 중국인들이 당의 부패와 탄압 및 법치가 부족하다는 그의 견해에 동조하고 있어, 그는 극단적으로 인기가 있다. 궈는 2018년 11월 권력에서 CCP를 축출하기 위한 국제적인 노력이 시작되고, 반공산당에 공감하는 다른 부자들과 함께 1억 달러 이상의 군자금을 보유한 법 질서 사회를 출범시켰다고 발표했다.

나는 궈를 2017년에 처음 만났는데, 미국 정부의 미국의 소리(VOA) 중국어 방송 서비스가 갑자기 중단된 것에 관한 인터뷰를 한 직후였다 - 역시 중국의 압력으로 이루어진 것으로 생각된다. VOA의 중국어 방송국 전 국장 사샤공(Sasha Gong)과 몇 명의 직원들이 궈와의 인터뷰를 생방송으로 진행한 것을 이유로 정직이 된 다음 결국 해고되었는데, 이 방송은 본래 세 시간으로 계획하고 승인을 받았지만, 한 시간 이십 분 만에 중단되었다. 공은 나중에 해고되었는데, 그는 중국 외교부가 VOA 국장 아만다 베넷(Amanda Bennett)에 대한 압력 때문에 그 인터뷰가 최소되었다고 확신했다. 중국 외교부는 만약 궈의 인터뷰가 중단되지 않으면, 2017년 10월에 개최되는 중요 공산당 회의를 망치게 될 것이니 "신중하게 대응하라"고 위협하였다고 공이 말했다.

중국은 중국 내의 궈 고용인과 지인들 몇 명을 체포하고 최소 세 명을 투옥하는 등 탄압을 계속하였다. 2018년 후반에, 중국 당국은 정보 부부상 마젠에게 종신형을 선고하였다. 몇 주 후에 중국 당국은 베이징의 부시장을 궈의 뇌물을 받았다는 혐의로 체포하였다. 정치적 캠페인의 목표는 중국에서 중국 공산당 통치를 종식시키려는 반공산주의 망명자가 아니라 범죄자로 궈를 인식시켜 그의 신뢰성을 없애려는 것이다.

궈는 2017년 9월 미국에 정치적 망명을 신청하였고, 중국은 러시아 방식의 해킹 및 유출 캠페인을 수행하는 방식으로 대응했다. 그를 변호하는 로펌이 표적이 되었다. 궈가 국토 안보부와 법무부에 정치적 망명을 요청하는 파일이 저장된 직후, 중국의 해커들이 워싱턴의 로펌인 클라크 힐(Clark Hill)이 사용 중인 컴퓨터 네트워크를 공격하였다. 그 로펌은 사이버 공격 후에 중국의 추가적인 전자적 강압을 견뎌내기 어려울 것이라는 두려움에 비겁하게 궈 사건을 내렸다.

전자적 법의학 분석가들은 그 사이버 공격자들이 중국에 있는 것으로 추적했다. 그 패턴은 2016 대통령 선거 기간 동안 러시아 정보 부서에서 사용했던 방식과 똑같은 방법을 따랐다 - 그 방법은 러시아 정보 세력이 세인트 피츠버그에 있는 트롤 팜(악의적인 댓글 부대)과 일을 같이하여 은밀하게 사이버 공격을 한 다음 해킹한 자료들을 온라인에 올리는 것이다.

귀의 정치적 망명 요청 사건과 관련하여서, 중국의 해커들이 귀를 변호하는 토마스 래그랜드(Thomas Ragland) 검사의 로펌 클라크 힐의 컴퓨터에 접속하였다. 2017년 9월 23일부터 시작하여, 해커들은 트위터의 별명 계정인 @twiSpectre으로 훔친 문서들을 탑재하였다. 그 의도는 오해의 여지가 없는 것이었다: 중국은 @twiSpectre를 통하여 귀가 망명을 요청하면서 제출한 정보 사항을 상세하게 밝히고 부정확한 정보를 제공했다고 주장하여 미국으로 하여금 귀의 망명을 거부하도록 강요하는 것이었다. 그 달에 만들어진 패르소나는 중국의 선전 캠페인의 일환으로 만들어졌다는 흔적이 보였다.

노출된 문서들은 홍콩으로부터의 은행 이체 자료와 인터폴로부터 받은 문서가 포함되었다. 그 작전에서 정교한 부분 중의 하나는 두 명의 FBI 요원이 귀가 영국 비자를 받는 것을 도와주어 FBI 법을 위반했다고 중국 정보 작전이 폭로했다는 것이다. 중국인들은 FBI 내부 고발자가 탑재한 것으로 추정되는 성명서에서, 그 FBI 요원들은 "마일즈 궈과 접촉하여 의도하지 못한 희생자로 전락"하였다고 주장하였다.

노출된 문서와 관련하여 귀를 조롱하려고 올린 또 다른 트위터는 "당신은 이것을 볼 정도로 강심장인가"라고 그에게 물었다. 귀가 "망명 신청 문서에 있는 당신의 슬러리 덩어리와 사투를 벌이는" 대체된 로펌에 돈을 지불하는 것을 폭로하는 문서를 언급하면서, "마일즈, 당신은 다리를 불태우고 프랜 B를 만든 거"라고 해커가 말했다.

트위터는 2017년 9월 20일부터 27일까지 올라온 40개의 메시지를 신속하게 제거했다. 그중의 하나가 2017년 1월부터 3월까지 중국 정부 관리들이 30차례나 귀를 만나 그의 "정치적 문제"를 해결해 주는 대신 중국 정부에 협조하라고 촉구했다는 것을 보여 주었다.

이 문제 해결을 위해 중국인들이 미국을 방문했는데, 한 번은, 네 명의 중국 정보 관리들이 2017년 5월 뉴욕을 방문해서 그의 거처인 5번가에서 귀를 만났다. 귀는 그들 중 두 명은 가장 중요한 관리들이라고 하였는데, 한 명은 국가 보안부 부부장 선리쥔(Sun Liujin)이었고, 다른 한 명은 보안부 선임관리 류안펑(Liu Yanpang)이었다. 두 명의 관리들은 미국에서 귀의 부패를 주장하면서 트럼프 행정부에 그를 중국으로 돌려보내라고 압박하였다.

외교관 면책특권을 가지고 있는 류가 미국 출발 전에 비자법을 위반하여 FBI에 의해 체포되었고, 그의 휴대폰과 노트북은 압수되었다.

그 중국 관리들은 미팅 기간뿐 아니라 휴대폰으로 궈와 그의 가족 및 사업 관계자들을 위협했다. 그를 유혹하기 위해서, 궈에게 조용히 있기만 하면 중국의 은행에 있는 170억 달러의 그의 자산 동결을 해제해 주겠다고 하였다. 그 메시지는 명백한 것이다: 궈는 중국 관리들의 부패 폭로를 반드시 중지해야 하고, 미국 정부 및 정보 당국에 협조하지 말아야 하며, 중국 공산당 통치를 반대하지도 말고 중국에서 민주적 개혁을 요구하지도 말아야 한다는 것이다. 만약 그가 이 조건들에 동의하면, 베이징은 중국 정부가 투옥한 그의 가족 구성원 몇 명과 직원들을 석방하고 동결된 자산을 풀어 주겠다고 제안하였다. 중국 당국은 아직은 베이징의 버드네스트 올림픽 경기장 인근 사무실이 집중된 지역에 있는 용의 형상을 하고 있는 호텔, 궈의 팡구 프라자(Pangu Plaza)를 압류하지 않았다 — 궈가 중국의 비즈니스 지도자들과 인맥을 갖고, 부자의 반열에 오르게 한 몇 개 사업 중의 하나이다.

궈는 "나는 그들의 제안을 거절했고, 그래서 중국 정부에 있는 아주 강력한 인물들의 주요 표적이 되었다"고 말했다. 그는 그들의 호소를 거절했고, 계속 부패 폭로에 소리를 높이겠다고 결심했다.

궈는 허드슨 연구소가 자신의 미팅을 취소하고 중국과는 유화 자세를 취한 것에 대해 화가 났다. "나는 허드슨의 취소에 충격을 받았다, 그러나 동시에 그는 그 문제가 중국 도둑 정치가들의 세력이 멀리까지 미치는 독성과, 해악에 대한 나의 반복적인 경고를 미국 사람들과 세계의 사람들에게 증명해 준 것을 기쁘게 생각한다"고 말했다. "이 사건의 엄중함과 이를 알리게 된 가치는 허드슨에서 [취소된] 우리가 실제 대화를 한 것보다 훨씬 가치가 있다고 생각한다."

허드슨 사건이 발생하고 몇 달 후, 중국인민공화국이 말도 안 되는 음모를 퍼트리기 시작하였는데, 궈를 중국에 송환하려고 트럼프 행정부에 30억 달러짜리 로비 계획을 구상했다는 것이다. 그 프로그램에는 말레이시아 사업가 조로(Jho Low)라고 알려진 로택호(Low Taek Jho)와 래퍼 프라카즈렐 "프라" 미셀(Prakazrel Pras Michel)이 관련되었는데, 그는 레코드 프로듀서, 작곡가이고 힙—합 그룹 퓨지스(Fugees)를 만든 창설 멤버 중 한 명이었다.

중국 정부 안에 있으나 여전히 밝힐 수 없는 정보원들을 운영해 본 결과, 로와 미셀이 트럼프 행정부가 궈를 확실하게 포기하도록 한 가지 계획을 구상하였다.

그 계획은 한때 민주당 재정 선임 관리였던 엘리엇 브로디(Elliot Broidy)의 해킹된 메일을 통해서 밝혀졌다. 그 계획을 수행하기 위해서, 두 사람은 브/로디 및 그의 아내와 함께 일했는데, 그들은 트럼프 행정부의 최고위직과 연결이 되어 있었다.

브로디는 로스앤젤레스에 있는 벤처 자본사업가이고, 선거 초반에 트럼프 당선을 지원했던 손 큰 정치자금 기부자였다. 2016년 11월 트럼프 당선 후에, 브로디는 공화당 국가 위원회 부의장이 되었고, 이 직책으로 백악관 비서실장 존 켈리(john Kelly)와 법무장관 제프 세션스(Jeff Sessions)를 포함하여 대부분의 행정부 고위 관리들을 만날 수 있었다.

해킹된 메일에 추가하여, 궈를 송환하려는 중국 지원 계획이 법무부 관리 조지 히긴보텀(George Higginbotham)의 사건 재판 기록에 나타났는데, 그는 로와 미셸이 개시한 영향력 행사를 위한 비밀 계획 수행에 드는 중국 돈 수천만 달러를 세탁한 혐의로 유죄를 받은 사람이다. 2017년 11월, 법무부는 약 7,400만 달러에 해당하는 위조지폐 몰수 통지서를 그 돈을 찾으려고 하는 미국 은행 모건 스탠리, 웰 파고 및 시티뱅크에 발송하였다.

궈는 그 비밀 계획 놀랐고, 그 음모는 그가 냉소적으로 "나의 30억 달러 인생"이라고 부르는 것에 대한 증거라고 말했다.

브로디가 말한 메일에 처음으로 폭로된 그 계획이 페르시안 국가 카타르 정부를 위해 일하고 있는 해커가 획득한 후에, "세계에서 인간의 생명에 가격표가 붙어 있는 사람은 몇 안 된다"고 궈가 말했다. "인간 역사에서 가장 강력한 독재 국가가 붙여준 수십억 달러짜리 가격표를 붙인 사람은 더더욱 몇 명이 되지 않는데, 나는 그 소수 중의 한 명이다."

중국의 송환 계획은, 브로디 기금을 모아 1MDB로 알려진 말레이시아 개발 베르하르디 안으로 들어온 미국 돈세탁 문제를 종결하기 위해 트럼프 행정부에 있는 그의 인맥을 이용하려는 말레시아 계획의 파생품이다. 이 전략 투자 개발 계획 회사는 재무부를 통하여 말레이시아 정부가 소유하고 있다. 10억 달러 이상의 세탁된 돈은 베버리 힐스 호텔과 제트기 및 보석들을 포함한 사치스런 부동산 구매, 할리우드 영화 투자, *The Wolf of Wall Street*를 구매하는 데 사용되었다. 그 기금은 뇌물을 주는 데도 사용되었다.

2018년 10월에 입건되어 해외 부패방지법을 위반한 혐의를 받은 로는 2016년 처음으로 미셸에게 접근하였고, 1MDB 조사 문제를 해결하는 데 그 연예인의 도움을 받고자 했다. 히긴보텀의 사유서에 있는 법원 서류에 따르면, 당시 미셸은 브로디의 아내, 로빈 로젠츠베이그(Robin Rosenzweig)와 접촉했는데, 그녀는 자신이 사무장을 했던 로펌, 콜팍스(Colfax) 법무 사무실과 관계를 유지하라고 권고했다. 그리고 나서 브로디와 로젠츠베이그가 미셸과 만났다고 로가 인정했다. 그 모임에서,

브로디는 그 두 사람과 일을 같이하기로 합의했으나, 돈은 로가 직접 지불하지 않아도 된다고 했다. 그는 1,500만 달러를 원했으나, 가격은 협상으로 8백만 달러까지 내려갔다. 3월에 브로디 부부는 합의서 하나를 작성하였는데, 로는 1MDB 문제를 종결하기 위해서 법무부 로비에 필요한 대가로, 만약 6개월 내에 그 사건이 빠지면 추가 금액 7,500만 달러를 지불하고, 1년이 걸리면 5,000만 달러를 지불하기로 했다. 브로디와 변호사들이 이후 이 문제에 대해서 말을 아끼기 시작하였다.

히긴보텀에 따르면, 2017년 5월에 미셀은 1MDB 사건과는 별도로, 트럼프 행정부가 포함되는 두 번째 로비 요청을 하였다. 그 로비는 말레이시아가 1MDB 사건에 지불하려고 했던 것보다 "잠재적으로 더 유리한" 것으로 알려졌다.

미셀은 로가 주장하기를 궈웬귀라는 사람은 임시 비자로 미국에서 중국 삶을 영위한 거주자이고 중국 지도부를 공공연하게 비난해 온 사람이기 때문에, 미국에서 제거하여 중국으로 송환되어야 한다고 했다고 말했다. 더욱이 그는 브로디와 다른 사람들도 궈를 송환하기 위해서 미국 정부 관리들에게 로비하려고 그들의 정치적 인맥을 활용할 것이라고 했다.

두 달이 지난 후, 미셀은 히긴보텀에게 궈 송환계획의 일환으로 주미 중국대사 추이텐카이(Cui Tiankai)를 만날 예정이라 말했고, 2017년 7월 16일 중국 대사관에서 그 만남이 이루어졌다.

히긴보텀은 대사에게 법무부의 관리로서가 아니라 한 명의 일반 시민으로 대사관에서 그를 만난다고 말했다. 그리고 그 관리는 로가 대사에게 보낸 특별한 메시지가 있다고 말했다: 미국 정부의 관리들이 궈에 대한 일을 하고 있고, 궈를 중국에 송환하는 실행 계획에 관하여 앞으로 추가 정보가 있을 것이라고 했다. 그 미팅 후에, 히긴모텀은 미셀에게 토의한 사항을 알려주었고, 미셀은 로에게 대사관 미팅에 만족한다고 했다.

2017년 5월과 9월 사이 "수천만 달러"가 해와 중국 기업에서 미셀이 통제하는 은행 계좌로 이체되었다고 법원의 서류에 기록되어 있다. 그 돈은 브로디와 다른 사람들이 1MDB 사건을 해결하기 위해서 트럼프 행정부에 로비용으로 사용될 것이었다 – 궈를 강제로 송환하기 위한 것이었다.

히긴보텀은 법무부에서 의회 문제를 담당하였는데, 중국과 로를 대신하여 로비하는데 사용한 기금 출처에 대하여 미국 은행을 속인 혐의로 유죄를 받았다. 어느 시점에 로가 사라졌는데, 상하이에서 거주하고 있는 것으로 알려졌다. 그는 1MDB에서 수백만 달러를 횡령한 혐의로 수배되었다. 미셀은 2019년 4월, 해외 선거 자금을 조성하고 은폐하기 위해 로와 함께 네 가지를 공모한 혐의로 연방 대배심 결정으로 입건되었다. 검사들은 로가 이름은 밝혀지지 않았지만 2012년 대통령 선거 후보에게 돈을 전달하기 위해 외국인 계좌에서 미셸의 은행 계좌로 216만 달러를 송금하라고 지시했다고 말했다. 로와 미셸은 모두 이 혐의를 부인하였다.

브로디는 2017년 5월 6일 그의 아내에게 보낸 이메일에서 궈 관련 계획을 설명하였다. 브로디에 따르면, 말레이시아인들이 "돈이 되는 기회를 제의하였다: 중국은 시진핑 서기장에 대해 매우 비판적이고 지금은 뉴욕에서 도망자로 살고 있는 궈원궈를 송환해 주길 바란다"고 한다. 브로디는 궈가 아랍에미레이트 아부다비에 30억 달러의 사기를 친 투자가들을 채용하고 있다고 했다. "나는 이와 연계하여 협상을 할 수 있다고 믿는데, 아부다비는 30억 달러를 돌려받고, 궈를 미국에서 아부다비로 송환하는 것"이라고 브로디가 말했다. 그리고 나중에 아부다비는 궈를 중국으로 송환하는 것이다. "나는 중국이 우리에게 돈을 지불할 것이라는 말을 들었고, 만약 그 사실들이 정말 정확한 것이면, 나는 아부다비가 수수료 역시 지불해야 할 것으로 생각한다."[7]

그리고 나서 브로디는 말레이시아가 최근에 빚을 갚기 위해 12억 달러를 아부다비에 주었고, 말레이시아는 중국의 지원을 받았다 – 아부다비에 지불하는 문제 해결을 포함해서. 말레이시아는 브로디가 중국을 지원하고 중국은 그를 위해 추가 거래를 원했다. 그는 "나는 그들에게 미국이 우선이라고 말했고 나는 중국과 방위 산업이나 정보 산업을 할 수 없고, 하지 않을 것이라"고 했다고 말했다. "그들이 나에게 궈 문제에 개입을 해 달라고 말했고, 이것은 미국의 국가이익에 민감하지 않은 것이다."

모두 틀렸다. 궈는 미국의 법치와 정보 당국에 가치가 있는 자산이고, 그래서 그를 입막음하려고 중국 정보 당국의 주요 표적이 되었다.

궈는 그 계획을 그의 목숨 30억 달러와 그 음모에 참여하는 사람들을 위한 수수료 1억 달러를 합한 가치에 해당하는 중국 정부 음모라고 회상했다. "그들의 계획에 따르면, 나는 미국에서 배에 태워져 중간에 여러 나라를 거쳐 결국 중국에 가도록 되었는데, 그곳에는 감옥, 고문 그리고 죽음이 나를 기다리고 있다"고 말했다. "나는 위대한 미국으로부터 도움과 보호를 받기 때문에 이런 불행을 피할 수 있었다."

궈는 "나는 조택호가 중국 고위급 지도자들과 특별한 관계가 있다는 것을 안다"고 말했다. 본래 부를 가진 가정에서 태어나지 않은 그 젊은이는 20대 초반 이후 실질적인 재력을 가진 것으로 보인다. 그는 뉴욕과 로스앤젤레스에 수십억 달러 가치의 부동산을 보유하고 있고 할리우드에서 거물로 행세하고 있다. 로는 값비싼 라이프 스타일로 "고래(the Whale)"라는 별명을 얻었다. 그는 할리우드 사교계 명사 패리스 힐튼(Paris Huiton)을 위한 사치스러운 파티를 위해 한 번에 180만 달러를 썼다.

궤는 그가 아부다비에서 사기를 쳤다는 브로디의 주장을 부정하였다. "아부다비 정부는 어떤 잘못으로도 나를 절대 고발하지 않았다. 중국은 내가 너무 직설적이기 때문에 많은 혐의를 만들었다. 어떻게든 내 입을 막으려고 하는 것이 우선순위가 높은 과업"이라고 말했다.

중국의 계획을 지원하는 데 관련이 있는 한 사람은 로의 로비 작전에 자문위원으로 참여했던 사람으로 이메일에서 식별된 니키 럼 데이비스(Nickie Lum Davis)였다. 그 해킹된 메일은 그녀의 남편 래리 데이비스(Larry Davis)와 하와이에 있는 금융회사 LNS 캐피탈을 공동으로 소유하고 있는 니키 럼 데이비스는 로와의 계약서에 서명을 하였고, 로비 로렌츠베이그와 그녀의 로펌을 위하여 자문위원으로 활동하였다. 니키 럼 데이비스는 중국과 연결이 잘 되었는데, 그녀가 궤에 대한 중국 정부의 범죄 혐의에 관한 내부 목록을 확보하였다는 것이 그것을 보여준다 - 트럼프 행정부에 대한 로비를 위해 사용될 예정이었다.

2017년 5월 28일 데이비스에게 보낸 답장에서, 세션스는 그가 선을 만나면 미국에서 중국의 불법 행위에 대한 그의 우려를 말하겠다고 썼다. 궤와 관련된 뉴욕 사건을 언급하면서, "우리는 중국의 법률 집행팀이 미국의 법 테두리 안에서 그리고 미국 법을 거스르면서 도망자를 중국으로 돌아가도록 설득하기 위해서 미국을 계속 방문하고 있다는 보고서를 받았다"고 말했다.[8]

거의 같은 시점에, 라스베가스 도박 재벌이자 RNS 재정 위원회 의장인 원은 궤의 송환을 요청하는 시진핑의 서한을 트럼프에게 전달했다. 그의 대변인이 부정하고 있음에도 불구하고, 원은 그가 소유하고 있는 마카오의 카지노를 운용하려면 중국이 통제하고 있는 지방정부의 허가가 있어야 함을 고려하면 그 서한을 전달하라는 압박을 받았을 것으로 생각된다.

세션스에게 보낸 이메일 답장에 따르면, 데이비스는 중국 정부와 접촉하고 있었음을 암시한다. 5월 26일 "친애하는 법무장관 세션스께"라고 제목이 붙은 이메일에 그녀는 "그 문제들은 상당히 중요한 것이고 나는 베이징에 그 일을 적절하게 보고했으며 베이징은 그것들을 심각하게 고려할 것"이라고 기록하였다. 그녀는 부부장이 "당신이 관심을 갖고 있는 그 문제에 관한 중요한 메시지를 가져왔다고 썼다. 그는 당신에게 대면 보고를 원하고 있고, 국가 고문이자 공안부 부장인 궈성퀀의 서한을 직접 전달하기를 원한다"고 했다. 데이비스는 그날 오전에 계획된 FBI 및 출입국 세관 관리들과의 미팅을 취소하였다고 전달하였다.

"다시 한번 당신의 서한에 감사하고, 마라라고에서 우리 대통령의 담화를 실현하고 성공적인 법치와 사이버 안보 대화를 보장하기 위해서 당신과 더욱 밀접하게 일할 수 있기를 고대한다"고 하였다.9)

세션스와 궈성퀀의 미팅은 그 해 10월 취소된 허드슨 미팅이 있기로 한 같은 주에 있었고, 세션스는 그 기회를 이용하여 중국의 허드슨 컴퓨터 네트워크 해킹을 비난하였다.

데이비스와 세션스가 서한을 교환한 후 한 달이 지나서,. 중국은 궈의 송환을 강요하기 위한 노력에 박차를 가했다. 데이비스가 브로디 부부에게 이메일을 보냈는데, 궈와 그의 아내, 아들과 딸을 홍콩의 표적으로 리스트를 작성한 홍콩 정부의 문서는 미국 비자를 받기 위해 거짓 문서를 이용했다고 (궈에 따르면) 그 망명자를 잘못 고발하면서 송환을 요청하고 있다고 했다. 중국 역시 만약 궈가 송환된다면 중국에 감금된 두 명의 미국 재소자를 석방하겠다고 약속했다.

"미국 정부와 미국의 법적 시스템 덕에, 중국이 나를 송환하지 못했다"고 궈가 말했다. "나의 정치적 망명 신청은 이제 법정에서 승인 여부를 판단하고 있다. 내가 확보하고 있는 많은 정보, 특히 미국 사회를 부패시키려고 하는 중국의 시도와 관련된 것이 미국 당국에 제공되었고 현재 미국 당국이 처리하고 있다. 그럼에도 불구하고, 미국인들은 중국 정부의 멀리까지 미치는 힘을 경계해야 하며 미국의 이익과 국가 안보를 보호하기 위해 필요한 조치를 해야 한다."

궈웬귀의 사건과 한 명의 망명자를 송환하려고 미국을 로비, 강압 및 해킹을 하는 중국의 시도를 보면, 베이징이 미국 사회에 영향을 미치고자 하는 범위를 보여준다. 중국이 영향력을 행사하는 목적은 특별하고 전략적이다: 가장 우선순위가 높은 것은 중국에 대한 공산당의 독재와 전체주의적인 통제를 유지하는 것이다. 이 목표와 동시에 추구하는 것이 세계에서 가장 강력한 국가가 되고 타이완을 점령하기 위해서 중국을 현대화하는 것이다.

전직 미국 정보 관리였던 피터 매티스(Peter Mattis)는 중국의 외국에 대한 영향력 행사와 개입은 2015년의 국가 안보법에 규정된 바와 같이 정치적인 대전망을 통제하기 위한 필요성 때문에 추진한다고 믿는다. 그 법은 중국의 국가안보에 대한 위협이 부상하기 전에 차단하고 위협에 대한 예방적 공격을 허용하도록 매우 광범위하게 규정하고 있다. 안보 역시 사람들이 생각하는 것이 잠재적으로 위험하다고 할 정도로 사상 영역의 일부이다. "이 주제들을 섞어서 – 사상의 세계에서 선제공격 – 당이 세계를 바꾸기 위한 것을 창조하는 것이다 – 외국 엘리트들의 마음 속에서 중국과 현재의 당 국가가 어떻게 이해되는지 직시하기 위해서"라고 공산주의 희생자 기념재단(Victims of Communism Memorial Foundation)에서 연구교수로 있는 매티스가 의회 청문회에서 진술했다.

중국 공산당은 2013년 4월 대중에게 발표한 공식성명에서, 당은 위험스러운 사상에 대해서는 어떤 대가를 지불더라도 반대한다고 밝혔다. 그 사상들은 입헌 민주주의, 문명사회 그리고 표현의 자유에 대한 서구 개념 발전의 위협이다. 그 위협은 말로만 규정한 것이 아니고, 2015년에 중국에서 금지된 서적을 판매한 이유로 5명의 홍콩 서적상을 납치하고 억류할 때 그 근거를 활용했다. 간첩행위 방지법은 "국가 안보를 위태롭게 하는 사실 조작 혹은 왜곡, 정보 발간 혹은 전파"로 불리는 중국의 규제를 포함하여 스파이 행위를 초월하는 행위도 포함시키기 위해서 확대되었다.

공격적인 영향력 행사를 책임지고 있는 핵심 부대는 소련으로부터 도입한 레닌주의자들의 통제 메커니즘인 통일전선부인데, 요약하면 "당원들을 동원하고 궈웬궈 같은 당의 적을 공격하는 것"이다.

매티스는 중국의 영향력 및 개입 작전을 위한 핵심 주체를 식별하였다. 그것은 내용을 만들고, 해외의 대규모 중국 공동체를 통제하며, 외국 적의 "정치적인 핵심"을 표적으로 한다.

중국어 신문과 라디오 방송을 구매하는 것과 더불어, 중국의 영향력 작전은 취약한 와이어 뉴스 서비스부터 AP까지 확대된다. 2018년 12월, 몇 명의 의원들이 AP에 중국의 관영 선전 매체 신화사(Xinhua)와의 관계를 물어보기 위해 서신을 보냈다.

한 달 전에 AP의 대표 그레이 프루트(Gray Pruitt)는 신화사 회장 커밍자오(Cui Mingzhao)를 베이징에서 만났는데, 그는 새로운 미디어, 인공지능 적용 및 경제 정보에서 협력을 확대하는 협정에 서명을 하였다.

중국의 영향력을 걱정하는 미국의 의원들이 프루트에 보낸 서한에 다음 내용을 강조하였다: "AP의 독립적인 저널리즘과 뚜렷한 대조를 보이는 신화사의 핵심 임무는 CCP의 정당성과 행동에 동정심을 갖게 하는 방법으로 여론을 형성하는 것이다." 그 서한은 하원의원 마이크 겔러허(Mike Gallagher, R-WI), 브래드 셔먼(Brad

Sherman, D-CA) 그리고 상원의원 톰 코튼(Tom Cotton, R-AR), 미크 워너(Mark R. Warner, D-VA) 그리고 마르코 루비오(Marco Rubio, R-FL)가 서명하였다.

매티스는 "이러한 행위들이 추구하는 순수 효과는 CCP의 권력과 권한을 PRC의 인민이 보고 들을 수 있도록 중국 내부로 투영하는 것이다. 이것은 당의 힘과 당의 정당성과 권위에 대한 국제적인 도전이 없다는 것을 보여주는 것"이라고 말했다.10)

궈의 사건에서 보여 준 바와 같이, 중국은 자기들이 원하는 것을 하기 위하여 사람들에게 권력 중심부에 접근할 수 있도록 하고 그들을 이용한다. 여기에는 돈과 중국에 대한 접근 권한으로 통제할 수 있는 많은 전직 관리와 영향력 있는 분석가들이 포함된다 – 이 사람들이 중국을 여행할 수 있는 비자는 CCP에 반대하는 평가 혹은 글을 쓰지 못하도록 중국 전문가들을 강압하는 방법으로 거부될 수 있다. 중국 로비를 위한 비공식적인 지도자들은 전 국무장관 헨리 키신저(Henry Kissinger), 전 재무장관 헨리 폴슨(Henry Paulson)이다. 같은 생각을 가진 많은 친중국 사업가들과 함께, 그들은 중국 내 미국 사업가와 다른 사업가들을 위해 거래를 준비해 준다. 매티슨은 이것이 어떻게 작동하는지 다음과 같이 설명한다:11)

> 이들 컨설턴트들, 특히 전직 관리들은 미국 기업으로부터 돈을 받는다. 그러나 베이징이 그 회사에 이 거래에 참여하도록 지시하거나, 컨설턴트들의 서비스에 보상하는 한 가지 방법으로 그 컨설턴트에게 지시한다.... 그 기업들은 중국에 접근 권한을 갖는다.
>
> 컨설턴트는 돈을 받고 나서 아직 정부에서 근무하고 있는 동료들에게 확실한 메시지를 전달함으로써 CCP를 지원한다. 이런 접근법의 보상은, 특히 퇴직한 정부 관리인 경우 매우 이득이 클 수도 있다. 예를 들면, 전 호주 무역장관 앤드류 로브(Andrew Robb)는 2016년 정부에서 퇴직한 후 중국 회사와 컨설팅 계약을 맺고 매년 88만 호주 달러를 받았다.

펜타곤은 중국 군대에 관한 2019년도 보고서에서 최초로 중국 영향력 행사의 위험성을 강조하였다. 그 보고서는 PLA가 "세 가지 전쟁"을 사용한다는 것을 확인했다 – 심리전, 여론전 및 법의 전쟁을 말한다. 이 전쟁들은 미국, 다른 국가들 및 국제적인 학회 내에 있는 문화적 학회, 미디어 조직, 그리고 기업, 학술 및 정책 공동체를 표적으로 하는 영향력 발휘에 사용된다. 그 목적은 중국의 안보 및 군사 전략적 목표에 유리한 결과를 이루기 위한 것이다. 그 보고서에는 "중국의 대외 영향력 행사 행위들은, 외국의 내정에 간섭하지 않겠다는 중국의 공식적인 입장에도 불구하고, 중국의 부상을 원활하게 하는 정책을 촉진하기 위해 외국 정부 내에 힘있는 브로커를 배치하고 유지하는 것에 중점을 둔다"고 기술되어 있다.

중국의 영향력, 간섭 및 선전의 위험성은 민주주의의 기본적인 선거 절차와 정부의 정책 입안 그리고 궁극적으로 미국인의 기본적인 인권을 침해하는 것과 같이 많은 지역에서 미국의 국가 주권에 대한 지속적인 침식을 한다는 것이다.

이렇게 자라나고 있는 위협을 무시할 수 없고, 미국이 자유롭고 개방된 사회로 남고자 한다면 반드시 대처해야만 한다.

제10장

중국인의 특성이 가미된
금융 및 경제 전쟁

제10장

중국인의 특성이 가미된 금융 및 경제 전쟁

"미래전에서는 한 국가가 피 한 방울 흘리지 않고 굴복당
하는 금융 전쟁 같은 더욱 적대적인 행위가 있을 것이다."
- 차오량(Qiao Liang) 대령과 왕샹수이(Wang Xiangsui) 대령,
무한 전쟁, 1999

중화인민공화국은 미국에 대하여 공격적인 경제 및 금융 전쟁을 하고 있는데,
한 전쟁은 최소 30년 이상 진행되고 있다. 중국 공산당은 불공정한 무역 관행, 중국
과 사업을 같이하는 미국 기업들로부터 강제적인 기술 이전, 그리고 지금은 중국의
생산품과 발전된 무기에 적용되고 있는 미국 기업의 지능 재산을 대규모로 절도하
는 방법 등을 통하여, 미국의 경제력을 공격하기 위해 국력의 경제적인 도구를 사
용해 왔다. 이 경제적인 공격은 만약 미국이 중국과 단순히 사업을 같이하면, 무역,
금융 거래 및 다른 경제적인 교류는 적절한 영향을 미치면서 CCP 통제 국가를 자
유 시장, 민주주의를 향한 정치 및 경제적 체제로 전환하는 개혁으로 이끈다는 개
념 아래에서, 1980년대 이후 거의 도전을 받지 않는 위장된 정책 속에서 수행되었
다. 이 정책은 완전히 실패하였고, 미국은 이제 냉전 시대의 소련에 버금가는 새로
운 악마의 제국과 직면하고 있다. 중국은 미국의 양보적인 경제 정책에서 얻은 이
익을 호주머니에 넣고 민주화 대신 더욱 공산화되고, 보다 탄압적이며 더욱 확장을

추구하는 나라가 되었다. 중국은 이제 자유 시장과 그것을 지원하는 민주주의를 위협하는 대규모 경제적인 위협 세력으로 세계 무대에 등장하였다.

로저 로빈슨 주니어(Roger W. Robinson Jr.)는 누구와도 비교할 수 없는 베테랑 금융 전사이다. 체이스 맨하탄(Chase Manhattan)의 전직 국제 은행원이었던 로빈슨은 위대한 대통령 로널드 레이건(Ronald Reagan) 집권기간 동안 처음으로 금융 전쟁술을 알게 되었다. 냉전이 최고조에 달했던 1980년대 초반인 1982년 3월부터 1985년 9월까지 국가 안전 보장 회의를 위한 국제 경제 문제 선임 국장으로 백악관 내에서 참모진을 조용하게 운영하였다.

넬슨 록펠러(Nelson Rockefeller)가 동부 해안 지역을 수년 동안 지배했던 뉴욕에서 온 민주당원인 로빈슨은 전직 할리우드 배우를 새롭게 선출한 행정부에서 잘 맞는 것인지 확신하지 못했는데, 대통령은 그 당의 보수적인 서부 지역을 항상 칭찬하였고 대표하였다. 그러나 레이건, 로빈슨 및 국가 안보 보좌관 윌리엄 클라크(William P. Clark)는 바로 합이 맞았고 비군사적인 수단을 사용하여 범지구적인 소련의 폭압을 끌어내리는 것을 목표로 백악관의 은밀한 방에서 일을 시작하였다 — 비군사적 수단은 특별한 상대가 없는 미국의 경제력과 금융 권력이었다.

그 직책부터, 레이건 대통령이 그를 그렇게 불렀듯이 로빈슨은 "설계자"였다. 즉, 레이건 대통령이 올바르게 악의 제국이라고 불렀던 소련의 종말을 재촉한 레이건의 다른 어떤 정책보다도 미국의 경제 및 금융 전략을 설계한 사람이다. 백악관을 떠난 후, 로빈슨은 현재의 RWR 자문 그룹을 창립했는데, 이 그룹은 국가 안보, 세계 금융 및 국제적인 사업의 결합에 특화되어 있는 위험 관리, 소프트웨어 및 개방된 정보 회사이다.

1982년에 로빈슨과 클라크는 소련의 경제가 금융 관점에서 볼 때, 매년 소득이 약 320억 달러로 사상누각처럼 매우 불안정하다고 신임 대통령에게 설명하기 위해 밀접한 관계를 유지하며 일을 하였다. 소수의 표적 금융 조치로(천연 가스의 서부 유럽 이송과 서구의 대출 제한) 모스크바의 경화 통화 흐름이 압박을 받았고, 결국 파괴되었다. 이 고도로 은밀한 금융 전략은 국력의 다른 요소들에 영향을 끼치기에 딱 맞는 것이다 — 미국 군사력 증강, 전략 미사일 방어 발전, 소련과 동유럽의 민주 세력 지원, 유럽에 퍼싱II 및 순항 미사일 배치 그리고 제3세계의 소련 스트레스. 이것은 레이건이 1988년 백악관을 떠난 이후에도 3년이 더 걸렸으나, 1991년 12월 소련은 한 발의 총성도 없이 약 3억 명의 인구에 자유를 주었고 소련은 붕괴되었다.

소련을 역사의 쓰레기통에 넣고, 로빈슨은 새로운 도전과 싸우게 되었다: 중국 공산당에 의한 미국 금융 시장에 대한 위협이다. 트럼프 행정부가 중국의 불공정 무역과 불법 기술 이전에 대해 세계를 향하여 경고하는 동안, 로빈슨은 베이징의 공산주의자들이 수행하고 있는 더욱 범죄적인 금융 전쟁 전략을 폭로하였다. 2012년부터 시작하여, 인텔트렉(IntelTrak)이라 불리는 독특한 소프트웨어 도구를 이용하여, 로빈슨과 그를 돕는 조사관들은 중국과 러시아의 모든 일일 거래를 추적하고 시각적으로 볼 수 있도록 그림으로 표시하기 시작하였다. 여기에는 미국의 자본시장에 소리 없이 침투하는 중국의 사업도 포함되었는데 ─ 연금기금, 헤지 펀드, 상호기금, 국가공무원 퇴직 제도, 인덱스 펀드 및 비상장 증권시장 ─ "국가안보에 중국이 가하는 위험에 대한 검토가 거의 없거나 아예 하지 않는 상태라는 것이다. 현재 수천만 명의 미국인들이 부지불식간에 관련된 부채와 주식 금융 시장에서 '나쁜 행위자'로 역할을 하는 많은 중국의 기업들이 있다"고 로빈슨이 나에게 말했다.

우리의 자본시장에 참가한 중국의 기업에는 문제가 있는 중국 기업들이 많이 포함되어 있다: 중화 인민해방군이 계약 기업들; 미국 제재 위반 기업들; 남중국해에서 불법적으로 섬을 건설하고 군사화하는 기업들; 첨단 무기 제조사들; 사이버 해커들; 고위급 부패와 관련된 기업들; 기술 및 정보자산 절도 회사들; 북한, 이란 및 중국의 다른 범죄 기업들의 보험사들이다.

2018년 여름 현재, 약 88개의 중국 기업이 뉴욕 증권시장에 상장되어 있고, 다른 62개 기업이 나스닥에 그리고 500개 이상의 다른 기업이 비상장 시장에서 거래되고 있다.

로빈슨은 "중국 기업들과 금융기관들은 홍콩, 싱가포르, 프랑크푸르트 및 룩셈부르크를 포함하여 해외 시장에서 달러 표시 채권 수십억 달러어치를 성공적으로 팔고 있다"고 말했다.[1]

중국의 투자자들은 규제─S(Regulation S)라고 알려진 미국의 규제에 법적으로 빠져나갈 구멍이 있다는 것에 주로 의존하고 있다. 그 규칙은 국제우호의 개념에 근거하고 있다. 이것은 중국 기업들이 해외 시장에서 미국 달러 표시 채권을 발행하도록 허용하는데, 이것으로 몇 개 메커니즘을 통하여 미국 투자가들의 고정 수입 포토폴리오에 유지될 수 있는 것이다. 이것은 중국인들을 위한 자유재량에 의한 현금이다. 규제─S 투자는 중국의 국내 규제 제도가 미국 체제가 사용하는 규제와 조건들을 준수한다는 잘못된 가정에 따른 것이다.

로빈슨과 그의 팀은 2019년 현재 중국이 향후 36개월에 걸쳐 총 1조 달러에 이르는 대규모 아시아 달러 표시 채권을 발행할 것이라고 확신했다. 골드만 삭스의 자산관리부도 같은 생각이었다. 골드만 삭스에 따르면, 이 채권의 80%는 중국 기업과 국가 부채가 될 예정이었다. 미국과 서구의 적격 기관 투자가들은 홍콩 주식시장뿐 아니라 본토의 선전 및 상하이 주식시장에서 직접 채권과 지분 증권을 사들이는 데 열을 올렸다. 이 글을 쓰는 시점에, 이 채권들은 이미 국가 공공연금 체계와 미국의 다른 투자 포트폴리오에 나타나기 시작하였다 - 베이징만이 현금으로 사용할 수 있다고 생각한다.

로빈슨 역시 미국의 자본시장에 산사태처럼 이미 밀려든, 혹은 밀려올 중국의 주식들은 중국에 대한 미국의 정책을 완화하려는 중국의 보이지 않는 금융 전쟁과 전략이라고 확신하였다. 심지어 만약 미국의 연금기금과 다른 투자 기금들이 향후 3~4년에 걸쳐 중국 증권들로 차고 넘치도록 허용되면, 수천만 명의 미국인들의 퇴직금 계좌와 다른 투자들이 가치가 떨어질 것이라는 두려움 때문에, 중국의 악의적인 행위에 부과되는 미국의 제재 혹은 벌칙을 중단하라는 로비에 기득권을 갖게 될 것이라고 생각하였다. 그래서 중국과 공평하고 상호 호혜적인 무역을 추구하는 트럼프 행정부의 새로운 정책 주제인 무역장벽과 관세가, 미국의 사활적인 국가안보 이익을 증진시키기보다는 수천만 명의 보통 미국인들이 그들의 지갑을 지키려는 압력으로 와해되는 것이다.

로빈슨은 "중국의 나쁜 행위자들이 미국의 부채와 자본시장에 침투하는 것은 국가안보 위험성을 보여 주고 있는데, 이는 미국과 동맹국의 사활적인 국가 안보 이익에 위협을 가하는 중국의 가장 불길한 위협의 토대가 되는 중요한 자금 출처가 되고, 시간이 지나면 미국의 투자자들이 대규모의 새로운 중국 로비를 만들 것이라는 관점에서 그렇다"고 말했다.

중국이 진행하고 있는 금융 전쟁의 위협은 자본시장 자정 능력 혹은 국가 안보와 관련된 성실성의 부족, 또는 재무부 금융거래 위원회(SEC)가 수행하는 인권 관련 혹은 행정부의 다른 당국들의 노력 부족이 혼합된 것이다. "미국에는 해외 투자에 대한 재무부 주도 위원회와 유사하게, 미국 자본시장을 위한 체계적이고 안보를 고려하는 자정 메커니즘이 없다"면서, 최소한 새로운 안보 지향적인 공시의무가 긴급하게 필요하다[2]고 로빈슨이 말했다.

월스트리트 투자자들과 정부 내 지지자들은 수년 동안 이와 같은 성실의무를 부과하는 안보 지향적인 자정 기능을 반대해 왔는데, 이는 세계적인 자본의 흐름을 방해하고 미국 자본시장의 경쟁력과 매력에 해를 끼칠 수 있기 때문이었다.

2019년 현재, 로빈슨의 분석가들은 국가 안보 문제로 미국 시장에서 배제된 중국 기업을 하나도 발견할 수 없었다. 이런 거래를 감시할 책임이 있는 연방정부 기관인 SEC 역시 기업들이 참여하고 있는 문제가 있는 중국 군대 혹은 보안국과의 관계 또는 전략적인 프로젝트 및 거래가 있는지에 대하여 설문지를 보낸 중국 기업이 하나도 없었다.

이런 유형의 금융 전쟁에 효과적으로 대응하기 위해, 로빈슨은 트럼프 행정부가 중국이 새롭게 반복하고 있는 신종 무제한 전쟁에 과감한 대응 조치를 신속하게 취해야 한다고 촉구했다. 중국의 불량 행위자들이 우리의 자본시장에 침투하는 문제는 우리가 중국을 주요 전략적 경쟁자로 인식하는 우리의 새로운 국가 안보 전략의 일부로 반드시 포함되어야 한다.

로빈슨은 "만약 중국의 국영기업 하나라도 안보 지향적인 검색에서 국가 안보를 남용한 것이 밝혀져서 미국 자본시장으로부터 배제된다면, 세계 시장에서 중요한 사건으로 보게 될 것인데, 전문가들은 새로운 정부가 최소한 선택적으로 시장 개입을 준비하는지 그리고 향후 중국과 관련하여 위험성 계산 변경 준비를 하는지 추측하고 있기 때문"이라고 말했다.

우리의 자본시장에서 중국 기업들을 잘못 분류하여 야기된 비용이 수십억 달러에 이른다. 이런 시장에 중국이 용이하게 침투할 수 잇도록 한 사건 중 하나가 2018년 6월에 발생하였는데, 그 시점이 모건 스탠리 캐피탈 인터내셔널(MSCI)이 234개의 중국 A-주식 혹은 국내 자본 주식이 가장 인기 있는 세계 주식 기금 중의 하나인 MSCI 신흥 시장 지수, 세계적이고 부동 조정 시가 총액 기준에 포함되었다고 발표한 때이다.

로빈슨은 "장차 정치적인 활용과 기금 조성을 위해 미국 자본시장에서 중국의 존재를 가속화하기 위한 베이징의 노력, 그 꿈이 이루어졌다 – 서구 자본시장의 침투를 위한 힘이 자동적으로 배가되었다"고 말했다. 이런 침투로 베이징은 외국 투자자들로부터 "수천억 달러"의 득을 보고, 중국 군사력 증강에 자금을 공급하게 되며, 안보 관련 위해자도 생길 것이고, 미국에 대한 위해를 목표로 하는 다른 행위들도 생길 것이다.

RWR 자문그룹은 로빈슨이 지칭한 것과 같이 미국 자본시장에서 중국의 존재에 대한 "생체염탐"을 수행하였고, 밝혀진 문제는 사실상 은밀한 중국의 금융 전쟁이 거대한 금융 빙산의 일각이라는 것을 알게 되었다. 그 조사는 최소 10개의 중국 기업들이 미국의 자본시장에서 범죄 행위를 하고 있다는 것을 밝혔다. 처음에 밝혀진 PLA 관련 기업에는 이란과의 불법 거래로 제재를 받은 중신 통신 기업(ZTE), 중국 항공산업 주식회사(AVIC), 중국 전투기 제작사이자 AVIC의 자회사, 그리고 중국 최초의 항공모함을 건조하고 다른 선진 군사 시스템을 제작하는 중국 조선 산업 주식회사 등이 포함되었다. 제6장에서 밝힌 바와 같이, AVIC의 자회사들은 C-17, F-35 및 F-22 항공기의 핵심 기술을 타협한 보잉사에 대한 대규모 스파이 행위로 수혜를 받은 회사들이다.

2018년 3월, 중국 조선은 재래식으로 추진하는 다른 두 척의 항공모함을 보강하기 위해서 PLA 해군 최초의 핵 추진 항공모함 건조 계획을 발표하였다. 로빈슨 팀의 조사가 밝힌 내용에 따르면, 그 발표 직후 중국 조선은 프랑크푸르트 독일 채권시장에서 10억 달러 규모의 채권을 발행하였다. 이 채권은 핵 추진 항공모함이 - 재래식으로 추진되는 항공모함에는 필요한 빈번한 연료공급의 필요성이 없는 핵 추진으로 기동하는 이 새로운 능력은, 중국에 엄청난 세계적인 세력 투사 능력을 부여 - 건조 완료되는 시기 및 비용과 일치하는 만기 일자와 액수였다.

프랑크푸르트 증권시장에 나온 이 10억 달러 채권은 거의 확실하게 항공모함 건조 비용을 지원하는 것이었고, 더욱 심각한 문제는 채권 이익의 일부가 미국의 기관 투자가들이 제공하고 있다는 것이다. 그것은 결국 보통 미국인의 투자 증권이 중국의 군사력 증강을 위한 기금 조성에 쓰인다는 것을 의미한다. 미국의 인도-태평양 사령관 필립 데이비드슨(Philip Davidson) 제독은 2019년 초에 이 군사력 증강은 미국 주도의 자유시장과 민주적 자본주의에 대한 직접적인 도전으로 중국 공산당의 지배체제 및 경제를 증진하기 위한 "대규모" 프로그램이라고 묘사하였다.

미 해군대학의 해양 연구소에서 금융 분석가 및 연구교수였던 가베 콜린즈(Gabe Collins)는 중국의 군함 건조 회사들이 세계에서 가장 많은 군함을 건조하고 있고, 군 현대화를 위한 기금 조성을 위하여 세계의 자본시장을 이용하고 있다고 경고하고 있다. 콜린즈는 2004년 1월부터 2015년 1월까지 조선 관련 두 개의 중국 기업들, CSIS(주)와 CSSC 홀딩스가 주식과 채권을 팔아 222억 6천만 달러의 기금을 조성하였다고 추정했다. 콜린즈는 "이 액수는 헌팅톤 인갈스(Huntington Ingalls), 제너럴 다이나믹스(General Dynamics) 그리고 록히드 마틴(Lockheed Martin)이 - 세계 최대 및 최첨단 방위산업 계약사 3개 회사 - 같은 기간 동안 자본시장에서 조성한 기금을 합한 것보다 대략 20% 이상 많다"고 말했다.

사회 기반시설과 장비를 위해 이 시장에서 조성한 돈은 중국이 신속하게 건조하는 함정 구입을 위한 또 다른 군사 기금으로 사용된다. 예를 들면, 054형 유도 미사일 프리게이트 한 척의 건조 비용은 3억 6천만 달러에서 3억 7천 5백만 달러이다.

"그래서 이 시장에서 10억 달러를 조성하면 거의 3척의 054A 형을 인도하는 것에 맞먹는 해군 장비 기금을 효과적으로 조성할 수 있는 것이다 – 틀림없이 실제적인 영향을 미치는 것이다"라고 콜린즈가 말했다.[3]

로빈슨의 연구팀이 확인한 또 다른 예는 중국 유니콤(China Unicom)으로 알려진 중국 연합 네트워크 통신 그룹(주)이다. 이 중국 국영 회사는 2000년 6월에 최초로 NYSE와 홍콩 주식시장에 상장해서 57억 달러를 조성하였다. 그 주식의 수억 달러가 미국 연금기금에 들어 있다.

그 회사의 행위들을 검토해 본 결과 중국 유니콤은 PLA에 광섬유 케이블, 스마트 기지 체계 및 다른 장비를 공급하고 있다. 그리고 그 회사가 PLA 통신 훈련을 지원하고 있었다. 이에 추가하여, 그 회사는 중국이 90%의 바다에 대한 통제권을 주장하는 – 소위 중국이 역사적으로 영유권을 가지고 있다는 것이 불법이라는 국제사법 재판소의 판결에 반하는 것이다 – 남중국해에서 분쟁 중인 파라셀(Paracel) 및 스프래틀리(Spratly) 섬에서 원활한 통신을 위한 통신 체계를 제공하고 있었다. 중국의 대규모 사이버 공격의 대부분도 상하이에 있는 중국 유니콤 IP 주소로 추적이 되는데, 이곳에는 미국 기업에 대한 펜실베이니아 해킹 작전으로 2014년 5월에 입건된 악명 높은 PLA 61398부대가 있다. 중국 유니콤은 또한 러시아의 트랜스 텔레콤(TransTeleCom)이 2017년 두 번째 연결고리를 추가할 때까지 북한의 유일한 인터넷 서비스 업자였다.

현재 미국 정부는 많지는 않지만 이미 나쁜 행위자들이 들어와 있는, – 무엇인가 긴급하게 필요하다 – 미국 자본시장으로 들어오려는 중국 기업들을 국가 안보 차원의 검색을 수행하기 위한 법적인 메커니즘이 없다. SEC는 인권 남용을 포함하여 미국의 이익에 해를 끼치는 행위를 하고, 중국 군대 및 정보국과 연관된 중국 기업들과 관련하여 투자자 위험을 평가하는 것의 일부분으로 이와 같은 검색을 하는 책임기관이다. 로빈슨은 미국 시장에 진입하려고 하는 중국과 러시아의 기업에 공시의무를 강화하는 것을 포함하여 기존의 SEC 세계 안보 위험 평가실을 재구성하도록 권고한다. 투자자들에게 "중대한 위험"을 알리기 위하여 판정된 정보를 생략하거나 혹은 거짓말을 하는 것은 미국 주주의 경우는 법적으로 소송을 당할 수 있는 행동이다.

2016년 대통령으로 선출되고 한 달 후, 도널드 트럼프는 뉴욕의 트럼프 타워에서 미국의 가장 강력한 기술 기업 임원들과 회의를 했다. 회의실에 앉아 있는 사람들은 현재 미국의 경제와 산업의 심장부로 샌프란시스코의 남쪽 약 30마일에 위치한 실리콘밸리를 지배하는 사람들로, 미국에서 가장 강력한 사람들이었다.

그 중요한 인물들은 애플사의 팀 쿡(Tim Cook), 아마존의 제프 베조스(Jeff Bezos) 그리고 알파벳(현재 구글)의 에릭 슈미트(Eric Schmidt), 테슬라의 엘론 머스크(Elon Musk), 페이스북의 셰릴 샌드버그(Sheryl Sandberg)와 마이크로소프트의 사티아 나델라(Satya Nadella)였다.

그 회의에 관한 뉴스에서 거의 12명이나 되는 기술 지도자들의 토론 내용은 많이 보도되지 않았다. 비공개 회의에서, 그 임원들은 그들이 직면한 가장 중요한 문제를 트럼프에게 말했다: 중국의 미국 기술 절도 문제였다. 기술 분야의 타이탄들은 중국에서 사업하기를 열망하는데, 중국 공산당이 지배하는 정권에 의해 조직적으로 당하고 있다는 것을 설명하기 위해 한 시간 이상을 사용하였다. 주요 불만은 중국이 규정을 통하여 외국 기업에, 만약 이전되면 중국에 극도로 중요한 특정 소프트웨어의 소스 코드를 포함한 기업 정보를 제공하라고 요구하는 것이다.

미국 포천(American Fortune)지 선정 500대 기업에 드는 기업의 한 임원이 나에게 중국의 소스 코드 규정은 게임 체인저이고, 중국이 그 규정을 선택적으로 강화하도록 할 정도로 강압적인 것이라고 말했다. 그 임원은 나에게 "만약 그 규정을 엄격하게 집행한다면, 중국에서 사업을 할 수 있는 외국 기업은 없다"고 말했다.

트럼프와 회의가 있었던 그 해 12월은 중국에 대한 새로운 정책이 시작된 시점인데, 미국을 위한 주요 전략적 변경을 보여 주고 있다. 미국 정부가 40년 만에 최초로 미국에 대한 중국의 억제되지 않았던 경제 전쟁을 압박하게 된 것이다.

그런 전쟁 유형의 변수들이 처음으로 1999년 중국 군대가 발간한 이정표적인 책에서 설명되었다. 두 명의 중국 군인 차오량(Qiao Liang)과 왕샹수이(Wang Xiangsui) 대령이 *무제한 전쟁(Unrestricted Warfare)*을 썼는데, 이 책은 세계 패권을 노리는 중국의 추동력의 내용을 털어놓았다. PLA 젊은 세대인 두 명의 장교들도 그들의 선임 장군들과 제독들처럼 1991년 사담 후세인에 대한 미국의 전쟁에서 깊은 인상을 받았던 사람들인데, 그들은 완전히 새로운 전쟁 수행 방법을 설계했다. 그 대령들은 첨단 기술과 정보로 수행되는 무장 전쟁으로 특화된 미국의 군사력에 중국이 대응할 수 없다고 인식하는 군사혁신을 위한 계획을 수립했다.

차오와 왕은 기술적으로 부족한 중국 군대가 새롭고 혁신적인 형태의 전쟁으로 주적인 미국을 어떻게 압도할 수 있는가에 관한 전략을 수립했다. 1999년 2월, *무제한 전쟁*은 중국이 21세기 전쟁에서 승리하기 위해서는 다양한 형태로 군사적 및 비군사적 전쟁을 혼합하여 국경이 없는 전쟁을 수행해야 한다고 밝히고 있다. 중국 공산당의 통치를 유지하고 승리하기 위해서는, 필요하다면 테러의 사용조차도 지지한다는 것이다. 책이 발간된 후, 차오는 국영 신문에 "무제한 전쟁의 첫 번째 규칙은 숨길 것도 없고 규칙도 없다는 것"이라고 말했다.

그 대령들은 미국과 다른 강국들은 그들이 준수해야 하는 규칙들이 있기 때문에 무제한 전쟁을 채택하지 않을 것이라고 말했다; 그러나 중국은 그 규칙들을 분쇄하고 허점을 이용할 준비가 되어 있다. 두 명의 대령들은 1991년 페르시안 걸프 전에 참가한 미국 주도 연합국들이 최소한의 사상자를 내면서 42일 만에 점령된 쿠웨이트로부터 사담 후세인의 군대를 축출한 것이 "세상을 바꾼" 전쟁이 되었다고 평가하였다.

중국의 무제한적인 전쟁은 시진핑이 권력을 잡은 이후 가속화되었고 경제 및 금융 전쟁을 지배하고 있다. 불행하게도 이 갈등은 미국으로부터 대응 사격이 거의 없는 일방적인 전쟁이다. 수년 동안, 정부의 지도자들은 미국의 역사상 미국인들의 부에 대한 가장 큰 강탈로 규정된 것에 거의 대응하지 않았다.

물의 흐름을 바꾸고 반격을 시작하기 위해 2016년 선거는 트럼프를 택했다. 트럼프 선거본부의 전략가이자 트럼프 행정부 최초 첫해 동안 대통령의 전략 고문이었던 스티브 배넌(Steve Bannon)은 선거 기간 초반에 트럼프와 그의 팀에게 중국의 위협에 대응하는 것이 대통령의 세 가지 우선순위 과업 중 하나라고 말했다. 다른 두 가지는 대규모 불법 이민 문제 해결과 북한이 만들어 내는 점증하는 핵 위협에 대응하는 것이었다.

배넌은 2017년 초반 몇 달 내에 트럼프 행정부의 새로운 중국 정책 방향을 정립하는 사람들로 구성되는 백악관 자문단의 워킹그룹을 만들어 행정부 초기에 신속하게 조치를 취했다. 그 워킹그룹에는 중국 주재 *Wall Street Journal* 전직 기자이고 이후 군에 입대했다가 중국 문제 전문가로 활동하는 매트 포팅어(Matt Pottinger)가 있었다. 중국어를 유창하게 하는 포팅어는 중국에서 7년 동안 주재하였고 공산당 체제의 본질을 이해하고 있다. 한 번은 그가 부패에 대해서 중국 관리를 인터뷰하는 동안 중국 폭력배의 공격을 받았다. 그는 아프가니스탄 전쟁에 배치된 기간 중에 트럼프의 국가 안보 보좌관 육군 중장 마이클 플린(Michael T. Flynn)을 만났다. 포팅어는 국가 안보 위원회 아시아 담당 선임 국장이 되었고 트럼프의 새로운 중국 정책을 수립하는 데 핵심 역할을 담당하였다. 이 정책들은 트럼프의 사업가적인 배경에 많은 영향을 받았다. 트럼프의 중국 정책에서 독특한 것은 최초로 미국 국가 안보에 전반적인 경제적 안보 개념을 직접 연결시켰다는 점이다. 포팅어와 함께, 레이건 행정부에서 국방부 정책 차관보를 지냈고, 워싱턴 싱크 탱크와 정책 분야의 오랜 단골 손님인 마이클 필스버리(Michael Pillsbury)는 1990년 말에 중국 군사 저술을 번역하여 왜 중국 인민 해방군이 발행한 진부한 이야기들이 ─ 인민 해방군은 위협이 아니며 팽창주의적인 계획이 없다는 것 ─ 거짓말인가를 밝힘으로써, 중국에 대한 펜타곤의 전체적인 시각을 바꾸는 데 중심적 역할을 하였다. PLA 저술들은 내부적으로만 미국과 미국의 군사력을 가능한 모든 수단을 통하여 완전히 제거해야 할 주적이라고 말하고 있다.

그 워킹그룹에 있는 세 번째 관리는 워싱턴에는 거의 경험이 없는 캘리포니아 대학 어바인 캠퍼스의 경제학자이자 교수인 피터 나바로(Peter Navarro)이다. 나바로는 2016년 트럼프의 대통령 선거 캠페인 중에 그의 저서와 영화 중국에 의한 죽음(Death by China)으로 주목을 받았는데, 이것은 베이징이 가하는 경제 및 무역 위협을 강조하는 것이다. 나바로는 대통령 보좌관 겸 무역 및 산업 정책 국장으로 백악관의 새로운 직위에 임명되었다. 초기 계획들이 백악관과 그 행정부 내에서 나바로에게 광범위한 권력을 부여하였다. 그러나, 친 중국 관리들이 관료주의적으로 초기에 그의 참모들의 수를 자주 줄임으로써 그를 몰아내는 데 성공했고 나중에는 그를 웨스트 윙에 가까운 아이젠하워 빌딩에 있는 사무실로 그를 이동시켜 백악관에서 멀리 있게 하였다.

중국 정책을 놓고 벌어진 초기 대결에서 여러 명의 거물 정치꾼들과 비교하여 배넌의 그룹에 결함이 있었다. 그들 중에는 골드만 삭스 투자 은행가 게리 콘(Gary Cohn)이 있었는데, 그는 2017년부터 2018년까지 국가 경제 위원회 백악관 국장으로 근무했다. 콘은 트럼프의 사위 재러드 쿠슈너(Jared Kusher)와 딸 이방카 트럼프(Ivanka Trump)와 함께 백악관의 월 스트리트파를 대표하였다. 그 자문위원 분파는 중국을 위협으로 보지 않았고, 중국이 초기 몇 년 동안 빼앗아 간 일자리들은 미국인들이 원했던 것이 아니므로 중국과 무역 및 사업 거래는 지난 30년 동안 해 왔던 절차를 따라야 한다고 정부 내에서 주장하였다. 콘이 떠난 후, 재무장관 스티븐 므누신(Steven Mnuchin)이 월 스트리트의 친 중국 옹호자들의 목소리를 냈다. 므누신은 전 재무장관이자 골드만 삭스의 전 회장 겸 대표였던 헨리 폴슨(Henry Paulson)과 가까운 사이였다.

그러나 백악관에서 중국에 대한 가장 강력한 매파는 대통령 그 자신이었다. 트럼프는 그의 자문위원들을 다루는 데 중국의 경제적 위협이 반드시 행정부의 우선순위가 가장 높은 과업이 되어야 한다고 단호하게 말했다.

트럼프 선거 승리를 기획한 사람 중의 한 명인 배넌은, 그 대통령을 중국의 경제 전쟁에 최초로 맞서는 국제적인 지도자로 믿었다. 그는 "트럼프가 말한 것은 경제 안보와 군사 안보가 국가 안보를 위해 결합해야 한다"는 것이라고 말했다. 배넌이 생각하는 중국에 대한 새로운 접근법은 냉전 기간 중 악의 제국 소련에 대한 레이건의 전략을 적용하는 것이었다. 레이건은 1988년 모스크바 정상회담에서 다음과 같이 말했다: "냉전에 관한 나의 전략은 이것이다; 우리는 이기고, 그들은 패배한다."

중국에 대한 트럼프의 전략은 물품과 서비스를 위한 세계의 공급체인을 동아시아로부터 산업화된 민주주의 국가로 변경하고 북아메리카를 − 미국, 캐나다 및 멕시코 − 주요 공급체인 기지로 바꾸는 것이다.

배넌은 미국이 지금까지 직면한 적 중 최대의 적이고, 그 적은 중국 공산당을 통하여 미국과 단순히 경쟁하는 것이 아니라 아예 파괴하려 한다는 것을 잘 이해하고 있다.

"중국은 우리와 전쟁 중이다. 이것은 우리가 지금까지 알았던 최대의 적"이라고 나에게 말했다. "이것은 정보전쟁이고, 사이버 전쟁이며 경제 전쟁이다." 배넌은 중국이 2008년부터 2018년까지 보잉과 애플을 포함한 미국의 기업으로부터 3조 달러 이상에 해당하는 기술을 강요했고, 여기에 더해 사이버 공격과 사이버 경제 스파이 활동을 통하여 또 다른 3조 달러에 해당하는 미국 기술을 훔쳤다는 것을 경제적인 연구가 보여준다고 말했다. 이 위협을 완전히 이해하기 위해서, 미국인들은 어떻게 중국이 무제한 전쟁을 수행하는지 반드시 명백하게 이해해야 한다.

PLA 대령들은 그들의 책에서 중국의 전략이 수년간 제자리를 찾고 있다고 설명했다. "모든 수단" 전쟁은 적이 중국의 요구를 수용하도록 강요하기 위해 군사 및 비군사, 치명적 및 비치명적 방법을 결합한다는 것을 의미한다. 새롭고, 비대칭적인 전쟁은 극단적이고 테러의 사용 혹은 지원하거나 "생태학 전쟁"조차도 요구한다. 다른 극단적인 전쟁 전략들은 심리전과 − 적을 위협하고 그의 의지를 분쇄하기 위해 역정보를 확산시키는 것 − 시장을 혼란 속에 빠트리고 경제 질서를 공격하기 위해 구상된 밀수 전쟁이다. 중국은 철저하게 통제되는 국영 미디어를 가지고 있고, 인터넷에 대한 통제는 그 어느 때보다 증가하고 있다. 미디어 전쟁은 여론을 형성하기 위해 사람들이 보고 들은 것을 조작한다. 약물 전쟁은 적에게 불법적인 마약을 사용하는 것이다 − 대량의 중국제 아편 진통제에서 볼 수 있는 바와 같이, 헤로인에 첨가할 수 있고 수천 명의 미국인들을 죽이고 있다. 2017년에 약 75,000명의 미국인들이 아편 관련 부작용으로 죽었다 − 베트남 전쟁 기간 전사자보다 더 많은 인원이다.

　중국의 무제한 전쟁은 "네트워크 전쟁"의 사용을 요구한다 − 비밀스럽게 정보와 사이버 공격을 수행하여 막는 것이 불가능하다. 또한 중국이 외부의 간섭 없이 표준을 설정하도록 허용하는 독점적 상태를 만들기 위해 구상된 기술 전쟁이 발전되고 있다. 또 다른 형태는 조작 전쟁 혹은 전략적 기만을 체계적으로 사용하는 것으로, 적을 속이기 위해서 어떤 모습이 나타나도록 하는 것이다. 자원 전쟁도 있는데, 이것은 미국을 위태롭게 하기 위한 한 가지 방법으로 첨단 기술 제조업에 사용되는 세계의 희귀 자원 접근을 통제하기 위한 중국의 시도로 볼 수 있다. 이에 더하여, 중국은 경제 지원 전쟁을 하고 있는데, 호의적이며 외교적인 국가로 중국에 대한 환상을 줄 수 있는 것이다. 문화 전쟁은 중국 공산주의를 증진하기 위한 보이지 않는 수단으로 전 세계에 있는 공자 학원을 사용하는 것이다. 미국에는 문화 마르크스주의를 증진하기 위해 사용되어 온 공자 학원이 100개 이상 존재하는데, 이는 많은 미국 젊은이들 사이에서 사회주의의 친밀성을 증진하는 데 기여하는 경향이 있다. 중국은 중국의 전략적 이익에 유리하도록 규정을 설정하기 위한 기회를 잡는 것처럼 그 대령이 지칭하는 국제적 법의 전쟁도 수행하고 있다. 중국은 이 전술을 5G 통신 네트워크를 위한 중국 기술 표준을 국제적으로 채택하도록 하기 위해 사용하였다. 일단 중국 표준이 채택되면, 사활적인 분야를 통제하기 위해 화웨이(Huawei)와 다른 통신 거대 기업들을 이용하기 위한 전략적 이점을 보유하게 될 것이다.

　보다 전통적인 전쟁 유형에는 핵, 외교, 생화학, 정보, 우주, 전자 그리고 − 중국의 전문성이 있는 − 이념 전쟁이 있다.

　그들은 "한 국가의 금융 안보를 보호하고자 하는 경우, 금융 투기 세력을 다루기 위해 암살을 할 수 있는가?"라고 질문한다. "로비를 통하여 다른 나라의 정부에 큰 영향력을 행사하고 법을 제정하기 위해 특별 기금을 조성할 수 있는가? 그리고 다른 국가의 신문과 텔레비전 방송국을 미디어 전쟁의 도구로 전환하기 위해 주식 통제권을 사거나 혹은 확보할 수 있는가?"[4]

　이 모든 방법들은 중국인들이 사용하고 있는 것이다. 중국이 가장 선호하는 중요한 형태는 금융 및 무역 전쟁의 사용이다. 중국의 관점에서, 이 전쟁들은 무제한적인 전쟁의 가장 중요한 형태이다. 그들은 대부분의 PLA 지도부가 그렇듯이, 2000년부터 2030년까지 혹은 2040년까지 적어도 몇십 년 동안은 미국과 직접적인 군사적 충돌을 하는 것은 자살행위라는 것을 잘 이해하고 있는데, 이 기간은 중국이 공산당 지배를 보존하기 위해 견제하는 세력이 없이 세계의 유일한 초강대국으로 부상할 것이며, 중국의 특성이 있는 중국형 공산주의를 전 세계에 확장할 수 있을 정도로 무제한 전쟁이 미국을 약화시킬 수 있는 시점이다.

비군사적인 전쟁이 필요하고 무역 전쟁이 미국의 힘의 토대인 경제를 타격할 것이다. 그 대령들은 1990년대에 사담 후세인의 이라크에 가해진 제재에 주목하면서, 미국은 무역 전쟁을 완벽하게 수행하였다고 말했다. 무역 장벽, 제재, 중요 기술에 대한 수출 금지 및 무역 관련 법의 활용은 "군사작전의 효과에 버금가는 치명적인 효과를 가져올 수 있다"고 차오와 왕이 말했다.

다음으로, 중국 대령들은 그들이 주장하는 금융 전쟁은 1997년 금융 위기를 촉발했던 동남아시아 국가들에 대해 서방이 수행했던 것에 주목하였다. "국가들을 ― 얼마 전까지 '작은 호랑이'와 '작은 용'으로 환호받았던 국가들― 차례로 꼼짝할 수 없게 만들기 위해서 국제 투기자본 세력들이 의도적으로 계획하고 집행한 것이 기습적인 금융 전쟁 공격이었다."

"계속된 〔금융 전쟁의〕 혼란으로부터 발생한 피해는 하나의 지역전쟁에서 발생한 피해에 못지않고, 살아 있는 사회적 조직체에 대한 상처는 하나의 지역전쟁으로 가해진 상처를 뛰어넘기조차 한다"고 그들이 말했다. 차오와 왕에 따르면:5)

그래서 금융 전쟁은 비군사적인 전쟁의 한 유형이고, 이는 유혈이 낭자한 전쟁과 같이 참혹할 정도로 파괴적이지만, 실제로 피가 흐르지는 않는다. 금융 전쟁은 공식적으로 전쟁의 중앙무대에 서게 되었다 ― 수천 년 동안 온 사방에 피와 죽음이 흩어져 있고, 오직 군인과 무기로만 점령했던 무대. 우리는 머지않아 "금융 전쟁"이 공식적인 군사 용어의 다양한 사전에 포함될 것이라는 것을 의심하지 않는다. 더욱이, 사람들이 21세기 초반에 20세기에 관한 역사를 수정할 때, 금융 전쟁에 관한 부분이 독자들의 최대 관심을 끌 것이다. 역사책의 이 부분에서 주인공은 정치가 혹은 군사 전략가가 아니라, 〔정치적 행동가와 억만장자 금융가인〕 조지 소로소(George Soros)가 될 것이다.

그 대령들은 또한 적의 금융 전쟁 연구소가 "공격 표적"을 선정하기 위해 사용하는 그들의 신용 보고서로 알려진 모건 스탠리와 무디스를 포함하여, 그들이 말한 대규모 및 소규모 투기 세력 집단을 분류했다. 중국은 두 회사 중 하나에 대한 대응

공격을 하였다 − 2011년과 2017년 사이에 무디스 − 이때는 중국의 사이버 보안 회사 광저우 보유 정보 기술(Boyusec)이 무디스 정보분석(Moody's Analytics)을 해킹했을 시점이다. 중국 광저우에 있는 Boyusec은 미국의 정보로 중국 국가 보안부에 직접적으로 연결되어 있다.

법무부는 무디스 정보분석과 시멘즈(Siemens)와 트림블(Trimble)을 해킹한 혐의로 2017년 11월에 세 명의 Boyusec 해커들을 − 우잉주오(Wu Yinzhuo), 동하오(Dong Hao) 그리고 샤레이(Xia Lei) − 입건하였다. 펜실베이니아 서부 지구 연방검사 대리 수 송(Soo C. Song)은, "그 해커들은 기업 비밀 정보를 훔치기 위해... 미국 내에서 운영 중인 기업들과 협조하여 표적이 된 사이버 침투를 개시하였다"고 그 입건 사건을 발표하였다.[6]

중국의 관점에서, 금융 전쟁은 새로운 전략적 전쟁이다. "핵무기가 점차 실질적인 운영 가치를 잃어 가면서 이미 무서운 벽난로 앞 장식품이 되어 버린 오늘날, 금융 전쟁은 세계의 관심을 끄는 '초전략적 무기'가 되었다"고 차오와 왕이 썼다. "이유는 금융 전쟁이 조작이 쉽고 행동을 감출 수 있으며, 매우 파괴적이기 때문이다."[7]

미래 전쟁에서 중국은 공격 수단으로 통화 조작을 사용할 것으로 예상된다. 무기 공격과 더불어, 차오와 왕은 중국이 표적 국가 혹은 지역에서 군사력을 포함하여 전반적인 국력을 약화시키는 방법으로, 금융 대란과 경제적 위기를 만들기에 충분하도록 법을 변경하고 여론에서 우위를 점하는 것과 같이 주요 수단과 복합적인 수단으로 통화 절상 혹은 통화 절하를 사용하는 "중국이 가지고 있는 금융 전략을 조정해야 한다"고 촉구한다.[8]

1998년 금융 위기 동안, 중국은 중국의 통화 인민폐의 가치가 하락하도록 방치하여 미국 경제에 피해를 줄 수 있었다고 그 대령들은 말했다. 그렇게 함으로써 미국의 경제 번영을 지원하기 위해 외국 자본의 유입에 의존하는 미국이 심각한 경제 손실을 받는 요인이 되었다. "이와 같은 결과는 군사적인 공격보다 확실히 낫다"고 그들이 말했다.[9]

중국은 무제한 전쟁과 특히 경제 전쟁이 세계화 시대에 분쟁의 주도적인 유형이 될 것으로 믿고 있다. 미국은 1980년대 중국의 지도자 덩샤오핑이 소위 개방을 한 이후 중국의 경제 전쟁에 거의 장님이 되어 있었다.

이를 설명할 수 있는 사례는, 미국 경제가 50조 달러의 손실을 입은 2008년 금융 위기를 조사한 경제학자 케빈 프리맨(Kevin Freeman)이 2009년 펜타곤을 위하여 수행한 연구결과이다. 그 보고서는 2008년 금융 위기가 외부 세력에 의해 발생하였을 뿐만 아니라, 미국의 경제가 장차 국가 경제의 파괴를 가져올 수 있는 경제 및 금융 전쟁 공격에 매우 취약하기 때문에 발생한 것이라고 결론지었다. 펜타곤의 보고서는 2008년 위기를 연구한 공식적인 정부 위원회의 결론에 이의를 제기하는 것이었다. 그 위원회는 위험성이 큰 융자 대출 관행과 빈약한 연방 규정 및 감독 같은 경제적 요소들이 위기의 요인이라고 지적하였다. 그 위원회는 외부 세력이 개입했다는 것과 미국 경제가 거의 붕괴되는 것을 최소화하기 위한 방안을 고려해야 한다는 것을 단호하게 거절했다.

프리맨은 "새로운 전장 공간은 경제이다"라고 말했다. "우리는 매년 무기체계에 수천억 달러를 쓰고 있다. 그러나 상대적으로 작은 액수의 돈이 레버리지형 파생상품 혹은 사이버를 통하여 우리의 금융 시장에 침투하여 수조 달러의 손실을 입힐 수 있다. 그리고, 가해자들은 밝혀지지 않은 채로 있을 수 있다."[10]

프리맨이 2009년에 울린 경제 전쟁에 관한 경고는 백악관, 펜타곤 혹은 재무부에서 이제 경시되거나 혹은 무시되지 않는다.

금융 전쟁에 더하여, 중국은 미국에 대하여 다른 유형의 경제 전쟁을 사용하고 있다. 그것은 트럼프 행정부 초기에 대통령에게 명백하게 밝혀졌다. 2017년 백악관의 최초 과업 중 하나는 펜타곤에 새롭게 구성된 한 조직에 중국의 경제적 침략에 관한 연구를 시작하라고 지시하는 것이었다. 국방 혁신 시험 부대(DIUx)가 2015년에 창설되어 실리콘밸리의 심장부인 캘리포니아의 마운틴 뷰(Mountain View)에 위치했다. DIUx는 미국 군대가 최첨단 기술 우위를 유지하도록 도움을 주기 위해 실리콘 밸리의 자원을 활용하는 책임을 지고 있었다.

일 년 정도 연구를 한 후에, DIUx는 *중국의 기술 이전 전략: 부상하는 기술에 대한 중국의 투자는 어떻게 전략적 경쟁자가 미국 혁신의 핵심 기술에 접근할 수 있도록 하는가(China's Technology Transfer Strategy: How Chinese Investments in Emerging Technology Enable a Strategic Competitor to Access the Crown Jewels of US Innovation)*라는 획기적인 보고서를 제출하였다. 그 보고서에 따르면 미국에는 중국의 투자를 제한하는 것이 없고, 중국은 가장 중요한 획기적인 기술을 훔치고 있었다. 더불어, "중국은 현재는 세계 2위로 규모가 큰 자신들의 경제 규모를 늘리고 가치를 부가하기 위한 기술을 이전하기 위해서 수십 년이 걸리는 계획을 집행하고 있다"고 기술하고 있다. "2050년경에, 중국은 미국의 150% 규모가 될 것이고, 반면 세계적으로 미국의 관련성은 감소할 것이다."[11]

중국은 미국 기업에 투자를 하거나 혹은 그들을 사들여서 노골적으로 중요한 기술을 구매하고 있다. 합법적이고 견제가 없는 투자를 이용하는 고도의 수법으로 중국은 매년 2천억 달러에서 6천억 달러로 추정되는 미국의 지식 재산을 훔쳐 가고 있다. 그런 방식으로 국가의 부를 강탈당하면 어느 국가의 경제도 생존할 수 없다. 이런 방법은 수천 명의 중국군 전문가들이 관련된 공격적인 산업 스파이 행위와 대규모 사이버 절도이다. 이런 행위는 미국의 대학에서도 발생하고 있는데, 과학, 기술, 엔지니어링 및 수학을 전공하는 대학원생의 25%가 중국 학생들이고 중국에 풍부한 전문성을 제공해 왔다. 중국에 의한 공개 출처 연구 역시 대규모로 수행되었고, 그런 과정에서 중국은 기반 기술 이전 조직을 활용했다. 여전히 다른 조직들은 기술 재능인력을 채용하기 위해 중국 정부가 기금을 조성한 미국 내 협회를 이용하고 있다. 중국은 미국 기업으로부터 협상에 관한 전문 기술자를 훔치는 일까지도 하였다.

보고서에는 "중국의 목적은 외국 기술에 대한 의존을 줄이기 위하여 핵심 산업 분야에서 세계적인 시장 점유율에서 1등을 하는 것과 토종 혁신을 발전시키는 것"이라고 기록되어 있다. "미국은 중국으로 가는 이 대규모 기술 이전을 해결하기 위한 포괄적인 정책 혹은 도구를 가지고 있지 못하다."12)

결론은 중국의 맹공격을 방어할 수 없다는 것이다. 정부는 얼마나 빠르게 기술이 이전되고 있는지, 혹은 미국 기술에 대한 중국의 투자 수준 혹은 경제적인 침략이 중국의 군사력 증강을 막기 위해서 어떤 기술을 보호해야 하는지에 대한 명확한 이해가 되지 않았다. 미국 기술 한 가지만 보아도, 중국은 초기 단계의 미국 기술에 약 3,720억 달러를 투자하고 있는데, 중점 분야는 인공지능, 로봇공학, 증강현실/가상현실, 그리고 블록체인을 포함한 금융 기술 분야이다. DIUx 보고서에 따르면, 중국의 주요 기술 기업들인 바이두(Bai du), 알리바바(Alibaba), 그리고 탄센트(Tancent)는 — 종종 중국판 구글, 아마존 그리고 페이스북으로 지칭 — 2010년대 후반까지 실리콘밸리에 현금을 쏟아부을 것이다.

경제적으로 미국을 굴복시키고자 하는 장기적인 목적을 달성하기 위하여, 중국은 CCP가 지시하는 몇 개 프로그램을 시작하였다. 가장 공격적인 것이(이 책의 앞 장들에서 언급한 바와 같이) 메이드 인 차이나 2025(Made in China 2025)인데, 이것은 중국이 2049년까지 경쟁자가 없는 세계를 지배하는 제조국가가 되는 것을 보장하기 위해, 중국 정부의 산업 계획과 소위 중국 민간 기업들이 한 방향으로 나아가도록 일치시키는 계획이다. 메이드 인 차이나 2025는 정보 기술을 중국 산업과 통합하는 것을 추구한다. 그 목표는 우선 기술적으로 달성한 후에, 고급 정보 기술, 자동화 기술 도구 및 로봇공학, 우주 및 우주 비행 장비, 해양 장비 및 첨단 기술 해양 운송, 생물 약제 산업 및 고급 의료품, 그리고 신에너지 차량 및 장비를 포함해서 핵심 분야에서 시장 우위를 달성한다.

DIUx 보고서는 중국에게는 강력한 고발장이었고 미국 정부에게는 적절한 조치를 요구하는 것이었다. 그러나 초기 유출된 DIUx 보고서와 비교해 보면, 정부 내의 정치적 행위자들이 외견상 중국 위협에 대한 평가를 완화하려고 그 보고서의 내용을 조정하려고 한 것으로 보인다.

DIUx 초기 보고서에 있던 몇 개의 중요한 구절들이 2018년 1월에 발간된 최종 보고서에는 보이지 않는다. 중요한 국방 관련 기술 보호를 위해 권고한 목록도 삭제되었다. 삭제된 부분들은 향후 수십 년 동안 혁신의 원천이 되는 보호해야 할 미래 기술이 포함되었는데, 인공지능, 자동화 차량, 고급 물질 과학 그리고 유사 기술이다. 또 빠진 분야는 중국이 현재 미국의 군사능력과 차이를 메울 수 있는 능력을 가지는 것을 거부하는 순수 국방 기술 보호 요청이다 – 고급 반도체, 제트 엔진 설계 및 유사한 최첨단 기술과 같은 것이다. 마지막 보고서에서 생략된 한 가지 권고사항은, 의심할 것 없이 미국 정보 당국이 공격적인 대간첩 행위를 반대하는 것으로, 중요 기술개발에 참여하고 있는 미국 창업 회사로부터 지적 재산과 기술을 훔치는 것을 방지하기 위해 중국 국적 외국인들을 막기 위해 대정보 작전을 증가하자는 권고사항이었다. 더욱이, 그 보고서는 정기적으로 전략적 경제적 경쟁자로서 중국의 능력에 관한 정보를 수집하고 분석하는 정보 당국의 필요성을 포함하지 못하였다.

그 보고서는 레이건 행정부가 채택했던 정책을 따르라고 요청한 중요 분야 역시 포함시키지 못했는데, 이 정책은 정보 흐름을 차단하기 위해 미국의 조치와 국제적인 노력을 통하여 소련에 기술이 이전되는 것을 제한하려고 했던 것이다. 이것이 바로 중국 공산당을 다루는 데 필요한 계획이다.

"오늘날 기술 발전의 압도적인 다수가 상업 분야(정부 연구로부터 오는 것보다)에서 오고, 이 기술들의 상당수가 민군 겸용(자율 주행 능력 같이 상업용뿐만 아니라 군사 분야에도 적용되는)이기 때문에, 중요 기술에 투자를 제한하는 것은 사용 분야에서 차이가 있는 상업용 기술과 군사용 기술을 구분하려는 시도보다 집행하기 위한 가장 명백하고 용이한 정책"이라고 그 보고서의 초안에서 밝혔다.[13]

더욱이 초기 DIUx 초안은 아마도 전략적으로 피해를 주는 문제를 해결하기 위한 가장 중요한 출발점인, 미국의 기술에 대한 중국 위협의 범위와 성격에 대한 식별을 더 잘 할 수 있도록 촉구했다. 보고서에는 "미국은 미국 기술에 대한 동등한 접근, 중국의 불공정 무역관행으로부터 발생하는 전략적 위협을 반드시 인정하고, 산업 스파이 행위와 사이버 절도의 정도에 관한 증거를 공유해야만 한다"고 되어 있다. 그렇게 함으로써 미국 기술을 절도하는 것을 추가로 방지하기 위해 민간 부문과 학계 지원으로 연계된다.

기업 공산주의

화웨이와 5G

기업 공산주의
화웨이와 5G

"우리는 세상의 모든 사람들이 중국으로부터 제기되는 위협을 이해하기를 바라는데, [중국인들이] 너무 좋게 보여서 사실이라고 믿기지 않을 정도로 값싼 화웨이 용품을 가지고 나타났을 때, 때로는 사실 그것이 너무 좋아서 사실이라고 믿어지지 않고 기술적인 것을 훨씬 넘어서 정치적인 요소가 있는 경우이다."

－ 미국무 장관 마이크 폼페이오(Mike Pompeo), 2019년 1월

멍완저우(Meng Wanzhou)는 기분이 별로 좋지 않았다. 홍콩에서 탑승한 캐세이 퍼시픽(Cathay Pacific) 838편기는 특별한 일이 없이 평상적인 비행을 하였다. 그 보잉 777 제트 여객기는 2018년 12월 1일 오전 11시 30분경에 사고 없이 밴쿠버 국제공항에 착륙하였다. 멍은 화웨이 기술(주)의 최고 재무책임자인데, 이 회사는 중국 정부의 지원을 받는 세계에서 제일 규모가 큰 통신회사이고, 중국 공산당의 가장 중요한 재정 도구 중 하나이다. 멍과 그녀의 남편은 밴쿠버에 두 채의 집을 보유하고 있는데, 부부가 매년 여름에 2주 혹은 3주를 그곳에서 지낸다. 12월 그날 그녀가 방문한 것은 다른 방문이었다. 처음에 멍은 기착지에서 12시간 동안 일등석 라운지에서 휴식을 취한 후에는 기분이 좋아질 것으로 희망했다. 그녀는 멕시코 시

티까지 비행할 예정이었다. 최종 목적지는 부에노스아이레스였는데, 그곳에서 G20 경제 정상회담에 참가하고 있던 중국의 최고 지도자 시진핑을 만날 예정이었다.

비행기에서 내린 직후, 멍은 그녀를 체포한 몇 명의 캐나다 기마경찰과 마주쳤다. 그 경찰관들은 미국 정부의 외국인 범인 인도 요청에 따라 체포 절차를 진행하였다. 미국은 자금 수백만 달러와 관련되어 미국의 재제법을 위반한 화웨이에 대한 범죄 수사를 하였는데, 이 자금이 미국의 제재법을 위반한 화웨이의 명의뿐인 회사를 통하여 이란으로부터 불법적으로 흘러나왔다. 멍은 구치소에 수감된 후 나중에 보석금을 내고 석방되었다. 그 체포 사건은 혐의를 조사하기 위해 멍을 미국으로 인도하는 것을 막기 위한 중국 정부의 한 가지 주요 작전을 촉발시켰다.

멍은 그 체포 사건으로 놀라지 않았다. 2017년 4월 이후, 뉴욕에 있는 미국의 법 집행 당국들은 화웨이와 이란과의 금융거래와 관련하여, 화웨이의 직원들에 대한 의문을 갖기 시작하였다. 그 결과, 회사의 고위급 임원 모두 미국으로 혹은 미국을 경유하는 여행을 하지 말라는 통고를 받았다.

검사들은 HSBC에 의한 화웨이의 이란 금융거래에 대하여 위험 경고를 받고 있었는데, 이 영국의 다국적 은행은 과거에도 미국과 법적인 문제가 있었다.

그 체포 사건은 중국 전역에 충격을 주었다. 중국 정부에서 오는 현금의 주요 창구이고 군대와 정보 당국으로부터 지원을 받아, 화웨이는 지난 20년 동안 세계에서 가장 큰 통신회사로 성장하였다. 그 회사는 2018년 매출액이 190억 달러였고 그중 순이익이 70억 달러라고 공시했다. 중국 군대와의 관련성에 대한 미국의 보고에도 불구하고, 그 회사는 몇 년 동안 워싱턴의 처벌 조치를 피해 왔는데, 미국 정보 당국들이 그 회사가 결코 민간 회사가 아니라는 많은 안보 고려사항을 말해 왔는데도 조치가 없었다. 2012년에 있었던 하원 정보 위원회 조사는 화웨이가 대정보 작전을 하고 안보 위협을 가하고 있다는 결론을 내렸다. 그러나 그 회사의 행위에 대한 세부사항은 밝혀지지 않았고, 그 회사는 번창하는 사업을 계속하였다.

멍은 1993년에 화웨이에 입사하였고, 1998년에 화중(Huazhong) 과학기술대학교를 졸업하였다. 그녀의 전 남편 주웬웨이(Xu Wenwei)는 화웨이의 전략 마케팅 최고책임자였다. 화웨이의 재정 최고책임자 직위에 더하여, 멍은 이사회의 부의장이었다. 중국의 보도들은 그녀가 그 회사를 물려받기 위해서 화웨이의 회장이자 대표이며, PLA의 전 전자전 전문가인 그녀의 아버지 런정페이(Ren Zhengfei)의 수련을 받아 왔다고 하였다. 멍 역시 사브리나 멍(Sabrina Meng)과 캐이씨 멍(Cathy Meng)이라는 영어 이름을 사용하는데, 그녀는 평범한 중국 여성 사업가가 아니었다. 그녀는 공산당

귀족이고, 파워 엘리트의 부자이면서 특권을 가진 자식들을 부르는 중국 최고의 "왕자"이다. "멍 공주"라고도 불리는데, 그 회사에서 그녀의 승진은 아버지의 도움을 받았다. 그녀의 조부는 중국 내전 기간 동안 마오쩌둥과 가까운 동지였고 결국 지방의 통치자가 되었다. 중국 전문가 스티븐 모셔(Steven Mosher)가 기술한 바와 같이, "멍은 중국에서 가장 크고 가장 발전한 하이－테크 회사의 분명한 상속녀이고 중국의 세계 지배를 위한 대전략에서 핵심적인 역할을 하고 있다."1)

그의 딸이 캐나다에서 구금되고 몇 주 지나서, 런은 중국 서전에 있는 화웨이 본사에서 기자들의 방문을 받고, 그 회사가 정부를 위해 스파이 활동을 했다는 것과 스마트폰과 다른 통신 장비에 디지털 백 도어를 설치하는 것이 2017년 정보법을 준수한 것이라는 것을 부인했다. "중국에 회사에 인위적으로 백 도어를 설치하라고 요구하는 법은 없다"고 과거 PLA 정보기술학교의 일반 참모부 책임자이자 전 PLA 장교였던 런이 말했는데, 그가 담당했던 학교는 제4부 혹은 4PLA로 알려진 전자전 부대이다.

그 체포 사건에 대한 그들의 분노를 보여 주기 위해서, 공산당 지도자들은 중국에 있던 캐나다인을 체포하고 모호한 혐의로 그들을 인질로 삼기 위한 체계적인 작전을 시작하였다. 어느 시점에 베이징 정권이 13명의 캐나다인들을 구금했는데, 그들 중에 전직 캐나다 외교관 마이클 코브리그(Michael Kovrig)와 캐나다의 사업가로 전에 북한과 거래를 했던 마이크 스패보(Michael Spavor)가 있었다. 중국은 이 구금이 멍 체포에 대한 보복이라는 것을 부정했고 그 캐나다인들이 국가 안보에 해를 끼치는 명시되지 않은 행위를 하였다는데, 국가 안보라는 이 용어는 당의 권력 장악에 반대하는 모든 사람에게 적용할 수 있어 공산당이 광범위하게 사용하는 것이다.

인구 연구소의 원장이자 저서 *아시아의 깡패: 왜 중국의 꿈이 세계 질서에 새로운 위협인가(Bully of Asia: Why China's Dream Is the New Threat to World Order)*의 저자인 모셔는 화웨이가 수백만 대의 스마폰을 만드는 보통의 제조사가 아니라고 지적하였다. 그는 "이 회사는 중국 공산당의 간첩이다"라고 말했다.

2015년과 2017년 6월에 중국은 새로운 국가 안보 관련 법을 통과시켰다. 그 보안법의 제7조는 예외 없이 "중국의 모든 조직과 국민은 국가 정보 업무를 반드시 지원 및 지지하고 협조해야 하며 그들이 접근할 수 있는 국가 정보 업무 비밀을 보호해야 한다"고 되어 있다.

이 조문은 공개적으로 국영 기업이든 혹은 민간 기업으로 위장하여 운영되는 기업이든 막론하고 현대화를 지원하기 위하여 중국 공산당의 대규모 정보 네트워크를 반드시 지원해야 한다는 것으로 해석된다.

화웨이는 그 스파이 체계이 일부였고 당으로부터 "국가 챔피언"으로 지정받았다. 이것은 세계 통신 시장에서 주도적인 역할을 확보하기 위한 중국의 국가 전체 전략에서 화웨이가 핵심적인 역할을 한다는 것을 의미한다.

2018년 12월 당시 FBI 대정보 작전 부책임자였던 빌 프리스탭(Bill Priestap)이 의회에서 다음과 같이 말했다. "중국 정부는 우리 정부와 가치를 공유하지 않는데, 나에게 그것을 보여 주는 가장 큰 예는 지난 몇 년 동안 그들이 제정한 사이버 보안법으로, 이것은 그들이 원할 때, 원하는 것이 무엇이든, 그들의 통신 수단 혹은 사이버 회사로부터 사용자 데이터에 접근할 수 있는 권한을 중국 정부에 주어, 그들이 원하는 것은 무엇이든 할 수 있게 한다.""그들은 원하는 것이 무엇이든지 그 데이터를 이용할 수 있다."

그는 "우리는 이 회사들이 보유하고 있는 사용자 데이터를 중국 정부가 모든 방법을 사용하여 그것을 활용할 수 있다는 것을 반드시 이해해야 한다. 그리고 이것은 대단히 걱정스러운 것이다"라고 말했다.

국토 안보부의 사이버 및 기반시설 보안국장 크리스토퍼 크레브(Christopher Krebs)는 위험한 것은 화웨이뿐만 아니다; 위협을 가하는 중국 기업들이 여러 개 있다고 하였다. "이 도전은 화웨이보다 훨씬 크다. 여기에 포함되는 회사는 차이나 모바일, 차이니 텔레콤, 차이나 유니콤이다. 이 기업들은 그들이 수집하는 모든 데이터에 정부가 접근할 수 있도록 하라는 요구를 받고 있다."

화웨이와 중국의 통신회사들은 신기술 경쟁의 최선봉에 있다: 5G로 알려진 차세대 초고속 무선 및 유선 데이터와 통신망을 개발하고 배치하기 위한 노력을 말한다.

여기서 다시 말하면, 세계적인 경제 패권을 차지하기 위한 노력은 비밀이 아니다. 이것은 메이드 인 차이나 2025와 관련한 국가 위원회 보고서로 2015년 7월에 발간되었다. "우리는 즉각 그 개발구조를 조정해야 하고 발전의 질을 높여야만 한다. 제조업은 새로운 중국 경제를 이끄는 엔진"이라고 그 전략은 기술하고 있다.

그 계획은 3단계로 2049년까지 진행되는데 — 중국 공산당 수립 100주년 — 이해에 중국이 선진 기술 및 산업 체계로 세계의 경제를 지배할 것이라고 한다. 통신이 그 전략의 핵심 요소이다. 세계 시장의 "광대역 보급률" 속에, 중국은 세계 시장 점유율 37%에서 2025년까지 82%까지 올리겠다는 계획을 수립하였다. 그 전략에 설명된 바와 같이, 중국은 통신 및 정보 체계를 지배하기 위한 계획을 수립하였다.

그 계획에 따르면, 중국은:

- 새로운 컴퓨팅, 초고속 인터넷, 첨단 저장 및 체계적인 보안 같은 핵심 기술에 통달할 것이다.
- 5세대 이동통신(5G), 핵심 라우팅 스위칭, 초고속 및 대용량 정보 광통신 그리고 미래 네트워크의 핵심 기술 및 구조 분야에서 돌파구를 만들 것이다.
- 퀀텀 컴퓨팅과 신경망을 증진할 것이다.
- 고급 서버, 대량 저장, 새로운 경로 스위치, 새로운 인텔리전트 단말기, 차세대 기지국 그리고 핵심 통신 장비의 규모 적용과 체계화를 증진하기 위한 네트워크 보안 같은 장비를 연구할 것이다.

이런 목적들을 달성하기 위해서, 화웨이와 다른 모든 중국 기업들은 PLA와 국가 보안부 및 당의 다른 조직들과 밀접하게 협력할 것이다.

모셔는 "화웨이는 제2차 세계대전에 이르던 시기에 독일의 국가 사회주의당에 알프리드 크루프(Alfried Krupp) 제철소가 했던 것처럼 중국 공산당에 똑같이 하고 있다"고 말했다. "전쟁이 발발한 이후 기본적으로 나지 전쟁 머신의 한 팔이 되었던 독일의 주요 무기 공급자가 했던 것과 같이, 화웨이가 미래 세계를 지배하기 위한 당의 냉전 계획의 핵심 요소로 그렇게 하기 위해 중국의 주도적인 하이-테크 회사가 되었다."[2]

화웨이는 민간 회사도 평범한 회사도 아니다. 세계에서 수천 명을 바보로 만드는 데 성공한 2019년까지 한 회사로 위장한 것은 기만 작전이다. 다른 위장 기업들과 같이 화웨이의 실제 목적은 산업 간첩행위, 지적 재산 절도 및 인간정보 수집 작전을 하는 것이다.

이것은 법무부가 화웨이와 멍에 대한 입건을 발표한 2019년 1월 최초로 명백하게 되었다. 화웨이 기술과 두 자회사가 티-모바일로부터 로봇공학 비밀을 훔친 혐의와 불법으로 이란과 사업을 한 혐의를 받았다.

화웨이와 멍이 테헤란의 이슬람주의 정권의 금융거래 제한을 목표로 하는 미국의 제재법을 피하려고 수천만 달러가 관련된 금융거래를 은폐하기 위하여 이란에 있는 유령회사 스카이 콤(주)를 활용하였다고 주장하는 고발장과 함께 연방 관리들이 최초로 멍에 대한 사건을 기획하였다.

시애틀에서는 별도로 10개 항의 기소장이 발부되었는데, 두 자회사인 화웨이 장비 회사(Huawei Device Co., Ltd)와 미국 화웨이 장비 회사(Huawei Device USA, Inc.)에 태피(Tappy)라고 불리는 티-모바일의 전화기 시험 로봇과 관련하여 보호되는 정보를 훔치는 경제 간첩행위를 한 혐의를 적용하는 것이었다. 그 스파이 행위에는 무역 비밀을 훔치려고 그 회사의 시설에 침입한 것도 포함되었다.

화웨이 임원들은 전 세계의 직원들에게 회사를 지원하려고 외국 기술을 훔치면 현금 보너스를 주겠다는 제의를 하였다는 것을 보여 주는 상세한 내용을 포함한 기소장에 범죄 내용이 나타나 있다.

그 기소 내용이 발표되기 며칠 전, 폴란드 당국이 화웨이 임원 왕웨이징(Wang Weijing)과 전직 폴란드 대정보 관리 표트르 두바젤로(Piotr Durbajlo)를 스파이 행위를 적용하여 체포했다.

그 사건이 발표되었을 때 FBI 국장 크리스토퍼 레이(Christopher Wray)는 "화웨이 같은 기업들은 우리의 경제 및 국가 안보에 이중적인 위협을 가하고 있는데, 이 혐의 중요도는 FBI가 얼마나 심각하게 이 위협을 받아들이고 있는지를 명백하게 보여 준다"고 말했다. "오늘의 이 사건은 우리의 법을 위반하고, 정의를 방해하거나 혹은 국가 및 경제적 복지를 위험에 빠지게 하는 기업에 대해 관용을 베풀지 말라는 우리에 대한 경고로 인식해야 한다."[3]

워싱턴주에서 화웨이의 행위들은 2012년까지 추적되었는데, 그 당시 자신들의 로봇능력을 증진시키기 위해 태피의 로봇기술을 확보하려고 작전을 개시하였던 시점이다. 화웨이 기술자들이 몰래 태피의 사진 촬영을 하고, 로봇의 기술적인 사양을 훔치면서, 중국에서 복제하려고 로봇에서 부품 하나를 빼내기까지 하여 티-모바일과 맺은 비밀 정보 및 비공개 협정을 위반하였다. 티-모바일이 그 경제 간첩행위를 확인하고 소송을 하겠다는 위협을 하고 나서, 화웨이는 그 간첩행위를 저지른 범죄 고용인들을 거짓으로 책망하는 보고서를 만들어 반응하였다. 그러나 그 조사 과정에서 확보한 이메일은 화웨이가 그 작전의 배후에 있다는 것을 명백하게 보여 주었다. 예를 들면, 2013년 7월 보낸 이메일은, 회사를 위해 외국 기술을 훔친 직원들에게 주는 보너스는 직원들이 획득한 정보의 가치에 따라 정해진다고 하였다. 그 회사는 화웨이 도둑들이 훔친 무역 비밀을 보내기 위해 사용한 암호화된 이메일 주소를 제공했다.

이란에 대한 송금 혐의는 화웨이가 스카이 콤이 화웨이 관련 회사가 아니라 단지 밀접하게 연결된 회사라고 가장한 후, HSBC로부터의 제보로 밝혀졌다. 화웨이 역시 이란에서 화웨이의 사업 규모를 축소해서 통보하는 등 미국 조사관들에게 거짓말을 하였다.

멍과 화웨이의 다른 직원들은 이란 사업에 대하여 그 회사의 은행 파트너들에게 거짓말을 하였다. 한 사건에서는, HSBC와 미국의 자회사가 2010년부터 2014년까지 스카이 콤을 통하여 이란 자금의 1억 달러 이상을 송금하였다. 이란에 대한 미국의 제재는 은행들이 미국을 경유하여 이란과 금융 거래하는 것을 금지하고 있다. 또한 그 회사는 미국에 거주하는 화웨이 직원들을 이주시켜 사법 방해 혐의를 받았는데, 이들은 불법 거래에 관한 증인들인데, 미국에서 벗어난 중국으로 이주시켜 연방 조사를 못하도록 방해하였다.

중국 체제의 내부 돌아가는 사정을 잘 아는 망명한 사업가 귀웬귀가 화웨이는 중국 공산당 및 정보 조직들과 매우 가깝게 연결되어 있다고 말했다. 그는 화웨이가 민간 기업으로 위장한 "100퍼센트" 정부 통제 기업이라고 말했다. 그 회사는 PLA 정보 조직은 물론 국가 보안부와도 밀접한 관계가 있다. 전직 PLA 장교였던 런이 창립한 것에 더하여, 멍을 포함한 런의 가족들이 그 회사의 지도부 위치에 있다. 모두가 CCP 회원이고 그래서 의문의 여지없이 그 회사의 데이터를 당국에 제공할 것을 요구하는 2017년 정보 규정을 엄격하게 준수해야 한다.

귀에 따르면, 화웨이는 전 당 총서기 장쩌민과 상하이 기술대학교 총장인 그의 아들 장멘헝(Jiang Mianheng)이 이끄는 중국 공산당 내 한 분파가 은밀하게 통제하고 있다. 장멘헝은 화웨이를 포함한 많은 기업들과 관계가 있는 중국에서 가장 강력한 기술 지도자이다. 중국군 정보를 위해 약어를 사용하면서, "화웨이는 [국가 보안부] 및 2PLA와 밀접하게 일한다"고 귀가 말했다. 그러나 그는 그 회사로부터 생기는 재정적인 이익은 기술 산업과 관련 있는 중국 공산당 관리들에게 간다고 말했다.

2018년, FBI는 인프라가드(InfraGuard)로 불리는 프로그램의 일부로 미국 산업계의 보안관리들을 위한 브리핑을 실시하였다. 그 브리핑은 화웨이와 ZTE에 대한 새롭고 상세한 내용을 제공하였는데, 이것 역시 이란과의 불법적 거래와 관련된 것이었다. FBI는 화웨이와 ZTE가 "개인이 소유한" 것으로 보이지만 자원과 기금 모두 중국 정부에 의존하고 있다고 말했다. 그 발표에서 한 브리핑 슬라이드는 라우터, 셀 폰과 다른 장비들을 생산하는 화웨이를 외국 기술을 획득하는 것을 포함하여 베이징의 국가 통제 경제 정책에서 핵심적인 요소로 묘사하고 있었다. 화웨이는 고성능 컴퓨터 개발과 클라우드 컴퓨팅에 집중하고 있다.

화웨이와 ZTE가 베이징을 위하여 경제 간첩 활동을 하고 있고 ZTE는 과거 이란과 북한과의 불법 거래로 제재를 받았다고 FBI는 언급하였다. 그 기업들은 중국 국민을 목표로 대규모 국내 전자감시 계획에서 중국 정보와 보안 당국을 지원하는 것처럼 국가 목표를 증진하는 역할을 한다. 그 기업들은 또한 중국이 세계적 우위를 추구하는 것에 대한 외국의 저항을 감소시키는 것을 목표로 하는 대외 영향력 행사 작전의 역할을 담당한다.

국가안보국 문서들이 변절한 정보 계약자 에드워드 스노든(Edward Snowden)에 의하여 공개되었는데, NSA 문서를 훔친 후 모스크바로 도망가서 화웨이 관련한 세부내용을 추가적으로 공개했다. 일급 비밀인 NSA 슬라이드는 많은 NSA가 관리하고 있는 외국의 스파이들이 통신을 하기 위해 화웨이의 네트워크 경로 선택 장치와 통신 장비를 사용하고 있었다고 밝히고 있었다. 정보수집을 위해 해킹을 하는 NSA의 맞춤형 액세스 작전부대는 많은 외국 감청 대상자에 대한 전자 감청을 통하여 화웨이 장비와 훔친 비밀에 침투할 수 있었다. "광범위하게 분포된 화웨이의 기반시설은 PRC에 SIGINT 능력을 제공할 것이고 그들에게 서비스 거부 유형의 공격을 할 수 있게 해 준다"고 NSA 슬라이드가 보여주고 있었다. 2010년 이후 국가정보판단(National Intelligence Estimate)에서 인용한 슬라이드는 "국제 기업들과 미국 정보기술 공급 체인 및 서비스 부서에 있는 외국인들의 역할이 증대되는 것은 지속적이고 은밀한 전복을 위한 잠재력이 증대될 것"이라고 경고하였다.

미국 정보 관리 한 명이 나에게 화웨이가 미국 방위산업 계약자를 통하여 국가안보국의 정보에 대한 접근권한을 확보하려고 시도하였던 2014년 이후 중국 정보 조직을 위해서 일해 왔다고 말했다. 또한 화웨이는 중국의 사이버 보안 회사 Boyusec (제6장과 10장에서 언급한 바와 같이)과도 밀접하게 일을 해 왔다. 2014년에, 미국 정보 당국이 내부 보고를 통하여 화웨이가 미국의 중계장치 회사의 핵심 소프트웨어에 대한 상세내용을 해킹하여 그 회사를 위태롭게 하였다고 보고하였다. 또한 화웨이는 그 회사를 위해 일하는 일부 인원을 포함하여 미국에 수백 명의 소프트웨어 기술자를 보내면서 임시 미국 교육 비자를 이용했다.

중국 전문가 고든 창(Gordon Chang)은 화웨이가 가까운 미래에 초고속 통신을 제공할 5G 시장을 지배하기 위한 중국 계획의 핵심에 있는 것으로 보고 있다. 그는 "화웨이는 수십 년 동안 무임승차를 하였다"고 말했다. "워싱턴은 화웨이가 미국의 지적 재산 절도나 혹은 이란 제재에 대한 노골적인 위반같이 다른 범죄 행위를 못하도록 하는데 아무 조치도 취하지 못했다." 창은 미국 정부가 화웨이를 "범죄 기업"으로 인식하고 회사 운영에 대응하기 위한 단속을 강화해야 한다고 촉구하였다. "트럼프 행정부는 미국의 지적 재산을 훔쳐 이득을 취하거나 혹은 우리의 IP를 훔쳐 그 회사가 파는 생산품의 미국 수입을 금지해야 한다. 그것이 당연히 화웨이를 두 방향에서 공격하는 것"이라고 그가 말했다.4)

펜타곤의 전직 기술 관리이자 국방 뉴스레터 *Second Line of Defense*의 편집장인 에드 팀퍼레이크(Ed Timperlake) 역시 화웨이에 대한 경고를 울렸다. 그 회사는 2000년대 초반에 이란에 대한 UN의 제재를 위반한 전력이 있다. 팀퍼레이크는 "나의 전문가적인 판단으로 화웨이는 미국과 세계의 네트워크에 그들의 첨단 생산품을 침투시키기 위하여 거부 및 기만 기술과 많은 돈 및 영향력을 사용하는 지속적인 범죄 기업"이라고 말했다.

그 회사의 정보와 관련성은 화웨이 여성 회장 선양평(Sun Yafang)이 MSS와 연계되었다고 밝힌 CIA에 있는 공개 출처 센터가 보고한 2011년에 처음으로 밝혀졌다. 화웨이 기술자들은 2005년부터 PLA 통신부대를 훈련시켰다.

또 다른 중요한 문제이자 관심사항은 화웨이, ZTE 및 다른 중국 기업들이 5G 고급 기술과 인공지능을 지배하기 위한 중국의 추진과정에서 핵심요소라는 점이었다. 화웨이 역시 중국의 "대계획" 중의 일부였는데, 이 계획에는 모호하게 정의된 수백만 가지 인터넷 연결 장치, 사물 인터넷이 포함된다. 두 번째 대계획은 "스마트 시티"를 개발하는 것이다 – 확장된 중국 정부와 공산당 통제를 원활하게 할 컴퓨터 시스템에 연결된 시티를 말한다.

2018년 10월, 의회의 미국–중국 경제 및 안보 검토 위원회는 사물 인터넷(IoT)을 지배하기 위하여 5G 통신기술을 사용하기 위한 베이징의 추진현황에 대한 상세 내용을 제공하였다. 2010년대 거의 10년 동안, 중국은 IoT와 관련된 부상하는 기술에 조용하게 투자했고, 공산당의 최우선 전략적 목표의 하나인 미국의 노력을 추월하였다. "중국 정권의 최고위층은 IoT의 개발과 배치를 중국의 경제적 경쟁성과 국가 안보의 중요한 문제로 보았다"고 그 보고서는 결론지었다.5)

국가 안보적 관점에서 한 가지 주요 현안은 전평시 전략적 목표를 위해 베이징이 사용할 IoT 체계에서의 취약성을 밝히기 위한 중국의 노력이다. "산업 통제 체계는 별도로, 엄청난 결과를 초래할 수 있는 데이터와 장비를 오용하는 다른 예들 중에서도, 건강 보호 장비에 대한 불법적인 접근은 환자를 죽일 수 있고, 스마트 차량를 이용하는 것은 운전자와 보행자를 함께 죽일 수 있다"고 보고서는 경고하였다. "IoT 장비에 불법적으로 접근하는 행위의 미래 잠재적인 파괴력은 잠재적으로 무제한적인 것으로 보인다."6)

앞으로 사물 인터넷은 심장병 환자를 관찰하는 의사들이 사용하는 생물의학 장비, 자율 자동차, 그리고 금융 네트워크와 같은 중요한 시설 수천만 대와 수십억 개의 인터넷 장치를 연결하는 세계적인 정보망과 통신 기반시설까지 확장될 것이다. 현재 이 새로운 전자 장비들을 포괄하는 다른 장비는 비디오 카메라, 스마트 시계 및 산업 통제 시스템이다. 그러나 가장 보편적으로 쓰이는 사물 인터넷 장치는 정보화 시대에 현대적인 삶의 어디에나 있는 도구인 수억 대의 스마트폰이다.

그 위원회의 보고서에 따르면, 중국은 전체 "스마트 시티들"을 건설하기 위하여 우세한 중국의 IoT를 사용하는 계획을 수립했는데, 이것은 중국의 정보 조직으로 하여금, 공공사업, 사람과 교통의 흐름, 지하 송유관, 공기 및 수질, 그리고 시설물 및 네트워크에 대한 완전한 감시가 가능하게 할 것이라고 한다. 발전된 원격 산업 통제 역시 살림 도구 및 보안장치에 대한 원격 통제가 가능한 스마트 홈과 함께, IoT 범주에 속하게 되었다. IoT는 빠르게 확장되고 있고 5G 무선전화 기술을 통하여 엄청나게 발전할 것이다. 중국은 표면상 사이버 보안을 발전시키기 위해 IoT 기술의 취약성을 연구하고 있으나, 그 위원회의 보고서는 사이버 보안 연구는 기만이고, 사물 인터넷을 통하여 사이버 간첩행위, 파괴 및 군사 사이버 정찰 수행을 위한 중국의 대담한 사이버 공격 도구 개발을 은폐하고 있다고 한다.

중국의 IoT 연구자들은 중국의 잠수함전 능력을 향상시킬 "수중 사물 인터넷"에 대한 사이버 공격도 계획하고 있다. 그 보고서는 "수중전에서 적의 위치 정보 확보가 불완전한 것은 발전된 수중 탐지 기술을 보유한 국가에 전략적 이점을 주고, 다양한 수심에서 운영되는 절충된 IoT 장치와 탐지 네트워크는 이런 이점을 무력화한다"고 밝혔다.

IoT를 지배하기 위한 중국의 움직임은 사이버 전쟁을 위한 정보 노다지가 될 것이다. 그 보고서에 따르면: "PLA의 여러 신호 정보 부대로부터 나온 사람들이 IoT 보안 관련 주제로 많은 논문을 발표하였는데, 여기서 이 부대들이 이미 이 목적을 위해서 장치의 취약성을 이용했을 것이라는 것을 암시하고 있다."[7]

예를 들면, 중국의 군사 사이버 및 컴퓨터 공격 전문가들은 "IoT 장치에서 나오는 전파를 부 채널(side channel) 공격을 위한 통로로 이용하고 위치 추적 특성을 목록화하기 위한 것으로 사용하며, 이러한 약점을 이용하기 위해 인터넷 연결을 하는 것에 대한 토론 내용을 잡지에서 논문으로 발표했다"고 언급한 것이 그 보고서에 기술되어 있다. "PLA의 작전적 사이버전 부대들 역시 공격적인 정보전을 위해서 IoT 자료수집과 휴대폰으로 송신된 바이어스와 같이 IoT 보안 취약성을 이용하는 데 일찍부터 직접적인 관심을 보였다"고 보고서는 기술하고 있다.

중국이 개입하는 미래 전쟁은, 그 보고서가 주장하는 스마트 자동차에 대한 IoT 기반 사이버 공격을 포함할 것으로 예상되는데, 그 종류는 내부 자동화 무선 센서 네트워크, 차상 탑재 지역 네트워크 통제기, 차상 탑재 지역 연결망, 차 소프트웨어 적용 프로그램, 차상탑재 진단 시스템 및 스마트 타이어 공기압 감시 시스템을 통한 불법적 접근이다.

그 보고서에 따르면, 국가 보안부 정보국 역시 "공격 및 간첩행위 작전을 위한 IoT 활용의 무기화"를 선도해 왔다.

"최근에 IoT 장치 중 가장 정교한 봇넷 표적이 된 것 중 하나가 '죽음의 신 (Reaper)' 봇넷인데, 이것은 IoT 장치를 세계적인 지휘 및 통제 네트워크에 연결시키기 위해서 그 장치들의 폭 배열에서 취약성을 이용해 온 것"이고 그 봇넷은 중국에서 최초로 만들어진 것이라고 그 보고서가 밝혔다. 그 죽음의 신 봇넷은 미국 의료서비스 공급자 안썸(Anthem)의 약 6천만 건강 기록을 MSS가 2015년에 손상시킨 배후에 있는 것이다.

더불어 그 보고서는 "이런 공격은 중국 기업들이 수집, 처리, 송신 혹은 저장에 개입하지 않은 경우에도 미국의 민감한 IoT 자료에 직접적인 위협을 가한다"고 결론을 맺었다.[8]

IoT에 대한 사이버 능력을 확장하기 위하여, 중국은 국제적인 조직에 중국의 하드웨와 소프트웨어 표준을 사용하도록 로비를 했다. 중국 표준의 사용은 베이징의 사이버 전사들에게 국제적으로 연결된 장치로 접근할 수 있는 권한을 확보하는 핵심적인 이점을 주게 될 것이다. 그 보고서는 미국의 국가 안보 및 경제 이익을 위협하는 인터넷 사물을 통제하기 위해 다음 사항들을 추진하고 있다는 결론을 내렸다: "중국의 IoT 정책으로부터 야기되는 도전의 심각성은 미국과 중국이 인터넷의 미래에 대해 투쟁을 하는 것만큼 앞으로 시간이 지나가면서 점점 증가할 것이다. 이 투쟁의 결과는 결국 중국의 IoT 발전 정책에 대한 이해와 우리 자신의 건전한 정책을 발전시키기 위한 의지에 좌우될 것이다."[9]

트럼프 행정부에서 백악관 국가 안보 위원회 관리를 지낸, 전역한 공군 장군 로버트 스팔딩(Robert Spalding)은 중국이 5G 발전을 지배하는 것을 막기 위해 전략적 노력을 해야 한다고 촉구하고 있다. 2018년 1월 기자들에게 노출된 한 메모에서, 스팔딩은 미국이 5G 경쟁에서 중국에게 뒤지고 있고, 정보 영역이 미국-중국의 경쟁에서 주요 전장이 될 것이라고 경고하였다.

중국 주재 무관을 역임하기도 하였던 스팔딩은 미국의 원칙을 반영하는 5G 개

발을 촉구했다: 법치, 표현의 자유, 종교의 자유 그리고 공정 및 호혜적인 시장.

별 한 개를 달았던 전역 장군이 작성한 브리핑 슬라이드는 미국은 반드시 5G 네트워크를 안전하게 구성해야 한다. 그렇지 못하면 중국이 정치적으로, 경제적으로 그리고 군사적으로 승리한다고 직설적으로 주장하고 있다. 중국을 좌절시키기 위해, 미국은 1950년대 드와이트 아이젠하워(Dwight Eisenhower) 대통령 시절에 건설했던 국도망과 유사하게 5G 계획의 중요성을 높일 필요가 있다. 3년 안에 5G를 건설하기 위해서 미국 정부－민간 분야의 합동 노력이 필요하다. "미국은 벼랑 끝에 있다"고 스팔딩은 그 메모에 적었다. "우리는 오늘 미래의 정보화 시대로 약진할 수 있다, 그렇지 않으면 사이버 공격의 혼돈 속으로 계속 떨어질 것이다."

중국의 모바일 기반시설 시장의 70%를 화웨이와 ZTE에게 할당하고 남은 것을 두고 서구의 기업들이 경쟁하도록 하면서, 화웨이는 세계의 통신 시장을 지배하기 위해 왜곡된 시장 가격과 특혜 금융을 사용해 왔다. 베이징은 또한 화웨이의 확장을 금융적으로 지원하기 위해 신용 범위를 천억 달러까지 확대해 주었다.

이와 대조적으로, 미국과 서구의 통신 제조회사들은 거의 사라졌다. 소수 기업만이 남아 있다: 퀼컴(Qualcomm), 시스코(Cisco), 쥬니퍼(Juniper), 노키아(Nokia) 그리고 에릭슨(Ericsson)이다.

스팔딩은 5G가 4G로부터의 단순한 도약이 아니라는 것에 주목하였다: 이것은 초고속 인터넷 접근을 통하여 세계를 변화시킬 혁명적 기술이다. 이 시스템이 지리적으로 어디에서나 가능하게 하려면 무선전화 타워와 셀 리피터들이 필요하다 － 현재 보유한 핸드폰 통신을 위한 타워보다 훨씬 많은 수의 타워가 필요하다. 미래의 5G 네트워크는 이를 효과적으로 만들기 위해서 가로등과 전신주 및 다른 구조물처럼 시설물 위에 있는 무선 안테나에 의존하게 될 것이다.

스팔딩은 "다가오는 5G 혁명은 정보화 시대로 진입하는 최초의 위대한 도약이 될 것"이라고 말했다. "이것은 3G에서 4G로 이동한 것보다는 구텐베르그 인쇄기(Gutenberg Press)의 발명과 같은 혁명적인 변화이다." 그리고 이것은 대량 사물 인터넷을 가능하게 할 것이다.

스팔딩은 기소 혹은 제재로 다른 국가들이 미국의 민주주의를 공격하는 것을 막을 수 없다. "그래서, 사이버 공격은 최소한 1대1 개념으로 반드시 대응해야 한다"라고 말했다. "우리 국민과 기업들에 대한 공격은 정보 영역에서 그 국가 행위자가 불법적인 행위의 가치를 다시 한번 생각하도록 준엄하게 대응해야만 한다." 그래서 반드시 이런 적극적인 방어를 마음속에 품고 5G 네트워크를 건설해야 한다.

더욱이 메이드 인 차이나 2025는 베이징이 인공지능 무기경쟁에서 승리하기 위해 제시한 요소들과 유사하다. 아이젠하워 시대의 국도망에 5G를 비유하는 것에 더하여, 스팔딩은 5G 전쟁에서 중국을 이기기 위해 미국은 미국의 우주 비행사를 달에 착륙시키기 위해 시행하였던 1960년대 프로그램과 유사한 "달 로켓 발사(moonshot)" 같은 노력을 해야 한다고 생각한다. 스팔딩이 구상한 계획은 민간 산업이 아닌 미국 정부가 5G 계획을 선도할 것을 요구하고 있다 − 인터넷의 정부 통제를 두려워하는 사람들의 반대를 촉발했던 아이디어였다.

정부를 떠난 후, 스팔딩은 제안서에서 중국 통제 5G 네트워크의 위협을 추가적으로 설명하였다: "당신은 5G를 자유 세계에 반대하는 중국이 정보 기술과 지휘, 통제, 통신 및 정보, 감시 및 정찰에 대한 지배를 위해 장기적으로 수행하는 전투로 간주해야 한다."

우리가 더 많이 연결되면 될수록 −전자 통신이 발명된 이후 5G는 가장 많은 연결을 시켜 줄 것이다− 우리는 더욱 취약해질 것이다. 군사적인 경우, 4G는 잔혹한 전사이지만 대항하기는 손쉬운 인디언과 직면한 기병대로 생각할 수 있다. "5G는 우리가 21일 동안 사담 후세인을 숨겨 놓았던 괴물과 마주한 것과 같다"고 스팔딩은 말했다.

중국의 화웨이와 ZTE는 성공할 수 있는 모바일 기술에 모든 대안을 만들지는 않을 것인데, 이유는 마지막으로 남는 장비 제조사들이 시장을 기준으로 하는 조건이 아닌 현재 두 기업이 시장에 제시하고 있는 조건들로 미래 6G에 대한 경쟁을 할 수 없기 때문이다. 초고속 네트워크는 중국에 세계적인 대규모 감시를 담당할 능력을 부여하고; 주도적인 세계 기반시설로, 베이징은 친 중국 기업들을 위한 이로운 무역 환경을 조성하기 위해 대규모 감시 능력을 이용하는 데 그들의 힘을 적용할 수 있는 반면, 미국의 기업들이 이득을 보는 것은 방지할 수 있다. 그래서 중국은 적대적인 상대방에 대응하여 스마트 시티를 무기화할 수 있고, 무제한 전쟁에 대한 이론가들의 악몽이 현실화될 것이다. 스팔딩은 "시간이 흐르면서, 중국이 '암살자의 철퇴(Assassin's Mace)'로 인터넷과 그리드 통제에 의존할 수 있게 됨에 따라 PLA의 필요성은 감소하게 될 것"이라고 말했다.

시장 경쟁과 관련하여서, 중국은 정보 영역을 지배하고 그래서 입찰자와 구매자의 입장을 알게 되어 모든 거래를 통제하고 그들이 목표하는 사업계획을 수주하는 데 성공할 것이다. 모든 중국 기업들은 시장에서 이점을 받을 것이다.

더욱이 중국은 인터넷을 통하여 직접적으로 공격할 것이다. 인터넷과 IoT를 통제하여, 중국은 궁극적으로 정보력과 경제력으로 세계 전체에 대한 통제를 추구할 것이다. "이상한 낌새를 전혀 눈치채지 못하는 통행자를 살육하는 자율 자동차를 생각해 보라. 여객기의 공기 흡입구로 날아오는 드론을 생각해 보라. 갑자기 배터리가 폭발하는 휴대폰들을 생각해 보라. 네트워크에 연결된 모든 것은 지정학적으로 영향을 미치는 데 사용될 수 있는 잠재적인 무기"라고 스팔딩은 말했다.

영향력 행사 작전은 역시 중국이 지배할 것이다. 전자 상거래, 소셜 미디어 그리고 빅데이터 분석은 개인에 영향을 미치기 위한 마이크로 인플루언서 작전을 가능하게 할 것이다. 중국이 무엇을 살 것인가와 어떻게 선거를 할 것인가와 같은 아주 개인적인 판단에 영향을 줄 수 있는 모든 사람이 신뢰할 수 있는 정보 출처가 될 것이다.

정밀 전쟁 역시 고급 인공지능과 기계 학습이 적용됨에 따라 5G 기술로 혁명적으로 바뀌게 될 것이다. "이것은 미래 능력이 아니다. 오늘날 존재하고 있다. 5G는 그 도달 범위를 확장하고 가속화할 것이다. 이 개념을 상상해 보기 위해서, 세계적 사회 신용 지수에 해당하는 것을 생각해 보자." 스팔딩은 트럼프 대통령의 2017년 국가 안보 전략에 해결을 위한 청사진을 제시하였는데, 아래와 같이 선언하고 있다: "우리는 전국에 걸쳐 안전한 5G 인터넷을 배치하여 미국의 디지털 기반시설을 개선할 것이다." 이 말은 5G 개발을 지배하기 위한 중국의 계획을 의도적으로 직접 겨냥하고 있음을 나타낸 것이다. 핵심적인 특징은 적의 공격으로부터 인터넷을 보호할 수 있는 방어적인 보안 벽(layer)을 만들도록 하는 기술이다. 이 벽은 레이건 대통령의 전략 방위 구상(Strategic Defense Initiative)과 유사할 것이다. 그 기술은 데이터를 암호로 바꾸고 통신 장치들을 안전하게 한다.

5G 네트워크 경쟁에서 승리하기 위한 성공적인 추동력은 화웨이와 ZTE 같은 기업들을 효과적으로 민주주의 국가 밖으로 축출하는 것이고 동맹들을 중국의 통신 위협으로부터 안전하도록 지원을 하는 것이다. 중국에 대응하는 또 다른 방법은 미국이 사물 인터넷을 지배하는 것이다.

결국, 오늘날 황량한 서부와 같은 정보 환경에서 정보에 대한 신뢰성을 긴급하게 회복할 필요성이 있는데, 현재의 환경은 빈약한 설계로 보안이 결여되어 있다. 결과적으로, "민주주의는 독립 선언 이후 가장 암울한 위협에 직면하고 있다"고 스팔딩은 경고했다. "안전한 5G는 정보 영역에서 자신감을 회복하는 방법으로 데이터를 검증할 수 있게 될 것이다. 당신의 신뢰받는 친구로 컴퓨터 봇이 잠재적으로 가하는 영향력을 받기보다는, 당신 결정의 근거가 되는 정보의 출처를 검증할 수 있을 것이다."

하나의 기념비적인 행동으로, 트럼프 대통령은 2019년 5월에 중국의 통신 침략으로부터 미국의 통신 기반시설을 보호할 목적으로 행정명령을 내리는 예상하지 못한 조치를 취했다. 트럼프 행정부의 고위 멤버가 새로운 행정명령을 알리면서 "오늘 대통령은 외국 적대국의 관할권 혹은 지시에 지배를 받는 정보 및 통신 기술 혹은 서비스를 미국 내에서 무제한적으로 획득하거나 사용하는 것은 적대국들이 정보 및 통신 기술 혹은 서비스의 취약점을 창출하고 이용하는 능력을 증가시키고, 그것은 잠재적으로 치명적인 효과를 불러올 수 있으며, 그래서 우리의 국가안보, 외교정책 및 경제에 비정상적이고 특별한 위험을 가져온다는 것을 단호하게 밝혔다"고 말했다. 그 지침은 화웨이 혹은 ZTE를 지정하지 않았으나, 상무부에 중국과 같은 적대국과 협조하기 위해 필요한 기업들과 함께 통신 장비들이 관련된 제재를 허용할 것이다.

대통령의 행정명령은 화웨이를 직접 거명하지 않고 "적대" 국가들이 미국의 통신 네트워크에 침입하는 것을 방지하였다. 그러나, 가장 가차 없는 벌칙은 상무부가 화웨이에 직접적으로 부과한 것이다. 그 기업은 물건을 판매하기 전에 수출 면허를 우선 확보해야 하는 산업안전국의 외국기업 목록에 오르게 되었다. 이 조치는 화웨이가 받은 두 가지 연방 기소장에 근거한 것으로 거대 통신회사에 심각한 타격을 주기 위한 것이었다. 상무부의 발표 후 며칠이 지나서, 구글은 대부분의 화웨이 스마트폰에 쓰이는 안드로이드 스마트폰 운영체계에 대한 제한을 발표하였다. 그 경제적인 한 방은 미국의 컴퓨터 칩 제조사들인 인텔(Intel), 퀄컴(Qualcomm), 브로드컴(Broadcom) 및 자일링스(Xilinx)도 화웨이에 수출을 중지한다는 보도로 이어졌다. 독일의 인피니온(Infineon) 역시 화웨이에 대한 반도체 수출을 중지하였다.

"우리는 화웨이에 존재하는 상황이 우리의 국가안보와 외교정책에 심각한 위험을 초래한다고 생각했다"고 상무부 장관 윌버 로스(Wilbur Ross)가 그 조치를 내린 날 말했다.[10]

중국과의 전투는 전쟁보다 강도는 덜하다 – 경제 전쟁과 그 전쟁의 결과는 다음 20년이 지나면 결정될 것이다.

군 사 력

총구로 세계를 지배

제12장

군 사 력
총구로 세계를 지배

"정치 권력은 총구에서 나온다."
– 마오쩌둥, 1927. 8. 7.

　미국과 중국의 전쟁이 하나의 정보 보고와 함께 시작되었다. 1937년 베이징 근교 마르코 폴로 다리에서 제2차 세계대전 발발 전날 밤 일본군과 중국군 사이에 교전이 없었고, 1939년 독일의 기갑부대가 폴란드를 침공할 때 기습 침략도 없었다.
　인공지능으로 움직이는 사이버 로봇들이 – 중국 군사위원회의 약한 통제를 받으면서 스스로 생각하고 결정하는 – 제3차 세계대전이 전개됨에 따라서 자동으로 움직이기 시작한다.
　때는 2029년 8월 28일이었고, PLA 사령관들이 웨스턴 힐(Western Hills)로 알려진 베이징 근교에 있는 지하 300피트 이상에 있는 견고한 지하 지휘본부 벙커에 들어갔다. 장군들은 펜타곤 내부에서 보내온 비밀 정보 보고에 근거하여 수주 동안 전쟁 준비를 해 왔다. 그 정보 보고는 펜타곤이 있는 워싱턴 포토맥강 바로 위에 있는 국가 군사지휘본부(National Military Command Center)에서 사용되는 통신 시스템 깊숙한 곳에서 운영되는 전자 로봇이 생산한 것이었다. 그 메시지는 베이징의 중앙 군사위원회에 있는 중국의 최고위 지도자들에게 전송되었다. 그 정보 보고는 나쁜 뉴스였다: 우주 전쟁을 책임지고 있는 군사 전투 사령부인 미국 우주사령부가 중국의 미사일 발사를 감시하는 미국 인공위성 하나에 대한 지상 발사 레이저 공격의 출처를 확인했다는 것이다. 그 레이저 공격은 거의 한 달 앞서 서부 신장지구 텐샨 (Tian Shan) 산맥의 PLA의 비밀 위성요격 기지에서 발생하였다. 그 공격은 탐지되지 않은 것으로 생각된다. 공격받은 위성은 2024년에 처음으로 발사된 오버헤드 지속 적외선 위성으로 펜타곤의 최신 미사일 경고 위성의 하나인데, 레이저는 그 위성에 탑재된 전자 장치에 고장을 일으켰고 적외선 탐지기에 사용되는 유리를 녹여버렸다. 그 위성은 이와 같은 레이저 공격으로는 파괴되지 않도록 설계되었다. 그러나 중국의 스파이들은 미국 위성 계약자의 컴퓨터 시스템을 해킹한 후에 핵심적인 취약성을 발견하였다. 그 레이저 발사는 새로운 우주전쟁 시스템을 시험하는 타격이었는데, PLA가 의도한 대로 발사 장소가 은폐되지 않은 것을 제외하고 매우 성공적인 것으로 증명되었다. 어떻게 미국이 확인했는가는 의문이었고 나중에 확인하기로 하였다. 시험 사격에서, 레이저 빔은 특별한 중계 기술로 특별한 기동을 하는 위성을 조준하였는데, 이 기술은 소형 위성으로부터 빔이 재 반사되어 미국 위성을 향하도록 하는 것이다. 그 경고 위성은 지상으로부터 발사되는 직접적인 고출력 레이저를 견뎌 내도록 강화된 것이었다. 그러나 우주에서 재 반사되는 빔에 대한 방어는 그 위성의 파괴를 막기에는 충분치 않았다.

그 공격은 타원형 궤도를 돌면서 미사일 발사의 열 신호를 포착하기 위하여 두 가지 다른 탐색 자외선 센서를 사용하는 특별한 미사일 발사 감시 위성을 사용 불능으로 만들기 위해 계산된 것이었다.

그 촉발사건은 ─ 정보 보고 ─ 인기 있는 텔레비전 시리즈 The Americans에 묘사된 바와 같이, 미국 시민으로 위장한 불법 FBI 스파이가 아니라 ─ 잠자는 간첩이 만든 것이었다. PLA의 잠자는 간첩은 암호명 실버 스완이었다. 이것은 정보를 수집할 뿐 아니라 인간의 사고를 따라 하는 것처럼 정보를 흡수하고 처리한다. 가상 로봇이 컴퓨터 시스템 안에서 살고 행동하며 궁극적으로는 스스로 결정하도록 설정된다. 그 침투가 지금까지 중국 군대가 수행한 전자적인 가장 성공적인 간첩행위였다 ─ 대규모의 미군 장비들을 통제하고 지시하며 지도자들과 통신하기 위해 국가 군사 지휘본부가 사용하는 초극비 통신 시스템에 침투하고 그 안에서 살고 있다.

손자의 금언에 따라 정보는 반드시 사람으로부터 획득해야 하고, PLA는 사람의 지원 없이 스파이 행위를 위한 돌파구를 만들 수 없었다. 수년의 준비 작업 후, 2PLA는 공군 사병 한 명을 선발했는데, PLA가 몇 년 후 그 지휘본부 내에 있는 중요 통신 직책에 배치시킬 수 있는 사람이었다. 그 배신자는 지휘본부 네트워크 안에 있는 로봇을 직접 지원하였다.

군사 전략적 통신 시스템에 침투하는 정보 쿠데타를 완수하기 위해서, 중국은 빅데이터와 특별한 소프트웨어가 결합된 것을 이용하였다. 2010년대 중반에, 중군 군 해커들은 인사관리국(OPM)을 해킹하여 2,200만 개 이상의 전자 기록을 훔쳐 냈다. 그 기록은 비밀 정보에 접근하기 위한 1급 비밀, 2급 비밀 혹은 3급 비밀 취급 허가를 보유한 거의 모든 미국인에 대한 개인 정보가 포함되었다. 그리고 나서 중국 정보 조직은 거의 같은 시간에 의료 서비스 공급자 안썸(Anthem)으로부터 획득한 6천만 건 이상의 기록과 OPM 기록을 합하였다.

실버 스완은 카멜레온 같이, 스스로를 전환하여 보안 검색에 자신을 보이지 않도록 보안 검색이 작동할 때마다 해롭지 않게 보이는 소프트웨어 프로그램으로 변경된다. 일단 검색 프로그램이 종료되면, 잠자는 간첩은 활동을 재개하고 비밀 통신 연결망인 정교한 범지구적 시스템을 통하여 PLA의 전략지원부대 컴퓨터 네트워크와 은밀한 통신을 재개한다.

중난하이(Zhongnanhai)로 알려진 베이징에 있는 지도부 건물 내에서 만나는 중국 지도자들이 군대를 관장하는 최고위 공산당 조직인 중앙군사위원회의 회의를 위하여 모였다. 모든 사람들은 자동으로 작성된 정보 보고를 읽었는데, 그 보고서는 레이저 ASAT 공격에 대한 보복으로 미국군이 중국에 대한 공격을 준비하고 있다는 것이었다. 세 척의 공격잠수함이 북서 태평양에 있는 중국 연안으로 출항하라는 명령을 받았다. 모든 잠수함은 신형 장거리 순항 미사일로 무장하고 있었다. 표적은 텐션 산맥에 있는 레이저 기지였다. 미국 대통령은 정확한 공격 시간을 아직 정하지는 않았다.

중국의 최고 지도자 자오러지(Zhao Leji)가 한 가지 결심을 하였다: PLA가 합동 전투 레드 스타(Red Star)를 집행한다 − 아시아뿐 아니라 세계 전역에 있는 미국의 군사 기지와 항구에 대한 대규모 예방적 기습 미사일 공격. 예방적 공격은 한 세기 동안 미국의 군사력 투사 능력에 손상을 입히려고 했던 21세기판 진주만 공격에 버금가는 것이다. 중국의 장거리 미사일은 그 전투에서 핵심 무기이고 PLA의 가장 중요한 전쟁 도구를 대표하는 것이었다. 그 분쟁에 이르기까지 30년 동안, 수백 기의 탄도, 순항 및 초음속 미사일이 개발되었고, 많은 미사일들이 지하의 만리장성 (Great Underground Wall)에 은밀하게 저장되었다 − 미국의 가장 정밀한 유도 미사일 공격에 대비하여 강력하게 보호되고, 미국 위성의 전자 정찰 눈으로부터 멀리 떨어진 터널과 지하 생산 센터로 연결된 3,000마일 길이의 네트워크.

대규모 군사력 증강 계획의 일부로, 중국의 모든 미사일은 숨기기 쉽고 표적으로 선정하기 어려운 현대화되고 발전된 이동 시스템으로 대체되었다. 추가적으로, 가장 발전된 탄두 관통 기술로 무장되었다 − 조정가능 재돌입 운반체, 다탄두, 디코이, 채프, 재밍 그리고 열 차단체. 2025년경, PLA는 1990년대라면 거의 상상이 불가능하였던 무엇인가를 완성하는 데 성공하였다 − 해상에서 이동 중인 항공모함을 침몰시키거나 혹은 지상에 위치한 사령부를 파괴하기 위해 충분한 정밀성을 가지고 15분 이내에 지구상의 어떤 표적도 타격할 수 있는 능력.

합동 전투 레드 스타를 위한 미사일 공격 계획의 핵심은 DF−ZF 극초음속 그라이드 운반체였다 − 탄도 미사일을 탑재한 초고속 미사일을 발사하고 대기권의 상층부와 우주의 하층부까지 그 미사일을 운반하여 궤도에서 표적으로 기동한다. 그 미사일의 거리는 3,400마일부터 최대 8,000까지 다양하다 − 유럽과 미국의 동부 해안에 위치한 표적에 도달하기에 충분하다. 그라이드 운반체는 핵무기 혹은 재래식 무기로 무장할 수 있다.

PLA는 수년 동안 서양의 정보 당국들을 DF−ZF를 사거리가 제한된 것으로 잘못 평가하도록 기만하였다. 그라이드의 많은 시험들이 중간 사거리 탄도 미사일을 사용하여 실시되었는데, 이것이 미국의 분석가들이 이 미사일의 사거리가 약 3,000마일이라고 저평가하도록 하여 기만을 당한 것이다. PLA는 은밀하게 최신형 대륙간 미사일 DF−ZF를 배치하였다 − DF−31, DF−41 및 잠수함 발사 JL−3.

합동 전투 레드 스타−2029는 해군, 해병, 육군 및 공군 표적을 공격하기 위하여 재래식 탄두 사용을 요청하였다. 그 전투계획은 인간의 감독은 제한적이었고 완전히 자동화되었다. 그 계획은 두 대의 미사일 경고 위성을 불능으로 만드는 레이저 타격으로 시작된다. 중국 영토 상공을 반복하여 움직이는 세 대의 특별한 위성을 공격하여 제거함으로써, PLA는 DF−ZF 미사일 최초 타격은 탐지되지 않았다고 평가하였다. 그 시간대에 2차 센서들이 발사한 것을 포착했는데, 이미 너무 늦었다. 개전 단계에서 총 67기의 DF−ZF 타격이 계획되었다.

최초 표적은 해군의 이지스 미사일 전투함인데, 특히 한반도 주변의 동북아에 배치된 함정이었다. 일본 주변 해역에서 5척을 격침시켜 중국 미사일을 요격할 수 있는 해군의 능력을 심각하게 제한하게 되었다. 다음은 해군의 항공모함 함대이다 − 태평양에 있는 로널드 레이건, 존 씨 스테니스, 칼 빈슨 그리 존 에프 케네디다. 해병대를 수송하는 상륙 강습함 역시 제거될 대상이다.

미국의 입장에서 보면, DF−ZF 대함 미사일 공격은 신형 항공모함 엔터프라이즈를 포함하여 페르시안 걸프와 지중해에 배치된 항공모함에 대한 공격을 말하는 것이었다. 동시에, 어뢰 발사 항공기를 포함하여 PLA의 대잠전 자산은 북태평양에서 명령을 대기 중인 세 척의 순항 미사일 잠수함을 격침시키는 것이다. PLA가 미군의 지휘 및 통제 시스템을 침투하였기 때문에, 실버 스완은 잠수함들의 정확한 위치를 제공했고 그 함정들의 위치는 군 타격 프로그램에 입력되었다. 미사일과 전자전 무기로 무장한 자율 드론은 그 공격의 일부로 전 세계에 분포된 미군 기지에 무리를 지어 비행하도록 프로그램으로 입력되었다. PLA 정보 당국은 일본, 오키나와 및 괌의 핵심 공군기지 근처에 간첩들을 심어 놓았고, 항공기의 공기 흡입구로 날아 들어가도록 훈련된 곤충 크기의 수천 대의 드론 떼를 풀어놓을 것이다. 그 목적은 전투기와 수송기들이 이륙할 때 사용 불능으로 만드는 것이다.

미국에 대한 처절한 공격은 대부분의 미국 지도부가 해변 혹은 산속의 오두막에서 마지막 여름을 즐기는 8월 후반 휴가 기간에 예정되어 있다.

2020년 8월 30일 동이 트기 직전에, 최고 지도자 자오는 중난하이 그의 사무실 밖 엘리베이터를 타고 초고속 지하철로 내려갔는데, 이 지하철은 그를 몇 분 내에 웨스턴 힐스 벙커로 이동시킨다. 그 벙커 안에서 군사위원회 의장인 취창준(Cui Changjun) 장군은 당 지도자에게 전 부대가 준비되었다고 보고하였다. 그는 자오에게 PLA의 첨단 기술 지휘 모듈인 휴대용 터치 스크린 컴퓨터를 건네주었다. 자오는 그 화면의 "발사" 버튼을 터치했고, 전쟁이 시작되었다…

위에 묘사된 전쟁 시나리오는 가상적인 것이다. 이미 중국의 현재 군사력 증강 속도와 정교함은, 중국이 미국에 대한 미래의 사전 예방적 기습 공격을 할 수 있는 위험을 현실화하고 있다.

1980년대에 시작하여 거의 30년 동안 중국 군은 미국과의 전쟁을 준비해 왔다. 그리고 많은 중국 공산당 및 PLA 지도자들은 그들이 이념적으로 추구해 온 세계적 우위를 달성하기 위해 무자비한 전쟁을 수행할 준비를 해 왔다. *무제한 전쟁*이라는 책이 지적하는 바와 같이, 중국은 미국을 패배시키고 궁극적으로는 파괴하기 위한 전략적 목적을 달성하기 위해서 "모든 수단을 동원하는 분쟁"에 개입하려고 한다. 그것이 바로 미국과 중화인민공화국 사이에 있는 교착 상태의 실체이다.

앞서 여러 장에서 언급한 바와 같이, 중국의 비대칭적 전쟁 수단은 주로 우주 전쟁과 사이버 공격에 의존한다. 이것이 공산당 지도자들이 미국 군사력의 아킬레스건으로 간주하는 것에 대한 치명적 공격을 할 수 있는 핵심축이다.

결과적으로, PLA는 이 분야와 다른 분에서의 군비에 집중해 왔고, 가장 중요한 무기로 고려하였다. 사이버와 우주에 추가하여, 그들은 대 항공모함 미사일과 다른 무기들을 포함하였다 - 미국 국토와 궁극적으로 중국의 미사일 중심 PLA를 격파할 수 있는 미국의 범지구적 미사일 방어체계에 대한 중심 깊은 타격을 하기 위한 전략적 핵전력과 군사능력을 의미한다.

"이 모든 분야에서, PLA는 미국의 능력을 신속하게 따라잡고 있고, 균형을 이루고 있거나 혹은 앞서 나가고 있다"고 중국 문제에 집중하고 있는 고위 미국 정책 관리가 말했다.

전직 태평양 함대 정보국장이었던 예비역 해군 대령 제임스 파넬(James Fanell)은 중국 해군을 "[중국의] 세계적 패권 추구에서 창끝 같은 존재"로 기술하고 있다. 2019년 현재, 중국은 330척의 강력한 전투함과 66척의 잠수함을 배치하였고, 일부는 건조 중에 있다. 파넬은 "2030년경에는, PLA 해군은 550척으로 구성될 것이다: 수상함 450척과 잠수함 99척"이라고 말했다. "기술적인 관점에서 본다면, PRC는 전투함과 잠수함 건조를 위한 기준과 능력 면에서 아주 빠르게 미국 해군과 균형을 이루는 데 성공하였다." 그가 경고하는 주요 위험성은 중국과 전쟁이 발생할 수 있는 2020년부터 시작되는 "10년의 근심거리"와 직면하게 될 것이라는 점이다. "만약 현재 의도하지 않은 사건이 군사적 충돌을 야기하지 않는다면, 2020년까지 일 것이다 - 시진핑이 PLA에 타이완 침공 준비를 위해 부여한 최종 기한이다. 그 이후, 우리는 중국의 공격을 예상할 수 있다"고 파넬은 말했다.[1]

함정 척수 하나만으로 PLA 해군력 전체 범위를 나타내지는 않는다. 현재 건조 중인 전투함들은 최첨단 무기이고 성능이 개선된 포와 미사일을 탑재하고 있다 - 사이버 간첩행위와 다른 기술을 절도하는 것에 대해 제한이 없었던 30년 동안 미국으로부터 훔쳤을 것 같은 기술로 제작한 것 같다. 예를 들면, 중국이 초고속 발사체를 사격하는 전자기 레일건을 배치하고 있다. 그 무기체계는 오랫동안 미래 미국의 단독 기술적인 성취물이 될 것이라고 미국 정보 당국이 예상해 오던 것이었다. 그러나 중국이 2019년 1월, PLA 072-III급 상륙함 함수에 탑재된 레일건 사진을 공개하였다. 그 포는 비폭발성 발사체를 사용하여 표적을 공격하는 전자기 에너지를 사용한다. 그 발사체는 사거리도 대폭 연장되고 치명성도 증가하며, 미사일과 비교하여 모든 면에서 작은 비용으로 생산하고 운영할 수 있다.

그 레일건 기술은 미국 방위산업 회사 소속 전기 기술자였던 차이막(Chi Mak)이 이끄는 캘리포니아 기반 중국 간첩단을 이용하여 중국이 몇 년 전에 훔친 것인데, 그는 제트기 발사를 위해 최신 항공모함에 적용될 해군 기술인 항공기 전자기식 사출 장치(EMALS)에 관한 상세 기술을 PLA에 넘겨준 인물이다. 이것은 스팀식 캐터필트 대신 전자기식 기술을 이용한다. 그 발사 기술은 레일건 기술과 유사하다. 차이는 전자기식 기술과 그 이상의 기술을 빼낸 혐의로 2012년에 24년 이상의 형을 선고받았다. 내가 2008년 발간한 책, *적(Enemies)*에서 기술한 바와 같이:2)

> 차이가 중국에 전달한 EMALS에 대한 정보는 중국군의 항공모함에 그들 자신의 최첨단 항공기 사출 시스템을 만드는 방법만 가르치는 것이 아니다. 그것은 중국군에 "레일건" 제작 방법도 동시에 알려 주고 있다 - 음속의 7배로 300마일 사거리의 발사체를 사격하기 위해 EMALS 기술을 사용하는 최첨단 무기체계이다. 미국은 이 첨단 기술 포를 DD(X)로 알려진 차세대 구축함에 탑재할 것을 고려하고 있다. 차이는 DD(X)에 관한 정보에 접근권한이 있었고 그것을 중국군에 전달했을 것으로 생각된다.

미사일은 중국의 가장 중요한 전략적 무기이고, 미사일 개발은 DF_ZF 개발 관련 2018년 2월 펜타곤의 비밀 평가 문서로 밝혀졌다. 관리들에 따르면 정보 평가는 다음과 같다: 중국은 시스템 개발 프로그램으로부터 극초음속 타격 운반체를 개발하고 배치하기 위한 계획을 발전시켰다. 그 정보 보고에 따르면, DF−ZF는 대륙간 사거리를 보유하게 될 것이다.

과거에 중국이 DF−31 및 DF−41과 같은 신형 미사일을 배치하려면 수십 년은 걸릴 것으로 알려졌다. 그런데 극초음속 미사일 개발이 급속도로 진행된 것을 생각해 보면 놀랍다. 2014년 1월 9일 최초 시험으로부터 2020년 미사일이 배치될 때까지, 6년간의 시험과 4년간의 연구 기간이 매우 신속하였고 그 어느 때보다 능력을 갖추고 미국의 미사일 방어를 뚫을 수 있는 극초음속 무기를 PLA가 보유하는 것이 중요하다는 것을 보여주었다. 시속 7,500마일 이상의 속도에서는 어떤 요격 미사일도 DF−ZF를 격추할 수 없다. 현재 미국의 미사일 방어 위성과 센서들 역시 그 미사일들을 추적할 수 없다. 새로운 방어 시스템이 개발될 때까지, 그 초음속 그라이드는 미사일 방어에 미국이 투자한 수백억 달러를 무용지물로 만든다.

공군 장군 존 하이튼(Jhon Hyten)은 "우리의 방어는 우리의 억지 능력이다"라고 언급하였다. 중국과 러시아에서 부상하고 있는 극초음속 미사일에 대한 직접적 방어 체계가 없다.

"극초음속 미사일이 작동하는 것을 보면, 최초 단계는 탄도 미사일이지만 상당히 짧은 단계이다. 우리가 볼 그 단계는… 우리는 그것이 러시아로부터 왔다고 볼 수도 있는데, 그것은 중국에서 온 것"이라고 하이튼이 2019년 초에 말했다.

일단 극초음속 단계로 비행하면, 그 미사일은 "기본적으로 우리 센서에서 사라지고 우리는 그 효과가 전달될 때까지 그것을 볼 수 없다"고 하이튼이 의회 청문회에서 말했다. 그 4성 장군이 극초음속 미사일을 방어하고 대응하기 위해 더 나은 센서를 제작하는 데 도움이 필요하다고 의회에 호소하였다. "만약 당신이 그것을 보지 못하면 방어할 수 없다"고 그가 극초음속 미사일의 위협에 대해 말했다.

극초음속 발사체들은 1980년대 이후 중국에서 진행해 온 최첨단 무기와 능력개발의 눈부신 결과의 일부이다.

중국 군사 문제 분석가에 따르면, 중국은 군사력 투사 능력의 일부로 6척의 항공모함을 건조하는 과정에 있다. 첫 번째 항공모함은 우크라이나로부터 완공되지 않은 바리야그(Varyag) 항공모함을 구매했다. 중국은 민간인이 마카오에서 선상 카지노로 사용하려고 손상된 선체를 사적으로 구매한 것이라고 주장하면서 그 배를 구입한 것과 관련하여 세계를 기만하였다. 대신, 그 군함은 대련 해군항으로 예인되었고, 2012년에 항공모함 랴오닝(Liaoning)으로 최초로 모습을 드러냈다. 두 번째 항공모함은 2019년 현재 해상 시운전 중에 있는데, 이 배가 처음으로 자체 건조한 것이고, 핵추진 항공모함은 건조 중에 있다(건조 자금을 모으기 위해 독일에서 상장한 10억 달러 본드를 중국이 사용하는 것에 관해 제8장 참조).

방위연구 회사 제인스(Jane's)에 따르면, PLA는 핵심 분야에서 발전된 무기를 확보하려고 공격적으로 노력했다.[3] 앞서 여러 장에서 기술한 바와 같이, 중국은 우주, 사이버 및 전자전 분야, 그리고 영향력의 활용이 개입되는 비운동적 및 비전투적 분야, 인식관리, 정치적 전쟁 그리고 심리 작전 분야에서 첨단 기술 전쟁을 수행하기 위한 준비를 공격적으로 해 왔다.

다른 첨단 기술 무기는 수천기의 탄도 및 순항 미사일에 탑재되는 조종 가능한 탄두; 지, 해, 공 및 우주 표적에 대한 사용을 위한 고출력 포; 그리고 전자기파 레일건을 포함한다. 이러한 모든 새로운 첨단 기술 무기는 중국으로 하여금 이 무기에 적용되는 인공지능 개발에 대규모 투자를 일단 증가시키도록 할 것이다.

중국의 발전된 전쟁 시스템 중에서 더욱 치명적인 것은 잠수함을 찾아내고 파괴할 수 있는 무인기와 수중 드론 같이 급속하게 성장하고 있는 무인 무기체계이다.

펜타곤은 2015년 중국 군사에 관한 연차 보고서를 발표하였는데, PLA는 2023년까지 약 42,000대의 지상 및 해상 기지 무인 무기 및 센서 플랫폼을 대규모 전력으로 만들 것이다.

소나 회피 수중 드론이 미국을 공격하기 위해 계획되었다. "수중 공격 및 방어 작전은 해상 우세를 확보하기 위한 주요 전장 영역이 될 것이고, 해양 작전에서 우위를 확보하기 위한 주요 수단이 된다"고 인민해방군 신문이 한 기사에서 말했다.[4] 그 드론은 중국의 연구 선박이 세계의 해저에 심어 놓은 수중 센서의 네트워크에 주로 의존하는데, 이것이 해저에서 위성까지 연결될 수 있다. 공격은 인공지능으로 추진되는 드론 잠수함을 이용하여 개시될 것인데, 이 잠수함은 PLA가 지칭하는 "수중 유령 전쟁"에서 표적을 자동적으로 평가하고 인간의 지원 없이 작전하며, 공격을 개시할 수 있다.

위기가 전쟁으로 발전하기 전에, "유령무기가 수중에 미리 배치되거나, 적국의 선박이 반드시 통과하는 전략적 수로나 해협에 사전배치될 것이고, 이 무기들은 해상 또는 우주에 배치된 저주파 신호체계로 작동될 것이다." 드론 역시 고정된 표적에 대하여 수중 봉쇄를 하기 위해 사용될 것이다.

이 능력은 수중전과 대잠전 같은 분쟁에서 PLA 대비 미국이 갖는 가장 중요한 군사적 이점을 극복하기 위해 구상된 수중 만리장성(Great Undersea Wall)을 구축할 것이다.

인공지능을 연계하여, 중국은 생각, 반응 및 공격을 할 수 있는 드론들을 이용하여 동시다발 공격에 드론 부대를 이용하는 계획이 있다. 방위 분석가들은 자동화된 무인 무기체계가 미래 전쟁을 지배할 것이고, 궁극적으로 중국과 미국의 군사력 균형은 가장 정교한 인공지능을 주입한 무인 능력을 누가 먼저 개발하느냐에 따라 결정될 것이라고 했다.

중국의 기동성이 있는 탄두를 탑재한 대함 탄도 미사일 DF-21D와 DF-26은 중국이 보유한 무기체계 중 또 다른 첨단 무기이다. 다탄두 이동 핵미사일이며 특히 DF-ZF 같은 극초음속 미사일은 미사일 방어 시스템의 능력을 시험하려 할 것이고, 레일건, 극초음속 무기, 직접 에너지와 다른 증강된 전자전 능력 및 개념 같은 보다 새로운 무기 발전 속도를 촉진할 것이다. 미국과 중국이 개발 중인 최신 방어 개념 중 하나는 "발사 배제(left-of-launch)"라고 불리는 것이다 — 발사 통제, 통신, 항해, 그리고 공격 미사일 및 무기체계에 침투하여 그 무기들을 사격하거나 발사하지 못하도록 하는 것으로 기본적으로 사이버, 전자, 레이저 혹은 재래식 폭격

작전 등이 포함된다.

중국이 개발 중인 새롭게 발전된 유형의 전쟁 개념은 화력 분산(distributed lethality)이라고 불린다. 그 개념의 해군 변형은 타격 그룹과 다른 조직에 집합시키는 대신에, 군함들이 분산 배치되어 방어력을 증가시키고 미사일과 함께 타격 효과를 증가시키기 위해 전자적으로 연결된다. 해군의 치명성 분산의 경우, 대규모 신형 군함과 많은 수의 미사일을 보유한 중국의 신개념에 더욱 적합할 것으로 보인다.

극초음속 타격 운반체는 신무기 중에서 더 위협적이다. 보고서는 "이 체계들의 극초음속과 기동성이 결합하면, 이 무기들을 특히 도발적인 것으로 만들고 선제공격에 활용하도록 한다"고 기록하고 있다. "이 무기들은 [극초음속 미사일]의 위협에 대응하기 위하여 직접 에너지와 레일건과 같은 다른 발전된 무기체계의 개발을 독려한다."5)

중국의 ASAT 레이저 개발에 더하여, PLA는 드론에 사용할 휴대용 레이저와 군중 통제에 사용할 비치명적인 레이저를 만들고 있다. "중국의 직접 에너지 프로그램은 대 드론 작전을 수행할 수 있는 휴대용 및 트럭 탑재용 무기를 포함한다"고 보고서는 말했다. 또한 PLA는 유인 및 무인 함정에 배치할 레이저를 연구하고 있는데, 이것은 긴장이 흐르는 남중국해에서 유용하게 사용할 수 있다.

전자기파 레일건은 PLA에서 우선순위가 높은 것이고 함상 탑재 레일건을 공개한 것은 빠르게 개발하였음을 보여 준 것이었다. 중국은 공격적인 타격과 미사일 방어를 위한 목적으로 전자기파 레일건을 보유하려고 하였다.

미국의 국방 기획가들과 정보 분석가들이 갖는 주요 우려 사항은 극단적으로 안전한 양자 통신을 배치하고자 하는 중국의 움직임이다. 중국은 양자 통신 위성이라고 최초로 보도된 미시우스(Micius)를 2016년 8월에 발사하면서 그 개발을 발표하였다. 그 위성은 현재 디지털 기술인 IS 및 OS 대신 큐비트를 가지고 통신하는 것이다 — 양자 이론에 따르면 다른 국가에도 존재하도록 할 수 있는 에너지를 말한다. 중국에 있어 양자 통신은 뚫리지 않는 암호를 만들려고 하는 것이다 — 미국이 국가안보국에 있는 능력이 있는 암호 해독가와 전자 스파이들에 의존하는 전략적 이점을 방해하는 능력을 보유하도록 한다. 2018년 늦게 중국의 한 소식통은 PLA가 고도의 안전성이 보장되는 양자 통신 링크를 미래에 배치할 준비를 하기 위해서 광통신 케이블로 국내 전 부대의 전선을 교체한다고 밝혔다 — 군대가 누릴 수 있는 가장 중요한 능력 중의 하나이고 전쟁에서 전략적 이점을 갖게 되는 것이다.

1980년대 중국이 미국과 관계를 맺기 시작한 이후, 베이징 통치자들의 전략은

"우리의 시간을 기다리고; 우리의 능력을 키워라"라는 특징을 가지고 있었다. 2019년, 시진핑의 집권하에 주요 변화가 일어났다. "중국은 '절대 앞장 서지 말고, 능력을 감추고 시간을 기다린다'는 25년 이상 묵은 지침을 이제 끝내겠다는 신호를 보냈는데, 이는 시진핑 총서기가 중국에 국가이익을 방어하는 데 타협은 없으며 국제질서 변경을 위해 적극적으로 개선을 촉진하라는 일련의 새로운 외교 문제와 군사 정책 지침을 하달한 데 따른 것"이라고 2018년 의회의 미국─중국 경제 및 안보 검토 위원회가 발행한 연례 보고서가 경고했다.

그 보고서는 계속해서: "미국─중국의 안보 관계는 지역 영토 분쟁, 간첩행위 및 사이버 행위와 영향력 행사 작전에 대한 중국의 지속적인 강압 행위 같은 문제에 대한 심각한 이견으로 긴장 관계에 있다"고 하였다.6)

예비역 공군 중장이자 전 공군 정보 사령관 데이비드 뎁튤라(David Deptula)는 극초음속 미사일은 미국에 절박한 위협을 가하고 있다고 생각한다. 뎁튤라는 "어떤 실체적인 방어가 없다는 점을 고려할 때, 해상의 함정과 지상에 대기하는 부대들은 극초음속 무기의 공격에 취약하다"고 말했다. "이런 환경은 개전 초에 진주만 공습 같은 결정적 타격의 위험성이 있다."7)

미국 군대는 1991년 소련의 붕괴 후 병력을 감축했고, 거의 20년 동안 중국에 대한 첨단 기술 전쟁에는 거의 중점을 두지 못하고 대테러 작전을 과도하게 강조한 결과 이러한 기습 공격에서 발생하는 손실을 흡수할 준비가 되어 있지 않았다. 가파른 예산 감축과 함께, 이러한 시나리오는 미국이 이런 무기에 취약하다는 문제점을 제기하고 있다.

중국과 같은 국가를 이기기 위해 필요한 것은 미국의 군대가 중국으로부터 있을 수 있는 21세기형 전격전에 대응할 준비를 하는 것이다.

40년 이상 미국 정부와 미국 군대는 재래식 전쟁 혹은 핵전쟁에서 어떻게 중국을 물리칠 것인가에 대해서 밝히지 않았다. 더욱이, 반복되는 작전계획 5027이 북한의 남한에 대한 기습공격 이후 미국과 동맹국들이 어떻게 전쟁을 수행하는지 보여 주면서 북한에서 발생하는 전쟁계획에 대해서는 누출이 없었다.

중국과의 전쟁계획에 대해 언급이 없는 이유는 중국과 전쟁 수행에 관한 공개적인 토론을 금지하면서, 모든 국방 및 안보 관리들에게 정치적인 제약을 부과하는 대통령의 명령 때문이었다. 앞의 장에서 언급한 바와 같이, 오바마 행정부는 예상되는 중국과의 충돌을 강조하지 않도록 펜타곤에 지침을 내렸다. 이 잘못된 정책은 전 펜타곤의 정책 입안자 조셉 나이(Joseph Nye)가 1990년대에 제안한 유언비어로부터 연유된 것이다. 미국은 공산당 정권의 행위와 무관하게 베이징을 적대 국가로 대하는 정책과 조치를 통하여 위협적인 중국을 만들어야 한다고 주장하는 전능한 정치적 서술을 주도한 사람이 나이였다. 이런 거짓 이야기는 중국 공산당과 PLA 지휘하에 있는 정치-군사적인 세력이 미국은 쳐부숴야 할 중국의 주적으로 공개적으로 선언하도록 하였다. 그리고 이것은 도널드 트럼프의 대통령 선거까지 계속되었다.

인도-태평양 사령부는 중국과의 전쟁계획을 발전시키는 책임이 있는 미국군 사령부이다. 수십 년 동안, 중국의 야망은 지역적인 것에 불과하고, 본질이 방어적이며, (수십 년 동안) 타이완에 대한 군사적 이점을 준비한다는 중국의 정치-군사적 목표와 의도가 제한적이라는 잘못된 정보 평가에 근거하여, 이 사령부의 전쟁계획은 평범한 것이었다.

그 결과, 인도-태평양 사령부의 전쟁계획은 만약 기습 공격이 발발하면, 타이완에 대한 미국의 구조와 관련된 지역 분쟁에 제한되었다. 2011년경부터 시작하여, 계획이 동중국해에 있는 분쟁 중인 센카쿠(Senkaku) 섬에 대한 도쿄와 베이징 간 미래 분쟁에서 조약으로 맺어진 동맹국 일본의 방위를 위하여 중국과의 전쟁을 준비하는 것까지 확장되었다. 최근에 호놀룰루의 진주만이 보이는 H.M. Smith 캠프에 있는, 인도-태평양 사령부에서 은밀하게 일을 하고 있는 전쟁 기획가들은 중국이 대규모 섬 건설을 통하여 그 바다를 장악하려는 시도를 함에 따라 남중국해에서 전쟁 시나리오를 준비하고 있다.

그러나 청천벽력 같은 중국군의 공격에 어떻게 대응할 것인가에 대한 토의는 거의 없었다. 중국이 2013년에 발행한 책 군 *전략의 과학(Science of Military Strategy)* 은 중국의 군사 사상에 관한 중요한 창작으로 간주하고 있다. 그 책은 중국의 대규모 지상 침략 가능성이 아주 낮은 것으로 보고 있다. 그러나 이 책은 정신이 번쩍 들게 하는 인식이 포함되어 있다: "권리를 보호하기 위한 작전과 제한적인 해외에서의 전쟁 작전을 수행할 가능성은 점점 증가하고 있다. 가장 심각한 위협은 우리에게 항복을 강요하기 위해 우리의 전쟁 잠재력을 파괴하려고 강력한 적이 개시하는 대규모 전략적 기습이다. 가장 가능성 있는 전쟁 위협은 바다로부터 발생하는 제한적인 군사적 분쟁이다. 우리가 준비해야 할 필요성이 있는 전쟁, 특히 핵 억제력의 배경을 고려한다면, 바다로부터 발생하는 대규모이면서 매우 강도가 높은 지역 전쟁이다."[8]

많은 정부 관리들, 군사 지도자들 그리고 중국 전문가들은 중국 공산당 지도자들이 미국 군사력의 힘을 이해하기 때문에 미국에, 공격을 하려고 할 때 절대 오산하지 않을 것이라고 생각한다.

그러나 이것은 틀린 것이다. PLA가 궤도를 돌고 있는 위성에 미사일을 발사하고 파괴하여 초고속으로 움직이는 수만 개의 파편을 남겨 향후 수십 년 동안 위성과 유인 우주선을 위협하게 하는 것처럼 중국은 여러 번 오산한 것을 보여 주었다. 중요한 것은 트럼프 대통령의 공개된 "힘을 통한 평화" 정책과 일치하는 미국 군대가 미래 전쟁에서 어떻게 전쟁을 수행하여 중국을 패배시킬 것인가를 중국 공산당 지도자들과 PLA 지도자들에게 명확하게 하는 것이다.

다음으로 해야 할 것은 진주만 공습 같은 지구적 미사일 기습에 대한 대응 같이 미래 전쟁에서 중화인민공화국을 패배시키기 위한 재래식 전쟁계획을 설명하는 것이다.

이와 같은 보복 공격 혹은 사전 예방적 공격 계획은 미래 분쟁에서 이용하기 위해 식별된 전략적 취약점으로 중국 지도자들이 갖는 "16가지 두려움"으로 중국 전문가 마이클 필즈버리(Michael Pilsbury)가 2012년 밝힌 작업에 근거한 것이다. 필즈버리가 작성한 국방대학원 보고서는 펜타곤의 순평가실(Office of Net Assessment)을 위해 보다 광범위하게 수행한 비밀 연구의 일반 버전이다. 중국의 16가지 두려움은 다음과 같다:9)

1. 일본으로부터 남중국해에 이르는 두 섬의 도련선을 봉쇄당하는 두려움
2. 해양 자원에 대한 외국의 약탈에 대한 두려움 – PLA 해군력 건설의 추진 동력
3. 해상교통로 차단에 대한 두려움 – 특히 중동에서 오는 원유 공급선. 중국은 자국 영토 내에 대량의 석유 매장량이 없고, 오일 및 가스 수송 방해에 매우 취약
4. 모든 군구에서 지상 전력에 의한 공격에 취약성을 보여 주는 연구에 근거하여 지상 침략 혹은 영토 분할에 대한 두려움
5. 베이징을 포함하여 러시아와 북방 국경을 접한 세 개 군구의 취약성에 근거한 기갑부대 혹은 항공 공격에 대한 두려움 – 기갑부대의 침략과 항공부대의 강습
6. 중국 서부 지역에서 위구르족 백만 명 구금과 티베트에서 계속된 탄압에서 보여 주었듯이, 국제적인 불안정, 폭동, 내전 혹은 테러리즘에 대한 두려움
7. 파이프 라인 보호에 집중된 여러 군사 훈련에서 보인 바와 같이 파이

프 라인 공격에 대한 두려움

8. 미국의 항공모함 격침을 위해 구상된 DF-21D와 DF-26 대함 미사일 개발에서 증명된 항공모함 타격에 대한 두려움

9. 2004년 이후 전투기와 항공기의 공격에 대한 방어를 발전시키도록 한 조치에서 보듯이 주요 항공기 타격에 대한 두려움

10. 베이징이 공산당 정권의 정당성을 해치고 거대 항공모함이 되어 PLA에 군사적 취약성을 주는 타이완 독립에 대한 두려움

11. PLA가 상륙 능력, 전자전 그리고 많은 수의 유도 미사일 초계 함정을 배치하는 조치에서 보듯이 타이완을 "해방"시키기 위해 충분한 전력을 배치하지 못하는 PLA의 무능력에 대한 두려움

12. 특수전 전력, 항공 타격 및 사이버 공격으로부터 미사일 부대를 방어하는 연습에 근거하여 특공대, 재밍 및 정밀 타격으로 전략 미사일 부대가 공격받을 두려움

13. 위기가 중국의 통제가 불가능한 수준까지 발전할 것이라고 보는 군사 저술가들의 글에 나타난 바와 같이 통제의 확대와 상실에 대한 두려움

14. PLA의 사이버 방어가 약하고 인터넷이 중국 인구를 자신들의 정권에 반대하도록 하는 데 사용될 수 있다는 우려에 근거하여 사이버 및 정보 공격에 대한 두려움

15. PLA가 비밀 무기로 간주하는, 노출되어서는 절대 안 되고, 분쟁에서 미국이 ASAT 미사일과 지원 시스템에 대해 중국에 종심 깊은 공격을 할 것이라 위성 공격 미사일에 대한 공격의 두려움

16. 중국이 적대적인 국가들에 둘러싸여 있다는 우려에 근거하여 인도, 일본, 베트남 및 러시아 같은 지역 인접국에 대한 두려움

백년간의 마라톤(The Hundred-Year Marathon) 저자 필즈버리는 "이 두려움들은 집중적이고 광범위한 것"이라고 말했다. "이 모든 두려움이 미국의 정책에 대한 중국의 반응에 영향을 미칠 수 있고, 어떤 종류의 중국 전략이 가장 효과적인지 결정하는 데 미국 정책 기획가들은 고려해야만 한다."

중국에 대한 미국의 개념적인 전쟁은 작전계획 0689로 불린다 – 이 숫자는 1989년 6월 베이징의 천안문 광장에서 있었던 비무장 시위대를 진압한 날짜와 일

치한다.

목표: 중국의 정당한 이유 없는 군사적 공격에 대하여 무조건 항복을 강요하는 것이다. 그 목적은 군사적 타격 및 다른 직간접적인 조치로 중국 공산당의 네 가지 중심을 제거하는 것이다 - 최고 권력 중심. 이것들은 (1) 중국 공산당의 최고위 지도부 - 특히 5~11명으로 구성되고 CCP의 당 총서기가 이끄는 정치국 상무위원회로 알려진 당 집단 독재체제; (2) 인민해방군의 최고위 지도부, 특히 중앙 군사위원회의 지도자들 - 군대를 통제하는 조직이고 중국의 가장 힘있는 조직; (3) PLA 해군 및 PLA 로켓 부대; (4) 중동으로부터 서태평양까지 중국의 해상교통로 봉쇄.

시나리오: 중국 공산당의 중앙 군사위원회의 명령에 따라 인민해방군은 탄도 미사일과 순항 미사일을 혼합하여 수십 척의 수상함에 대한 기습적인 미사일 공격을 개시하였다. 이에 대응하여, 대통령은 재래식 군사 공격인 작전계획 0689를 개시하도록 승인하였다.

작전계획 0689의 제1단계: 중국의 공격 후 즉시 외교적인 조치를 시행하였는데, 이는 해군 항공모함 타격 그룹의 1/2과 척당 154기의 토마호크 순항 미사일을 탑재한 오하이오급 핵 추진 잠수함 4척 중 3척이 포함되어 있는 유도 미사일 탑재 전함 및 잠수함들을 인도양, 남중국해 및 서태평양에 신속하게 재배치하기 위해 시간을 버는 수단이다.

5개의 항공모함 타격그룹이 F-35전단과 함께 중국 인근에 배치되었다. 트라이던트 핵미사일을 탑재한 5척의 오하이오급 탄도 미사일 잠수함들이 인도양과 서태평양에 배치될 것이다. 이러한 미디어에 배치가 발표되었는데, 이유는 작전계획 0689가 핵전쟁으로 상승하는 것을 방지하기 위해 위력과시 전략적 메시지를 보내는 작전의 한 방법이기 때문이다. 많은 정보 분석가들은 중국은 미국이 중국 내륙을 공격하는 총력전의 경우에는 핵 타격으로 즉시 전환할 것이라는 평가를 한다.

이 단계에서, 미국의 정보 당국은 표적 목록을 최신화하고 군사적인 표적획득을 지원하기 위한 서지 기능(surge capability)을 시행한다: 중국이 정치 군사 지도자들 식별 및 위치 확인; 차량 이동 중급, 중거리 및 대륙간 거리의 미사일 기지와 벙커의 위치 확인; PLA의 주요 수상함정 및 수중 세력의 위치 확인.

정보 작전은 미국의 타격 작전이 개시된 후 타이완의 독립을 공식적으로 발표하기 위한 타이완과 협조를 하고, 내몽고와 티벳처럼 지역에서 민족적 반란을 선동하기 위해 이들과 협조하는 것들이 포함될 것이다.

개혁적인 성향을 지닌 CCP 및 PLA 지도자들을 식별하는 것은 후속 정부와 군사 지도부를 구성할 수 있는 관리들에 대한 타격을 피하기 위해서 표적 획득하는 과정에서 사용할 것이다.

특수 작전부대의 복수의 팀들이 발전소에 대한 사보타지 작전 준비 및 CCP와 PLA 지도자들에 대한 직접적 조치를 하도록 준비하기 위해 중국에 침투할 것이다. 특공 요원들도 일단 배치되면 사이버 및 정보 전 공격 준비를 할 것이다. 육군의 공중 방어 무기가 일본, 괌 및 오키나와에 대해 예상되는 미사일 공격을 예측하고 중국 근처의 핵심 위치에 배치하기 위하여 계속 들어오게 될 것이다.

제2단계: 작전계획 0689 집행을 위한 D-Day는 미국의 외교적 조치들을 토의하기 위해서 중앙 상무위원회 및 중앙군사위원회 회의가 열리는 동안 개시될 것이다. 규정에 따르면, 그 회의는 중난하이 지도부 복합 주거지역에서 열리고, 모든 위원들은 이 회의에 반드시 참석해야 한다.

일단 위원들이 회의에 참석하면, 미국 대통령은 CCP 및 PLA 지도부가 사퇴해야 하고 그렇지 않으면 죽을 것이라고 발표할 것이다.

대통령의 발표는 웨스턴 힐스 지휘본부가 있는 베이징 근교의 안전한 장소로 지도부를 수송하기 위해 사용되는 지하철 체계를 사용하여 중국 지도부가 탈출하는 계획이 가동되도록 할 것이다.

그 전투의 초기 폭격에는 중난하이와 일직선으로 뻗은 지역과 웨스턴 힐스 지하지휘본부를 포함한 지역에 GBU-28 레이저 유도 폭탄과 GPS 유도 폭탄을 투하하는 B-2 폭격기가 참가할 것이다.

제3단계: 지도부 마비 작전의 후속 타격은 수십 기의 함상 발사 미사일 및 항공기 발사 미사일과 폭격이 결합된 공격이 수행될 것이다. 중국 내에 있는 특수전 팀은 후속 작전과 사보타지 작전을 위해 배치되고 핵심 통신 링크에 침투할 것이다. 기만 작전은 중국 지도자들과 사령관들이 미국의 공격 위치를 혼동하도록 하기 위해 수행될 것이다.

다음 작전은 미국의 전투기와 전투함들이 중국의 유일한 항공모함 랴오닝과 최초의 토종 항모를 포함한 표적들에 대하여 장거리 대함 미사일과 하푼 대함 미사일을 이용하여 중국 해군에 대한 대규모 공격을 수행한다. 그 목적은 북중국 해안으로부터 남중국해의 하이난(Hainan) 섬까지 분포되어 있는 32개의 해군기지와 항구에 위치한 수백 척의 중국 전투함들을 격침시키기 위한 것이다.

토마호크를 발사하는 오하이오급 잠수함과 버지니아급, 시울프급 그리고 로스앤젤레스급 공격 잠수함들은 이동 미사일이 배치된 22개의 PLA 로켓부대 기지에 대량의 동시 발사 공격을 수행할 것이다. 대공 방어 기지 역시 토마호크로 공격할 것이다.

공격 잠수함 역시 성능이 좋은 해군 공격 잠수함과 다른 대잠전 능력으로부터 보호를 거의 받지 못하는 PLA 의 잠수함 함대를 파괴할 것이다.

F−22 전투기들은 궤도를 돌고 있는 미국의 위성에 대해 인공위성 공격 미사일 혹은 레이저 공격을 방지할 목적으로 신장과 서부 중국 및 중앙 중국의 다른 지역에 배치된 우주 전쟁 시설에 대한 장거리 타격을 수행할 것이다.

중국 공군력에 대응하기 위하여, 장거리 공대공 미사일을 탑재한 F−35 스텔스 전투기기가 중국의 J−20과 다른 전투기들을 격추하고 중국의 대공 방어 기지를 파괴하기 위해 사용될 것이다.

해상교통로 봉쇄를 위해서, 인도양, 남중국해, 동중국해 그리고 동북 태평양에 배치된 수십 척의 유도 미사일 전투함들이 중국 해안을 따라 도착항구로 이동하는 중국의 오일 탱커들을 차단할 것이다. 해군과 공군 전투기 및 미사일들이 PLA 군사 시설들을 제거하기 위해 사용될 것이다.

다시 중국 공격에 대한 보복으로 작전이 수행될 것이다.

미국의 군사작전을 요약하여 설명하는 목적은 중국 지도자들에게 미국과의 군사적 분쟁에 뛰어들면 중국 공산당이 가장 간직하고자 하는 것의 종말을 의미한다는 것을 확신하도록 도움을 주기 위한 것이다: 14억 중국 인민에 대해 지속된 준 전체주의적 통치의 종식을 말한다.

바다의 화약고와
중국의 진주 목걸이 확장

┌──────────┐
│   │
│   │
│ 제13장   │
│   │
└──────────┘

바다의 화약고와 중국의 진주 목걸이 확장

> "중국이 [스프래틀리] 섬에서 진행 중인 건설 활동은 어떤 국가를 표적으로 하거나 혹은 영향을 주는 것이 아니고, 중국은 군사화를 추구하지 않는다."
>
> – 시진핑, 2015년

> "2018년 4월, 베이징이 전초기지에 미사일과 전자 교란기를 포함하여 PLA의 군사력 투사 능력을 더욱 강화하는 발전된 군사 체계를 배치하여 군사화를 계속하고 있다."
>
> – 인도-태평양 사령부 사령관 필립 데이비드슨 제독, 2019년

미국 지도자들은 30년 이상 자유 민주주의 타이완을 점령하기 위한 중국의 장기 전략적 목표가, 어떻게 지역 패권 이후 궁극적으로 세계 지배를 달성하는 큰 그림에서 단지 한 걸음 차이인지 이해하지 못했다. 민주적 통치가 이루어지는 그 섬 국가는 워싱턴이 외교적 승인을 타이완에서 베이징으로 변경한 1979년 이후 미국의 지원 속에서 번영을 누려 왔다. 그 시기에 의회는 타이완 관계법(Taiwan Relation Act)를 통과시켜 미국이 동맹을 완전히 포기하지 않도록 조치를 취했는데, 그 법으

로 미국은 의무적으로 중국 본토의 공격으로부터 타이완을 방어하고, 타이완 정부에 방어적인 무기를 제공하도록 하였다.

2000년에 발간된 *The China Threat*에 설명된 바와 같이, 타이완은 수십 년 동안 미국과 중국 사이에서 잠재적인 전쟁의 주요 유발 요인으로 위험한 화약고로 존재했다. 그 섬의 강제적인 통일은 실제적이면서 자라고 있는 위험으로 남아 있다.

그 이후, 중국과 새로운 화약고로 부상한 곳이 남중국해이다. 오바마 행정부 기간인 2008년부터 2016년까지 공산주의 중국은 전체 남중국해를 통제하기 위한 비밀스러운 계획을 조용하게 추진해 왔는데, 이곳은 넓이 약 140만 평방 마일과 수십 개의 도서로 구성된 이 해역을 통하여 매년 5조 달러에 해당하는 무역이 이루어지는 주요 국제 통항로인 전략적 수로이다. 이 해역은 오랫동안 개방된 해역으로 간주되어 역사상 어느 국가도 전 해역에 대한 절대 통제를 시도한 적이 없었다.

트럼프 대통령의 초대 국방부 장관이었던 예비역 해병 대장 제임스 매티스(James Mattis)는 2018년 6월 중국을 방문했을 때, 남중국해의 긴장을 그가 얼마나 위험스러운 것으로 간주하는지 밝혔다. 매티스와 중국 방문을 함께 했던 소수 기자 중 한 명이 보도한 바와 같이, 장관은 기자단과 몇 번 만나면서 그의 입장을 설명하였다. 베이징에 착륙하기 전, 이라크와 아프가니스탄 전쟁에 참전했던 직설적인 표현을 잘하는 전투 베테랑이 베이징에서 어떻게 임할 계획인지와 중국을 어떻게 다룰 것인지에 대해서 조심스럽게 설명하였다. 그 브리핑은 전자전 공격을 방어할 수 있도록 보잉 747 제트기를 군용으로 전환한 공군의 대형 핵 통제 항공기인 E-4의 작은 캐빈에서 열렸다.

매티스는 "우리 두 나라 사이의 문제들을 해결하는 방법으로 우선 투명한 관계를 정립하고 전략적인 대화를 해야 한다고 생각한다"고 말했다. "그들은 우리와의 관계를 어떻게 보는가? 중국인들은 우리와의 관계를 발전하고 있는 것으로 본다. 우리는 어떻게 그것이 발전하고 있는지 그리고 성가신 다른 문제를 해결하기 위한 방법은 작전적 투명성을 확보하는 방법으로 전략적 투명성으로 시작해야 한다는 것을 공유해야 한다. 그것이 나의 메시지이다."

투명성은 소용돌이치는 듯한 미국-중국의 군사관계에서 최선을 다하려는 정부 관리들에게 유행어이자 전문 용어로 남게 되었다. 이것은 미국이 PLA가 1990년대 인적 교류와 군사 방문에 참여하도록 야심찬 계획을 개시한 이후 PLA의 변하지 않은 적대감 및 작전적 비밀을 기술하기 위해 사용되었다. 그 계획은 공식적인 회의와 교류를 한다는 것은 양측의 군 사이에 신뢰를 형성하는 중요한 방법이라는 의심스러운 개념 위에서 계획되었다. 그러나 그 가정이 잘못되었다 — 중국의 공산당이 지배하는 PLA는 결코 미국 군대와 관계에서 신뢰를 형성할 수 없었다. 그 계획은 오해 위에서 수립되었기 때문에 어떤 신뢰도 구축할 수 없어서 실패하였다. PLA는 미국 군대처럼 국가의 군대가 아니라 당의 군대로 근본적으로 달랐다. PLA는 이념적으로 움직였고, 그 지도자들은 핵심 신념으로써, 미국은 중화인민공화국을 패배시키려는 음모를 가지고 있고 그래서 반드시 필요한 모든 수단을 동원하여 패배시켜야 하는 제국주의적인 적이라는 생각을 가지고 훈련을 받았다.

중국과 군사 교류는 기껏해야 일방적인 문제로 증명되었다. 중국인들에게. 그 교류는 더 나은 관계를 구축하자는 핑계 속에서, 미국 장교들로부터 가치 있는 정보를 받아내면서도, 그들을 어리석다고 표현하지 않는 장으로 다년간 이용해 왔다. 그런 사건은 1990년대 후반에 PLA 장교가 전투함의 약점을 확인해 보기 위해 항공모함을 방문한 기간 중 미국의 해군 장교에게 질문했을 때 발생하였다. 그 장교는 어리석게도 모든 항공모함은 수면 아래의 선체가 취약하고, 선체 중 가장 취약한 부분은 폭탄과 탄약 저장고 근처라고 대답했다.

그 교류가 있고 나서 몇 년 후, 미국의 정보 당국들은 PLA가 러시아로부터 성능이 향상된 Type 53 항적 추적 어뢰를 구매하고 있다는 것을 알아냈고, 그 어뢰는 어뢰 대항책을 회피해서 항공모함의 무기가 저장고가 있는 수면 아래 선미 부분을 폭파시킬 수 있도록 설계된 것이라고 평가하였다. 2012년에 중국은 자체 제작한 항적 추적 어뢰를 반대로 변경하였다. 그러한 발전은 군사교류 방문 기간 동안 밝혀진 항공모함의 취약성과 관련된 것으로 생각된다.

의회는 그 사건으로 놀라서 2000년에 중국과의 교류를 제한하는 법안을 제정했는데, 그 내용은 "부적절한 정보 유출로 국가 안보를 위험에 처하게 하는" 교류를 금지하는 것이었다. 여러 분야가 금지 목록에 오르게 되었는데, 전력 투사 작전, 핵 운영, 발전된 연합 무기 및 합동 작전, 발전된 군수 작전, 대량살상무기 능력, 감시 및 정찰 작전, 합동 전투능력, 군사 우주, 발전된 군사 능력, 무기 판매 및 기술 이전, 비밀 자료, 그리고 펜타곤과 연구소 접근 등이다.[1]

그 제한은 마지못해 지켜졌고 그 제한으로 밀접한 군사관계 발전을 방해한다고 불평하는 PLA 방문자들로부터 정기적인 반대가 있었다.

2018년 매티스의 중국 방문은 바로 군대군 교류(military-to-military exchange) 계획으로 불리는 것 중 가장 최근에 이루어진 것이다.

"나는 어떻게 그들이 전략적 관계 발전을 보는지 그리고 무엇보다 어떻게 그들이 이것을 전략적으로 가지고 가려고 하는지 그들의 이야기를 듣기를 원한다"고 중국으로 이동 중에 말하였다. "나는 가서 많은 것을 듣기를 원한다. 나는 발전하고 있는 것에 관해서 명백하게 할 것이다. 내가 워싱턴에 단순히 앉아서 뉴스, 정보 보고 혹은 분석 보고를 읽는 대신, 여행하는 모든 이유가 바로 그것이다."

일단 도착하고 나서, 당 총서기 시진핑, 국방부 부장 웨이펑허(Wei Fenghe), 중앙 군사위원회 부의장 쉬치량(Xu Qiliang)을 포함한 중국 지도자들에 대한 그의 메시지는 더 직설적일 수 없었다.

만면에 웃음을 머금은 쉬가 회담을 시작하면서, 메티스에게 "나는 우리 둘이 좋은 친구가 될 것이라고 생각한다"고 말했다.

매티스는 다른 아젠다를 가지고 있었고 중국에서 두 번째로 가장 강력한 지도자인 쉬에게, 양국 관계가 나쁜 한 가지 이유는 남중국해인데, 그곳에서 중국이 분쟁 중인 스프래틀리와 파라셀 군도에서 새로운 섬의 3,200에이커 이상에 대한 권리를 주장하였고, 2017년부터 그 섬에 무기와 병력을 배치하기 시작하였다. 남중국해 전체의 90%에 대한 중국의 영유권 주장은 수차례나 미국과 중국 간 해군 사격 사건 직전 상황까지 갔던 주권에 대한 모호한 역사적 주장에서 근거한 것이었다. 베이징과 삐걱거리는 관계를 만들지도 모르는 행동을 피하려고, 오바마 행정부는 몇 년 동안 그 해상의 안과 위에서 거의 모든 항행 자유 작전을 중지했었다. 그 작전에는 분쟁 중인 섬 인근에 해군 군함 혹은 감시 항공기를 파견하는 것도 포함되었다. 중국 군함들은 그 해역을 항해하는 미국의 유도 미사일 구축함 혹은 프리게이트 함에 대해 중국의 주권을 침해하였고 그래서 그 해역에서 반드시 이탈하라고 항해를 방해하거나 경고하였다. 미국의 군함들은 계획된 대로 정확하게 통항을 집행하기 위해 엄격하게 법을 준수하였고, 때로는 분쟁 중인 섬들에 가까운 해역에서 "무해 통항"을 하였다. 어떤 경우에는 군함들이 그 섬의 12마일 제한선 안으로 진입하기도 하였다.

2018년 9월 30일, 긴장 관계가 위험스러운 상황까지 치달았는데, 당시 미국의 유도 미사일 구축함 디케이터(Decatur)가 스프래틀리 군도 인근에서 PLA 해군 루양(Luyang)급 구축함과 거의 충돌할 뻔한 사건이 발생하였다.

그 구축함이 디케이터와 거리 45야드 이내에서 항해하였고, 치명적인 충돌이 발생하여 틀림없이 해군과 공군의 교전으로도 연결될 수 있는 상황을 피하기 위해 디케이터가 긴급 회전하도록 강요하였다. PLA의 루양급 구축함 승조원들은 그 군함이 디케이터에 접근하면서 그 군함의 현측에 충격 흡수용 펜더를 배치시켰다. "당신이 충돌을 대비하지 않았다면, 펜더를 내놓지 않았을 것이다"라고 그 도발적인 행위에 대한 우려를 표명했던 국방부 관리가 말했다.

그 사건이 발생하고 며칠 후, 백악관 안보 보좌관 존 볼튼(John Bolton)은 중국에 직설적인 경고를 보냈다: 해군 지휘관들은 이런 도발에 대응하기 위해 "[그들이] 필요한 모든 권한을 가지고 있다." 그는 추가하여 "우리는 미국 군인에 대한 위협에 참지 않을 것이다. 우리는 국제적인 항로가 개방된 상태로 유지되도록 단호하게 행동할 것이다. 중국은 이것을 이해해야 한다. 그들의 행동은 너무 오랫동안 필요 이상으로 도발적이었다"라고 했다.2)

이보다 3개월 먼저 베이징에서, 매티스는 중국 국방부 내의 회의실에서 쉬와 마주보고 앉아 있었고, 남중국해에서의 분쟁이 심각하다고 명백하게 말했다.

매티스는 미국과 중국이 그 해로의 주권에 대해 동의하지 못한다고 쉬에게 설명했을 뿐만 아니라 국방부 부장에게는 그전에 설명하였다. 그는 미국은 그 바다를 자유롭고 개방된 국제수로로 간주한다고 말했다. 반대로, 중국은 그 바다는 주권이 있는 해양 영토라고 생각한다고 말했다. 그러자 매티스 장관이 계속 말하기를, "우리는 양차 세계대전에서 싸웠던 유럽인들처럼 그렇게 끝내기를 원하지 않는다"고 하였다.3) 그 메시지는 미묘하였지만 냉혹한 것이었다. 그렇지 않았다면, 남중국해에서 세계대전의 가능성을 배제할 수 없는 협정에 이를 수도 있었다.

중국은 외견상 매티스의 직설적인 경고를 환영하지 않았다. 한 보고서에서 미국에 대한 쉬의 공격적인 태도가 매티스와 회담에 대한 보고서에 반영되었다. 몹시 비판적인 경고를 하면서, 쉬는 중국의 영유권 주장에서 "단 일인치"도 잃는 것을 참지 않겠다고 맹세했다.4)

쉬의 코멘트는 매티스가 베이징에서 하루 더 보내야 하는 상황에서 나왔는데, 이는 아시아 전문가가 아니라 중동 전문가인 국방부 장관의 얼굴을 후려치는 것이나 마찬가지였다. 매티스는 쉬가 공개적으로 취한 모욕적인 행동에 대응하지 않았다. 남중국해로부터 제3차 세계대전이 잠재적으로 발발할 수 있다는 매티스의 코멘트에 중국 공산당과 PLA 지도부가 아픈 곳을 찔리는 충격을 받았음이 명백하였다.

몇 달 후 매티스는 중국의 군사 배치가 늦춰지지 않고 있다고 밝혔다 - 베이징에서의 토론이 무시되었다는 표시이기도 하다. "우리는 남중국해에서 지속되는 군사화의 특성에 큰 우려를 하고 있다"고 매티스가 베트남을 방문하는 길에 말했다.

미국이 분노하고 우려하는 이유는 시진핑이 2015년 9월 오바마 대통령에게 남중국해에서 새롭게 영유권을 주장한 섬은 군사기지로 전환하지 않겠다고 약속하였기 때문이다. 그것은 노골적인 거짓말이었다.

2017년에 PLA는 분쟁 중인 스프래틀리 군도에 전장 8,800피트 이상인 활주로를 최소 두 개 건설하였다 – 대규모 병력 수송 혹은 군사 수송기 운영에 충분하다. 군사화 조치에 포함되는 것은 24개의 전투기 격납고 건설, 무기의 고정 배치, 막사, 행정 건물 그리고 3개 장소에 통신 시설 건설: 화이어리 크로스(Fiery Cross), 수비 (Subi) 및 미스치프 리프(Mischief Reefs).

고정 무기 배치에 대해서 특별한 우려를 표명하였다. 위성 사진으로 보면, 그 섬들의 기지에는 단거리 해군 포들이 배치되었다. 그러나 정보분석은 해군 포를 거치하기 위해 사용된 지지대는 더욱 치명적인 장거리 대함 미사일을 배치하는 데 사용될 수 있는 것과 똑같은 지지대였다. 이것이 정확하게 발생한 일이다. 2018년 6월, 매티스가 베이징을 방문하기 직전에, 나에게 그 무기에는 개량된 대함 미사일, 항공 방어 미사일 및 전자전 장비들이 포함되었다고 말해 준 펜타곤 관리들 사이에서 경고 벨이 계속 울렸다.

고위 국방부 관리는 "그 미사일 체계가 남중국해에 중국이 배치한 가장 성능이 뛰어난 지상 무기"라고 말했다.

그 미사일은 340마일까지 사거리를 보유한 YJ－12B 대함 미사일로 확인되었다. 그 대함 미사일들은 남중국해의 북부해역에 있는 파라셀의 우디(Woody) 섬과 남부에 있는 화이어리 크로스, 수비 및 미스치프 리프에 배치되어 있다. 이 미사일 모두는 남중국해의 90% 해역을 항해하는 미국과 동맹국들의 함정을 위협하고 있다.

그 이후 펜타곤은 사거리 184마일인 HQ－9A과 HQ－9B 장거리 함대공 미사일을 포함한 대공 미사일이 배치되었다고 폭로하였다. HQ－9s는 항공기, 무인 항공기 및 순항 미사일을 격추할 수 있다.

인도－태평양 사령관 필립 데이비드슨 제독은 특히 대공 미사일이 그 바다 상공에서 정기적인 감시 비행하는 군용기와 그 수로 상공을 비행하는 민간 상업용 항공기에 위험스럽고 위협을 가한다고 2019년 초에 경고하였다. 그는:

> 이것은 자유로운 소통의 흐름에 관한 것이다. 그것은 오일이다. 그것은 무역이다. 그것은 경제적인 수단이다. 이것은 남중국해 밑을 지나는 케이블에 사이버 연결을 의미하는데, 남중국해는 싱가포르에서 나오는 깊고 심오하며, 세계의 모든 위대한 국가들 사이에서 시민들의 자유 통항을 포함한다. 만약 당신이 싱가포르에서 샌프란시스코까지, 시드니에서 서울까지, 마닐라

에서 도쿄까지 비행기를 탄다면, 당신은 남중국해 상공을 비행할 것이다. 매번 그것이 일어난다면, 거기에는 함대공 미사일을 가지고 있는 사람과 그 비행이 매일매일 기준으로 계속될 수 있는지를 평가하는 중국 군인이 있다. 나는 이것이 세계의 안보에 위험스러운 것이라고 생각하고, 중국이 이런 행동을 취하는 것이 상당히 치명적인 것이라고 생각한다.

국무장관 마이크 폼페이오 역시 최초로 미국은 남중국해에서 1951년 체결된 미국-필리핀 상호방위협정을 발동하겠다고 발표함으로써 중국에 대한 압력을 가하였다. 미국은 만약 중국이 스프래틀리에 대한 분쟁에서 필리핀을 공격하면 군을 동원하여 대응한다는 것이다.

"남중국해가 태평양의 일부이므로, 필리핀의 부대, 항공기 혹은 남중국해에 있는 공용 선박에 대한 어떠한 무장 공격도 우리의 상호 방위조약의 제4조에 따라 상호 방위의무를 촉발시킬 것"이라고 폼페이오가 말했다.[5]

이 선언은 2013년 중국이 스카버러 쇼울(Scarborough Shaol)에 전투함을 파견하여 필리핀으로부터 통제권을 빼앗았을 때, 오바마 행정부가 중국에 유화적으로 대한 것과는 극명하게 비교된다. 당시 베니그노 아퀴노 3세(Benigno S. Aquuino III) 대통령은 워싱턴에 그 암초를 되찾기 위해 마닐라를 도와주도록 그 협정 발동을 요청하였다. 그러나 오바마는 거절하였다.

중국 군대에 관한 정보에 정통한 미국 정보 출처에 따르면, 중국의 지도자 시는 매티스와의 미팅을 위한 계획을 세 차례나 바꿨다고 한다. 시는 최고 지도자이면서 중앙 군사위원회 의장으로 중국 군대의 모든 정보를 통제한다. 과거에는 2PLA(군사정보국)은 3PLA(사이버전 국)과 분리되어 있었다. 중국의 지도자들은 두 정보 기관이 합쳐져서 모든 비밀을 공유하게 되어 너무 많은 권력을 갖게 되는 것을 두려워하였다 - 중국 공산당 지도자들의 비밀을 포함하여.

그러나 시의 집권하에, 2PLA와 3PLA 양자가 새로운 전략적 지원 세력으로 결합되어, 시진핑의 엄격한 통제하에 있게 되었다. 시진핑은 이 정보 기구를 일부 최고위 지도자들을 포함하여 수십 명의 PLA 장성들을 축출하는 정치적 숙청을 집행하기 위해 사용하였다. 그 숙청은 당 주도 군대를 더 불안정하게 만들었고, PLA의 내부 불만과 지역적으로 가중된 군사적인 긴장은 미국을 위한 잠재적으로 취약한 요소들로 남게 되었다.

그 정보 출처는 중앙군사위원회 부의장인 쉬치량이 미국에 대한 강력한 증오를 품고 있었다고 폭로했다. 그의 입장은 미국을 주적으로 간주하면서 매티스 같은 사람을 만났을 때는 적대감을 숨기도록 훈련받은 전형적인 PLA 장성의 관점이다. 쉬의 증오는 그의 딸 중 한 명이 로스앤젤레스의 대학에 다니면서 미국인 남자 친구로부터 피해를 입고 헤어진 이후 더욱 심해졌다. 미국에 대한 쉬의 나쁜 감정이 더욱 심해진 것은 그가 조지 부시 행정부 집권 기간에 미국을 방문해서 미국군 고위 지도자들로부터 받은 모욕 때문이었다. 그의 반미국 성향 때문에, 쉬는 미국에서 살던 그의 가족들을 호주, 홍콩 및 영국으로 이사를 시켰다.

본래 중국인들은 군사 교류가 매우 중요하다고 강조하기 위해 매티스를 우정과 친절로 반갑게 맞이하려고 계획을 세웠었다. 그리고 중국 측에서는, 시를 포함하여 당과 군에서 최고 수준의 회담으로 준비하기 위해 협조하였고, 미국의 타이완에 대한 무기 수출과 다른 민감한 주제와 관련하여 그를 너무 압박하지 않기로 계획을 세웠었다.

베이징에서 매티스와 회담을 어떻게 할 것인가 준비하는 과정에서 트럼프가 예측할 수 없다는 면모를 보여 준 것에 근거하여, 매티스가 일 년 내에 펜타곤을 떠날 수 있을 것이라는 판단에 회담 준비를 다르게 하는 것으로 의견이 모아졌다. 그 회담의 중요성이 떨어지게 되었다. 그리고 중국인들이 준비한 세 번째 접근방법이 채택되었는데, 그것은 매티스가 트럼프에 의해 해고될 것이라는 미국 내에서 나오는 확실한 정보에 근거한 것이었다. 만약 그 정보가 정확하다면, CCP 및 PLA 지도자들이 그들의 요구사항 모두를 충분하고 명쾌하게 설명하고 미국 국방부 장관을 환대하고 우정으로 맞이할 필요성이 없어 보였다. 그들의 요구사항은 미국에 타이완에 대한 무기 판매를 중지할 것과 남중국해가 국제수로라는 미국의 주장을 거부하고 베이징의 해양 자원으로 남게 하려는 것이었다.

세 번째 접근방법이 채택되었다는 것이 명백하였는데, 매티스가 아직 베이징에서 여러 정치, 군사 지도자들과 만나고 있는데도 시진핑이 중국은 남중국해, 동중국해와 타이완 해협에서 일인치의 영토도 포기하지 않겠다는 발표를 하면서 모욕적인 제스처를 취했다.

매티스는 2018년 12월 20일 순조로운 업무 인수인계를 원활하게 하기 위하여 3월까지 사무실에 계속 있겠다고 말하면서 사임하였다. 3일 후, 트럼프는 2019년 1월 1일에 패트릭 새너헌(Patrick Shanahan)이 국방부 장관 대리로 매티스의 자리를 인계받는다고 발표하였다. 트럼프의 행동은 매티스가 그날 펜타곤을 떠나도록 압박하는 것이었다. 대통령은 나중에 그가 "기본적으로 그를 해고했다"고 말했다. 그것은 매티스가 로널드 레이건 이후 가장 보수적인 대통령이라는 트럼프와 정치적으로 견해를 달리하는 자신을 확인하는 암울한 출발이었다.

그가 2018년 6월 타는 듯이 뜨거웠던 베이징을 방문한 이틀 동안, 매티스는 지도부 혹은 군대 내에서 공개적인 불협화음은 볼 수 없었다. 그런데도 중국의 군 및 지도부는 PLA에 중요한 위험이 있다고 믿고 있었다.

믿을 만한 정보 출처에 따르면, 공산당 군대는 지속적으로 CCP에 의한 통치가 궁극적으로 위협받는 두 가지 중대 도전에 직면하고 있었다. 첫 번째는 시진핑이 시작한 주요 정치적 숙청의 결과로 일부 군 최고 고위급 지도자들이 모함에 빠져 PLA 내부의 불안정성이 커지고 있다는 점이다. 두 번째 위협은 중국 정부가 퇴역 군인들에게 연금 지급에 실패하였기 때문에 퇴역에서 살아남기 위해 투쟁을 하는 수천 명의 전역 군인들의 규모가 커지고 있었고, 그 내부에서의 불만도 커지고 있었다. 2018년에 시작된 PLA의 퇴직자들에 의한 시위가 베이징의 공산당과 중앙 군사위원회 본부 앞에서 일어난 것을 포함하여 여러 도시에서 발생하였다. 항의 시위에 참여하여 거리를 점거한 퇴역 군인들은 약 130만 명의 예비역으로 추정되었다. 약 1만 명이 체포되었다. 현재의 PLA 지도부는 예비역 군인들의 항의가 1989년 6월 당을 갈라놓았던 민주화 시위자들처럼 대규모 시위를 촉발할 수 있다는 것을 매우 두려워하고 있다.

시의 집권하에서 군대의 개혁은 결혼을 통해서 공산당 지도자들과 직접적인 친척이거나 혹은 관계를 맺고 있는 고위 군사 지도자들의 높은 구성비를 감축하기 위해 추진되었다. 시의 지시로, 고위 장교단의 75%가 대략 50%로 대폭 감소하였다. 자격이 조금 부족한 공산당 왕자당 회원들의 진급 역시 이들을 실제 군인이 아니라 정치 지도자들로 간주하는 전문가인 군인들의 분노를 조장해 왔다. 이것은 PLA 내에서 커 가고 있는 또 다른 불안정의 사인이다.

시 역시 군대가 어떻게 타이완과 남중국해에 대한 통제권을 확보할 것인가를 두고 분열하는 것을 두려워하고 있다. 그 논란은 중국이 북일본에서부터 남중국해까지 뻗어 일본에 근접한 제1도련이라고 불리는 곳에 대한 패권을 추구해야 하는지, 아니면 제2도련을 포함하는 해안으로부터 멀리 떨어진 영토와 바다를 통제하기 위한 전력과 능력을 건설해야 하는지에 집중되어 있다 — 제2도련은 중국으로부터 멀리 떨어진 괌과 태평양의 다른 섬들을 포함한 일련의 도서 연결선이다.

보다 중요하고 새로운 계획 중의 하나는 시진핑이 시작하여 중국의 세계 지배를 증진하기 위해 고안된 것으로 일대일로 구상(the Belt and Road Initiative)이다. 이 계획하에서, PLA는 중동과 북아프리카에 12개의 새로운 군사 기지를 통하여 확장하려는 계획을 수립하였다. 그 기지들은 이란, 카타르 및 사우디 아라비아에 건설될 예정이다.

시진핑은 또한 중국과 에너지가 풍부한 중동 사이에 해로와 육상 루트를 보호하기 위해 일대일로 구상의 일부로 남중국해에 있는 하이난 섬에 잠수함 기지를 확장할 예정이다.

시진핑은 또한 중국이 첨단 기술 분야를 발전시키기 위한 계획에 속도를 내고 있다. 2018년에, 그는 1,000일 계획이라는 프로그램을 시작하였다. 그 계획은 2022년까지 핵심 첨단 기술 산업을 개발하고 실용화하려는 것이다. 그 계획은 38만 명의 연구자와 기술자를 채용하는 계획과 관련되어 있다.

그 계획의 배경에 있는 추동력은 트럼프 대통령이 북한의 김정은 정권에게 핵 및 장거리 미사일을 포기하도록 하기 위하여, 위협과 유화적인 태도를 결합하여 북한에 압력을 행사하는 전술과 유사한 방법으로 중국에 대해 집중할 것이라는 우려이다. 시는 미국이 북한과 거래를 완료한 후에 다음 표적은 중국이라는 것을 우려한다. 그러므로, 중국 정부는 미국과 북한의 핵 협정을 가능하면 오랫동안 지연시키려고 하고 있다.

미국을 이기기 위한 동력의 일부로, 시와 공산당 지도부는 중국, 러시아, 북한, 이란 및 터키를 포함하는 반미국 국가 동맹을 형성하려고 한다 – 미국에는 악몽 같은 시나리오이다.

중국이 전 세계에 걸쳐 움직이고 있는데, 파나마 운하의 양 끝에 있는 상업용 항구로부터 바하마에 있는 주요 상업용 항구까지를 포함한다. 중국은 아프리카의 북동부(Horn of Africa)에 있는 지부티로부터 중동과 북아프리카를 통하여 파키스탄, 타지키스탄까지 범지구적 군사 기지 설치를 확장하고 있다.

발전 도상국이 일대일로 구상을 통하여 기반시설을 건설하기 위한 수조 달러가 투입되는 계획의 표적이다. 중국 최초의 해외기지는 지부티에 있는데, 미국의 핵심 기지 캠프 르모니에(Lemonnier)로부터 1마일에 위치하고 있다. 이 근접성은 군에 스파이 행위를 하고 싶은 생각을 촉발한다; 그것은 2018년 봄까지 그랬는데, 당시 중국은 그들 기지 인근을 비행하는 미국 항공기에 대해 레이저를 발사하기 시작하였다. 그 사건은 연방 항공청(FAA)이 2018년 4월 14일 그 기지에 있는 조종사들에게 중국 기지로부터 발사되는 레이저 조명을 조심하라고 경고하는 고시를 발표할 때까지 펜타곤은 은폐하였다. 조종사들에 대한 고시에서, FAA는 군사 기지 인근에

"고출력 레이저가 관련된 다중 레이저 발사 사건이 있었다"고 통지하였다. 펜타곤의 여성 대변인 다나 화이트(Dana White)는 레이저 발사 사건을 확인하고, "2회 이상 10회 미만의 발사가 있었고", 그 결과 항공 요원들이 눈 부상을 입었다고 말했다. 한 사건의 경우, C−130 승무원 한 명이 그 레이저로부터 눈 부상을 입었다.

미국의 반응은 그 사건을 축소하는 것이었고, 유일한 반응은 과거에는 비웃음을 받았던 항의를 발표하거나 혹은 외교적인 항의 문서를 중국에 전달하는 것이었다.

중국에게 지부티 다음의 군사 기지는 종종 베이징의 이스라엘로 불리는 파키스탄에 있다. 중국이 과다르(Gwadar) 항구에서 건설하고 있는 상업용 항구 시설은 거의 완공 단계에 있고, 여러 명의 중국 군사 대표단이 2018년 1월 초에 걸프만의 이란 국경과 인접한 항구인 지와니(Jiwani)에 중국 해군 기지 건설을 위한 협상을 위해 파키스탄을 방문하였다.

지와니 기지는 PLA를 위한 해군 및 공군 합동기지로 준비될 것이고 과다르 해안으로부터 가까운 곳에 위치하고 있다. 지와니는 약 15분 거리의 반도에 위치하고 있고, 개발 전에 작은 비행장을 가지고 있었다. 과다르와 지와니 모두 파키스탄의 서부 발루치스탄(Balochistan) 주의 일부이다.

지와니 기지는 중국의 병력, 수송기 및 화물기를 처리 및 운영할 수 있는 장거리 활주로를 갖도록 설계할 것이다. 과다르 국제공항 역시 중수송기를 운영할 수 있도록 기능이 향상될 것이다. PLA 장교들을 포함하여 수백 명의 중국인들이 과다르 항구 건설 현장에서 일하고 있다. 중국은 민간 기업들을 이용하여 그 기지를 건설하여 군사적 특성을 은폐하기 위한 계획을 하고 있다.

파키스탄에 위치한 세 번째 기지 − 과다르 동쪽으로 수백 마일에 위치 − 역시 인도양의 해안에 위치한 군사 기지로 중국의 주목을 받고 있다. 이 기지는 우주 연구 및 고급 컴퓨팅 센터를 위한 장소로 알려진 카라치 인근 손미아니(Sonmiani) 만에 건설될 것이다.

파키스탄에 있는 기지들은 중국에 페르시안 걸프로부터 중국에 이르는 오일 수송로를 따라 있는 전략적 초크 포인트에 대한 통제권을 제공하게 된다.

전역한 인도 예비역 육군 대령이자 사진 정보 전문가인 비나약 바트(Vinayak Bhat)는 지부티의 인공위성 사진을 분석했는데, 아프리카 기지는 연대급 병력과 수십 대의 헬기를 처리하기 위해 건설되었다고 말했다. 200에이커 넓이의 기지에는 최소 10개의 저장 막사, 탄약 창고, 한 개의 사무실 건물과 헬기장이 포함된다. 바트는 "[지부티 기지가] 중국이 아프리카 대륙에 영향력을 행사할 수 있도록 하기도

하지만, 그 시설들은 미래에 과다르 혹은 카라치에 건설 예정인 유사한 기지의 모델이 될 수 있을 것"이라고 말했다.[6]

남중국해는 지리전략적인 군의 "진주 목걸이(펜타곤이 기술한 바와 같이)"를 위한 시작점인데, 이는 미개발국가를 지원하기 위하여 경제적 기반시설 프로그램으로 위장하여 임무를 수행하는 반면, 실제는 중국의 해군과 공군이 해외 시설을 사용하도록 허용하면서; 중국은 군사 기지, 항구 시설 및 접근 협정을 통하여 세계에 걸쳐 군사력을 건설하는 것이다.

아시아 태평양 안보문제 담당 국방부 차관보인 랜달 쉬라이버(Randall Schriver)가 2018년 PLA가 일대일로 구상의 핵심 행위자라고 하였다. 중국이 대규모의 해외 기지를 건설하고 있는 것과 관련하여 펜타곤의 논평을 부탁받고, 쉬라이버는 "거기에는 이 행위들을 모두 분류할 수 있는 일종의 스펙트럼이 있다고 말했다. 그들에게 지부티 같이 완전히 갖춰진 기지들이 반드시 필요한 것은 아니다. 앞으로 가까운 미래에는 접근 권한을 얻으려고 할 것이다. 우리가 보고 있는 것은 그들의 기반시설 사업의 일부이고, 특히 그들이 찾고 있는 항구와 기반시설이 있는 곳에서, 대부분 [군사력의] 접근을 위한 협상을 하는 것이다."[7] 접근 협정은 중국의 병력, 항공기와 함정이 기지 및 시설에 접근하여 사용할 수 있는 기회를 허용하는 것이다.

2018년 8월, 민주당과 공화당의 상원으로 구성된 일단의 의원들이 트럼프 대통령에게 국제통화기금(IMF)이 야만적인 중국의 대출로 희생이 된 몇 개 국가를 구제해 주려고 하는 것을 막아 달라고 촉구하기 위해 서한을 작성하였다. 그 예에 포함되는 국가가 스리랑카인데, 이 나라는 2017년 7월에 중국의 국영기업과 함반토타(Hambantota) 항을 99년 동안 대여하는 협정에 서명하였다. 대출에 대한 채무불이행이 발생하자, 중국은 현대화된 항구의 시설들을 인수했다. 유사한 거래가 그리스의 피레우스(Pireaus)항과 오스트레일리아의 다윈(Darwin)항에 대해서도 이루어졌다.

글로벌개발센터가 작성한 한 보고서는 중국의 8조 달러짜리 일대일로 구상은 수송, 에너지 및 통신 기반시설 개발에 관련된 사업에 68개 국가가 연관되어 있다고 경고하고 있다. 이 국가 중 23개 국가는 중국 국영 은행에 부채가 있기 때문에 고도의 혹은 중대한 위험에 처한 8개 국가를 포함하여, "빚 독촉"에 직면하고 있다. 이런 국가에는 지부티, 키르키즈스탄, 라오스, 몰디브, 몽고, 몬테네그로, 파키스탄 및 타지키스탄 등이다.

1990년대 이후 펜타곤과 국무부에서 일을 했던 베테랑 중국 정책 기획가인 쉬라이버는 펜타곤이 타이완의 대공방어 체계를 현대화하기 위해 일을 했다고 말했다.

그러나 이 섬은 해협 건너 중국 기지가 목표로 하는 약 2,000개의 미사일 표적을 완벽하게 방어하지 못한다. 몇 대의 패트리엇 대 미사일 체계가 타이완에 팔렸으나, 미사일 위협에 대항하여 그 방어체계를 강화하기 위해서는 단거리 및 중거리 미사일을 격파할 수 있는 능력을 보유한 해군 이지스 미사일 방어 함정과 사드 (THAAD) 무기체계가 포함되어야 한다.

타이완을 겨누고 있는 중국의 미사일은 단거리 DF-11, DF-15 및 DF-16 미사일뿐 아니라 DF-21 중거리 미사일도 있다. 2000년과 2019년 사이에, 타이완 해협에서 유지되고 있는 세력균형은 그 대규모 미사일 위협 때문에 베이징에 유리하다.

타이완을 지원하기 위하여, 미국 정부는 타이페이 정부의 미사일 개발을 위해 다른 방법을 모색하고 있다. 과거에 워싱턴은 타이완이 국제 미사일 기술통제 제도 (MTCR)를 준수하기 위해 310마일 이상의 사거리를 가진 미사일을 개발하면 안 된다고 주장하였다. 그러나 타이완의 지상공격 순항 미사일 슝펑(Hsiung Feng) IIE는 MTCR 제한보다 사거리가 길다. 또한 타이완은 완치엔(Wan Chien)이라 불리는 장거리 대공 발사 순항 미사일을 배치하고 있다. 이 두 종류의 순항 미사일은 동부 중국에 있는 핵심 표적에 위험을 강요함으로써 중국의 공격을 예방하는 데 도움이 되고 있다.

펜타곤은 미국 방위산업 기업들이 중국 해군을 위협할 수 있도록 타이완의 현대적인 잠수함 전력 개발을 지원하도록 승인하였다. 2019년 3월, 트럼프 행정부는 F-16V 전투기 66대의 타이완 판매를 승인하였는데, 이것은 1980년대 성능이 개량된 항공기를 거래한 이후 처음으로 판매하는 것이었다. 타이완 정부는 2009년 이후 노후화되고 성능이 저하된 전투기를 대체하기 위해 새로운 제트기를 찾고 있었다.

타이완은 중국 남동부 해안으로부터 약 100마일에 있다. 중국 국민당 군은 공산주의자들이 권력을 잡은 1949년 내전 기간 중 이 섬으로 도피하였다.

남중국해와 타이완에 더하여, 중국은 일본으로부터 동중국해에 있는 센카쿠 섬에 대한 영유권을 주장하고 있고 군사적인 위협으로 중대한 작전을 시작하였다. 그 작전은 타이완의 북쪽에 있는 작은 무인도에 PLA의 전투기와 군함을 파견하는 것이 포함되어 있다.

군사 정보 관리들은 워게임에 근거하여 중국이 센카쿠를 탈환하기 위하여 "짧고, 예리한 전쟁"을[8] 준비한다고 믿고 있는데, 이 섬은 대규모 해저 석유와 가스가 매장되어 있다고 믿고 있다.

전역한 해군 대령 제임스 파넬이 태평양 함대의 선임 정보 장교일 때, 센카쿠에 대한 중국의 위협은 PLA에 일본과의 전쟁을 준비하라는 새로운 임무가 부여된 결과인데, 이 전쟁은 "센카쿠 혹은 오키나와에 있는 전략적 미군 기지를 포함하는 또 다른 섬들이 남부 류큐(Ryuku)를 점령할 수 있도록 동중국해에 배치된 일본 전력을 파괴하는 것"이라고 말했다.[9]

파넬은 공산당과 연계된 *Global Times*에 핵 무력 과시를 하는 중국의 위협을 비난했는데, 이 신문은 어떻게 중국의 잠수함 탑재 핵미사일이 로스앤젤레스를 포함한 서부 해안의 표적으로 발사되고, 그 결과 동부로 퍼지는 핵 낙진은 1,200만 미국인을 죽일 것이라는 상세내용을 보도하였다. 그는 "만약 유사한 내용이 어떤 미국 매체에 실렸을 경우 발생할 분노를 상상해 보라"고 말했다.

그가 잠재적인 중국의 군사적 행동에 대한 직설적인 평가를 하고 몇 달이 지난 후, 파넬은 보안 위반으로 해군에서 전역을 강요받았다. 2014년 11월, 익명의 불만 제기자들이 태평양 함대 사령부 감찰관에게 파넬이 외국인들이 참석한 곳에서 비밀 정보를 토론하였다고 주장하였다. 그는 정보 직위에서 밀려나 재배치받았지만, 전역을 택했다. 그의 전역은 중국 군대에 관한 냉혹한 코멘트로 해군과 오바마 행정부 내의 친중국 관리들의 분노를 사서, 이에 대한 정치적인 보복으로 간주되고 있다.

무엇을 할 것인가?

중국을 적으로 선언하고,
중국 인민을 해방해야 한다

무엇을 할 것인가?

중국을 적으로 선언하고, 중국 인민을 해방해야 한다

40년 이상 계속된 중국에 대한 유화정책은 반드시 종식되어야 한다. 미국인들과 서양의 많은 다른 사람들이 1980년대 이후 최초로 *The China Threat*에 제시된 현실 인식을 받아들이기 시작하였다: 미국은 중화인민공화국으로부터 직면하고 있는 가장 심각한 국가안보 위협을 완화하기 위해 긴급하게 새로운 전략적 접근방법이 필요하다.

중국이 제기하고 있는 위협은 다면적이고 극도로 위험하며 치명적인 암과 같이 전이성이 있다. 이 책에서 설명한 바와 같이, 중국의 위협은 핵 혹은 재래식 미사일 기습 공격보다 훨씬 큰 그 이상의 것이 있다. 이것은 이념적, 정치적, 외교적, 군사적이고 정보, 경제, 금융 그리고 선전과 관련된 것이다.

위협을 악화시키는 것은 중국 공산당 최고 지도자 시진핑의 집권하에 베이징이 세계 패권을 달성하기 위해 제국주의적으로 추진하는 것과 중국몽과 관련된 그의 암울한 비전이다 — 무능력하고 패배적인 미국이 견제를 하지 못하는 부패하고 잔인한 도둑체제에서 통치받는 세계를 말한다. 중국 공산당의 독재는 기분 좋아지는 수면제로 없어지길 바랄 수 없는 사악한 악마이고 위험인데, 사실 이것은 1979년부터 전략적 방향에서 대변화가 시작된 2017년까지 중국에 대한 정책의 근간이었다.

전 국무장관 헨리 키신저는 소련이 제기하는 더 큰 위협에 대응하기 위해 "중국 카드"를 성공적으로 활용했던 닉슨 시대의 전략적 책략을 구상한 설계자였다. 그러나 중국에 편향된 키신저의 정책은 1991년 베이징의 실패 이후에도 결코 조정되지 않았다. 그 결과는 공산주의를 패배시키고자 하는 국제적인 대외정책의 도덕적 의무를 저버리고 한 세대 동안 계속된 미국 정책이었다. 유순한 중국에 대하여 진화를 기대했던 미국의 전략 속에서, 중국 공산당은 마오 시대의 참혹한 문화대혁명 직후의 어떤 망각과 1980년대부터 2010년까지 구원을 받은 것이다. 중국 인민을 해방하는 대신, 중국 인구 6천만 명을 죽음으로 몰아넣은 공산 독재를 포용하였다. 모스크바의 소련 정권에 대한 견제세력으로 베이징을 이용하는 중국 카드를 활용하여 결과적으로는 하나의 악의 제국을 새롭고 더욱 치명적인 악의 제국으로 대체하였다 – 중국 공산당의 지시를 받는 제국 그리고 인민해방군의 제국주의 돌격 대원들의 지원을 받아 무자비하게 권력을 유지하는 악의 제국이다.

2017년 5월 18일 미국 하원 정보 위원회 청문회에서, 예비역 해군 대령 제임스 파넬은 그전에는 아주 소수만이 언급했던 위험에 대해서 폭로했다: "중국 공산당은 지역과 세계 패권을 위한 전면적이고 장기적인 투쟁에 몰입하고 있다. 이 패권이 '중국 몽'의 핵심이다. 패권을 달성하기 위한 중국의 무기는 경제적, 정보적, 정치적인 것이고, 군사 전쟁을 포함한다."

파넬은 미국 정보 당국들이 오랫동안 커지고 있는 중국 위협을 정확하게 경고하지 못했다고 생각한다. 그는 집단사고는 중국이 유순한 신진 세력이 될 것이라고 잘못 평가했는데, 중국은 맑스–레닌주의 체제를 세계적으로 급속하게 확장하고 있다고 하였다. 그는 "중국인들은 우리에게 말한 대로 그렇게 할 것이고 우리는 그들을 무시할 것이라는 징후가 있다"고 말했다.

더 이상은 아니다. 트럼프 대통령과 함께, 미국은 처음으로 중국과의 관계에 대한 소망성 사고와 부도덕한 유화정책을 거부하기 시작하였다. 그곳에는 싹이 트기 시작하는 새로운 현실정치가 인식된 위험을 근거하여 집행되고 있다 – 대통령의 관점에서는 주로 경제적인 것 – 위험은 중국은 현재 통치하는 것과 같이 개인의 자유, 민주주의를 기반으로 하는 법치 그리고 자본주의 자유시장의 가치를 갖는 자유롭고 개방된 현대적인 공동체에 합류할 의도가 없다는 것이다.

이미 그러한 인식은 세계에 걸쳐 많은 사람들에게 효과가 없다 – 특히 반미국 정치적 좌파인 맑시즘에 오염된 젊은이들은 더욱 그렇다. 거기에 미국 주도 체제가 얼마나 위대한지에 관한 이해가 부족한 위험성이 있다. 당연한 것이지만, 미국은 완벽한 국가가 아니다. 그러나 이 사실은 수정처럼 명백한 것이다: 미국이 주도하는 세계 관리 및 상업 체제는 인류 역사에서 인간성의 특별한 발전과 가장 환상적인 발전을 이루어 냈다는 것이다.

전 CIA 대정보 부국장 마크 켈톤은 공격적인 중국 정보 작전이 급증한 것은 전체 공산당 통치 체제가 관련된 중국 전략에서 심오한 변화가 있다는 것을 나타낸다. "베이징의 목적은 중국에 대한 미국의 상대적인 전략적 이점을 약화시키고, 시간이 지나면 아예 없애 버리는 것"이라고 그가 말했다.

전략에서 공격적인 변동을 추구하는 요소는 현재의 미국 주도 세계 질서를 뒤집고, 베이징이 스스로 세계의 중심으로 간주하는 "중화(Middle Kingdom)"로 자리매김하는 계획이 포함되어 있다. 이 위험은 2018년 4월 중국 공산당 총서기 시진핑의 연설에서 강조되었는데, 이 연설은 트럼프 대통령이 워싱턴과 타이페이가 고위급 방문을 확대하기 위해 타이완 여행법에 서명을 한 직후에 있었다. 시는 호전적인 언어로 "조국의 완전한 통일"을 약속했는데, 타이완을 점령하는 것뿐만 아니라 인도, 일본, 한국 및 필리핀의 영토는 물론 실질적으로 남중국해 전체에 대한 영유권을 주장할 것이라고 선언한 것이다. 그는 "우리는 세계에서 우리의 자리를 차지하기 위해 강력한 결의로 우리의 적과 혈전을 겨루기 위해 다짐을 하였다"고 말했다.

그 새로운 전략은 CCP에 대한 잘못된 개념이 있었는데, 미국은 돌이킬 수 없이 쇠락하고 있고, 중국은 반드시 미국의 쇠퇴를 촉진하고 그것을 이용한다는 것이다. 켈톤은 "세계에서 미국의 역할을 잠식하는 핵심적인 것은 중국이 우리의 전략적 중심을 약화시키려고 정보 수단을 사용하는 것이다: 우리의 산업적, 재정적 그리고 기술적 능력을 말한다"고 말했다.

부가적으로, 베이징의 공산주의 통치자들은 그들의 경제성장이 정체함에 따라, 점차 대규모 인구의 요구에 부응할 수 없게 되었다는 현실에 직면하고 있다. 이 요소는 중국 공산당 지도자들이 중국 인민과 협상하여 만들어 놓은 그 체제의 정당성에 이의를 제기하게 되었는데, 이는 인민의 복지를 증진하고 중국의 경제력을 건설하기에 충분한 외부로 당을 개방하는 대가로 전체주의적 체제는 그대로 존재한다는 것이다 – 그리고 결론적으로 군사력을 증대한다는 것이다. 켈톤이 말한 바와 같이: "1970년대와 1980년대 소련이 광범위하게 수집했던 과학과 기술 정보가 보여 주는 바와 같이, 중국의 지도자들은 서구의 노하우를 대량으로 절도하는 것조차도 그들 체제에 본질적으로 존재하는 경제적 비효율성과 모순을 보충하지는 못한다는 것을 확실히 재인식하고 있다. 그러므로, 그들은 화염의 전쟁 가능성을 부채질하면서, 점증하는 대중의 불만족을 실존하거나 국가가 만들어 낸 외부의 적에게 계속 돌리려고 할 것이다."

현재 우리의 국가적 곤경이 – 정치적 양극화가 증가하는 가운데 도덕적 투명성이 실종된 것처럼 보이는 ― 중국을 다루기 위해 긴급하게 필요한 새로운 전략과 정책에 대해 초당적 콘센서스(consensus)를 감소시키지는 않았다. 그래서 여기에 중국적 특색이 있는 맑스주의―레닌주의의 멍에로부터 중국 인민을 해방할 수 있는 정책을 수립할 수 있도록 제안하는 권고는 다음과 같다.

1. 정보: 사상의 영역에서 공격적으로 경쟁하라.

중국은 2017년 미국의 국가 안보 전략에서 전략적 경쟁자로 선언되었다. 사상의 영역에서 중국과의 경쟁은 거의 이루어지지 않았다. 현재 미국의 정보 운영 체제는 ― 미국 국제 미디어 국 및 예하 방송국들 ― 정부 뉴스 운영 체제로는 구성이 빈약한데, 이 체제는 경쟁이 심한 국제적 정보 시장에 더 이상 적절하지 않다. 냉전 시대 반자동화된 미국 정보국과 유사한 새롭고 탄탄한 체제가 중화인민공화국과 다른 적들로부터 야기되는 외국의 대정보전 및 정보전에 공격적으로 대응하기 위해 창설될 필요가 있다. 이 새로운 기구를 정보 미국(Information America: IA)이라 하고, 이것의 주요 임무는 중국에 관한 진실을 말하고 전에는 결코 없었던 세계적 차원에서 실시되는 중국 공산당의 대정보 및 영향력 행사 작전에 대응하는 것이다. IA는 공산주의 체제, 이 체제의 부패한 지도자들과 군대 및 정보 후원자들을 폭로하기 위해 정보 생산을 대폭 늘릴 것이다. IA의 일부로, 미국 정부는 중국 정부가 기금을 지원하는 공자 학원(Confucius Institute)에 대한 직접적인 대응으로 해밀턴―제퍼슨 센터(Hamilton―Jefferson Center)라 불리는 미국 문화 센터를 위해 기금을 조성할 것이다. CIA에 기반을 두고 있는 오픈 소스 기업(OSE)은 대량의 중국 매체 정보를 수집하고 번역하며 인터넷에서 파생된 정보수집을 개선하기 위하여 구조조정을 하고 방향을 재설정해야 한다. 이 정보가 대중에게 전파되어 미국인들과 다른 사람들이 중국 공산당의 진면목과 적대적인 의도를 알 수 있도록 해야 한다. OSE는 중국의 사회적 미디어에 대한 영향력 행사를 통하여 민주주의와 미국의 이상을 지원하고 증진하기 위한 새롭고 공세적인 정보 운영 체제의 부분이 될 것이다.

2. 호혜: 중국이 제한하는 것과 동등하게 미국에 대한 중국의 접근을 제한하라.

전반적으로 공평한 관계를 추구하는 정책에 따라, 미국은 엄격하게 호혜적인 정책을 집행해야 한다. 단기적으로는 대통령의 지침이 사용될 수 있고 다양한 영역에 걸쳐 호혜적인 관계와 상호 작용을 지시하는 변화를 성문화하는 의회의 입법을 사용할 수 있다. 이것은 정보 영역에서 매우 중요한 것인데, 예를 들면 중국 정부 혹은 당과 연관이 되어 있는 모든 중국 미디어들이 미국 대중들에게 접근하는 것을 제한하는 것이다. 중국 정부와 당과 관련된 저술과 방송들은 미국의 매체들이 중국 대중에게 접근할 수 있는 권한이 제공된 만큼만 미국 내에서도 허용되어야 한다. 중국에서 미국 미디어에 대한 중국의 검열은 미국 내에서 중국 미디어에 대한 상응하는 축출 혹은 금지로 연결되어야 한다.

3. **정보: 미국 정보를 보다 대담하고 공세적으로 운영하고, 보다 효과적인 분석을 하도록 중점 방향과 운영 방법을 변경하라.**

미국 정보 공동체를 구성하는 17개의 정보 당국들은 중국 공산당에 대한 정보수집과 분석의 양과 질을 대폭 늘리고 향상할 수 있도록 임무를 부여해야 한다. 이에 더하여, 미국의 동맹국들도 중국의 표적에 대한 정보수집을 반드시 할 수 있도록 설득해야 한다. 수십 년 동안, 미국 정보 당국들은 중국에 관한 정보를 위해 필요한 자원을 투자하지도 못했고 강조하는 것도 실패하였다. 중국에 대한 왜곡된 정보를 제공했던 정보 관리들은 강제로 퇴직해야 한다. 과거의 정보 및 대정보 작전 실패를 검토하고, 그 실패에 대한 책임자를 확인하며 도출된 교훈에 따라 필요한 수정을 하기 위해 위원회가 구성되어야 한다.[1] 대통령은 전체 미국 정보 체계를 보다 민첩하고, 보다 효과적이며 보다 성공적으로 만들 수 있도록 새로운 안보 결정 지침을 발동하여야 한다.

4. **외교정책/외교: 외교 체계를 재구성하고 개혁하라.**

미국의 외교관들과 해외 근무 인원들은 과거의 실패한 외교를 거부하고 중국에 대한 새로운 전략적 목표를 성공적으로 이식하는 것을 강조하는, 정보화 시대를 위한 새롭고 혁신적인 외교적인 방법과 기술을 사용하기 위해 재훈련을 받아야 한다. 이 새로운 외교는 공산주의 중국의 실체와 특성에 대한 정직한 평가와 이해를 하도록 할 것이다. 새로운 목표는 우선순위가 높은 것으로 중국에서 인권에 대한 체계적인 남용을 종식하도록 조치를 하고 그 결과를 보고 하도록 해야 한다. 미국은 중국을 고립시키고 국제적인 민주적 정치 개혁을 장려하며 지역적으로 자유 시장체제를 증진하는 국가와 새로운 동맹을 결성해야 한다. 아무런 결실을 만들어 내지 못하는 과거의 같은 전략 및 경제적 대화는 반드시 종식되어야 한다. 새로운 협약은 검증 가능한 군비 제한과 시행 가능한 무역 협정 같은 공고하고 달성 가능한 목표를 위한 양자 및 다자 회담을 수행하는 데 제한해야 한다.

5. **동맹: 아시아에서 자유, 번영 그리고 법치를 추구하는 네트워크를 구성하라.**

이것은 세계 전반에 걸쳐 중화인민공화국의 공산주의 – 사회주의 행진과 싸우고 대응하도록 하고 평화적인 민주적 변화를 위한 일을 하도록 해외 중국인과 다른 친민주주의 사람들을 교육하고 요청하기 위해 구상된 범위가 보다 넓은 정보 작전을 이용하여 이루어져야 한다. 개발 도상국을 통한 노력과 함께 중앙 아시아가 이 계획 실천을 위한 핵심 지역이다.

6. **문화/교육: 미국 체제를 남용하는 미국 내 중국 국적자들의 행위를 철저하게 제한하라.**

수십만 명의 중국 국적자들이 미국에서 공부하고 연구할 수 있도록 승인을 받아왔다. 이들 대부분이 접했던 지식 및 정보를 공산주의 중국의 민간 및 군사 발전에 사용해 왔다. 이러한 연구에 접근할 수 있는 권한은 호혜적인 기준에 근거하여 이 국적자들에게 제한되어야 한다. 동수의 미국인들이 중국의 연구소와 대학에 같은 유형의 접근 권한을 받지 못하면, 미국에서의 접근도 차단되어야 한다. 미국 캠퍼스 내의 공자 학교도 미국의 이익에 반하는 작전을 위하여 통일전선부와 다른 중국 정부와 당의 기업들에 사용되기 때문에 폐쇄되어야 한다.

7. **대정보: 주요 전략적 대정보 작전과 분석은 공세적으로 표적을 획득한 중국 정보 및 안보국에 집중하여 실시하여야 한다.**

중국 현지에서 채용했던 약 30명의 정보 요원 손실로 연계되었던 2010년의 중대한 정보실패는 반드시 재발하지 않아야 한다. 더 많은 자원을 투입하고 더 질적으로 우수한 요원들이 국가 보안부, PLA 및 전략 지원부대, 통일전선부 그리고 기타 PRC 기업들에 대한 침투 및 채용 작전을 수행하도록 훈련을 시키고 지시해야 한다. 더욱이, 반미국 및 강경주의 공산당 지도자들을 억제하고 약화시키면서, 권력 및 영향력을 확보하고 개혁적 성향이 있는 당 지도자들을 식별 및 지원하기 위해서 권력 중심인 중국 공산당을 정보 침투 및 영향력 행사를 위한 표적으로 만들어야 한다. 국가 정보, 대정보 및 안보 센터 국장은 인간 및 기술 두 분야에서 외국의 정보 활동을 공세적으로 대응하기 위하여 비밀 정보 누설 등을 방지하고 자신이 위치를 반드시 재확인해야 한다. 대정보 조직들은 임무를 효과적으로 수행하도록 보장하고 CI 전문가 보유와 발전을 할 수 있도록 더 많은 재정과 인원을 반드시 제공해야 한다.

8. 경제: 미국은 경제적으로 중국과 점점 멀어지는 정책 집행을 시작해야 한다.

중국이 공정하고 검증 가능한 무역 의무 채택에 동의하고 대량 기술 절도를 중지할 때까지, 미국은 경제 전 분야에서 중국으로부터의 철수를 시작해야 한다. 보다 성실한 무역을 하고자 하는 중국의 약속에는 기술 이전을 강요하는 것과 같은 불공정 관행을 포기하는 한편, 시장 개방 확대와 공정 무역을 허락하는 것을 포함해야 한다. 이러한 철수는 "무력으로 위협하고; 돈으로 유혹"하는 베이징의 세계 지배를 위한 비밀 계획을 최초로 설명한 전 총서기 장쩌민의 계획하에 세계 지배를 추구하는 계획을 포기하게 만드는 지렛대로 사용해야 한다.

9. 금융: 중국에 대한 은밀한 금융 전쟁을 계획하고 집행하라.

미국은 소련을 약화시키고 결국에는 망하게 하였던 레이건 행정부가 집행했던 것과 유사한 정책을 추구해야 한다. 현재 미국의 자본시장에서 중국의 활동에 대한 미국 정부의 국가안보 차원의 통제가 없다. 그 결과, 중국이 미국과 다른 곳에 있는 투자 기관을 통하여 중국 군대와 다른 팽창주의자들에게 자금을 공급하고 있다. 금융 전쟁은 중국에서 민주주의 성향의 정치적 변화를 가져올 수 있는 잠재력이 있다.

10. 군사 교류: 펜타곤과 미국군은 중국 공산당과 인민해방군을 주적으로 인식하는 새로운 정책을 반드시 채택하라.

중국은 단순한 전략적 경쟁자로 식별된 것은 아니다. 대통령은 펜타곤과 미국 군대에 군사 교류, 방문 및 회의, 그리고 신뢰를 구축하기 위한 다른 교류를 통하여 당과 PLA가 위협을 줄이도록 설득할 수 있다는 구태의연한 생각을 포기하고 공산주의 중국에 대한 새로운 정책을 채택하도록 지시하여야 한다. 군사 교류가 실제적이고 측정할 수 있는 결과를 보여 줄 때까지, 그 교류들은 중지되어야 한다. CCP 및 PLA과의 교류는 밀접한 관계를 발전시키거나 혹은 긴장을 감소시키는 데 거의 역할을 하지 못하는 무기력한 협정 대신, 실제적인 결과를 도출하는 대화와 협상에 제한되어야 한다.

11. 미사일 방어: 미국 지역의 미사일 방어를 확장하라.

공산주의 중국은 한국에 미국의 사드(THAAD)를 배치한다는 서울의 합의에 대응하여 경제 전쟁을 통하여 한국에 수십억 달러의 손실을 입혔다. 베이징은 그 방어적인 체계가 중국 미사일 전력을 위협한다고 - 잘못된 - 주장을 하였다. 그

THAAD 배치에 대한 중국의 반응을 참고하여, 미국은 중국을 둘러싸고 있는 우호적인 국가에 - 인도, 일본, 몽고, 필리핀, 태국 및 기타 국가 등 - 대규모이면서 점증하는 중국의 미사일 위협을 무력화하기 위해 THAAD 판매를 제안해야 한다. 주변 국가들이 THAAD를 배치하는 것과 관련 예상되는 중국의 보복에 대해, 미국은 THAAD 체계를 인도-태평양 전역에 있는 매우 효과적인 지역 미사일 방어체계로 통합한다는 위협을 할 수 있다.

12. 회색지대 전쟁(Gray-Zone Warfare): 중국의 군대, 사이버, 전자 및 심리전 능력을 무력화하기 위한 비대칭전 능력을 개발하라.

전자전은 미국에 핵심 이점을 주는 것인데, 군사적 비대칭 준비에 우선순위가 높게 이용되어야 한다. 현재 권한과 관료주의적 비효율성의 모호한 경계로 제한을 받는 사이버 공격 능력 역시 "발사 배제" 미사일 방어처럼 공격 능력에 재집중해야 한다 - 중국의 지휘, 통제 및 통신에 대한 전자 침투 및 방해 - 사이버 공격은 발사될 예정인 미사일 혹은 발사될 무기들을 방지하기 위해 분쟁에서 사용될 수 있는 것이다.

13. 정치: 망명 의회를 만들어라.

국가안보 전문가 콘스탄틴 멘게스(Constantine Menges)가 2005년 처음으로 중국 망명 의회를 만들자고 제기한 계획은 시행되어야 한다. "중국의 공산당 독재가 흐트러지기 시작함에 따라, 장차 부상할 수 있는 민주적 정치 체제 안에서 그 사람들의 이익을 대표하기 위해 기여하는 정치적 정당과 민간 기구들을 만들기 시작하는 것이 중요할 것이다"라고 그가 말했다.[2] 그 망명 의회는 폭넓게 존재하는 현재 중국의 문제를 해결하기 위해 실제적인 제안을 며칠 동안 만나 토의할 수 있는 친민주주의 망명자들로 구성될 것이다. 그 제안은 중국 내에서 출판과 전파로 공유할 수 있을 것이다.

14. 러시아: 러시아 카드를 활용하라.

미국은 모스크바에 친미국 정부를 만들기 위한 목적을 가지고 전략적 계획을 추진해야 한다. 그리고 나서 러시아는 중국으로부터 제기되는 위협을 완화하기 위한 국제적 캠페인을 지원하기 위한 요청을 받게 된다. 러시아의 개혁 프로그램은 현재 러시아 지도자들의 부패를 폭로하기 위한 은밀한 조치가 포함될 수 있고 러시아에서 친미국 및 친민주주의 지도자를 선출하는 데 도움이 될 수 있다.

　이러한 대책과 다른 조치들은 중국 공산당의 통치를 압도적으로 거부하는 중국의 14억 인민을 해방시키기 위한 긴급한 절차로 시작되어야 한다.

감사의 글

역사의 중요한 순간에 *Deceiving the Sky*가 발간되었다. 핵으로 무장한 공산주의 독재국가, 중화인민공화국은 세계의 주도 국가로 미국을 대체하려고 한다. 동시에 베이징의 공산주의 지도자들은 정부와 사회의 모델로 전체주의를 세계에 공세적으로 강요하기 위한 일을 하고 있다. 이 책은 내가 자유, 민주주의 및 자유시장 경제체제에 가장 심각한 위협이라고 간주하는 것을 둘러싼 비밀과 기만을 층층이 벗겨내기 위해 시도한 것이다: 전통적인 군사적 분쟁의 문턱 밑에서 운영하는 일종의 새로운 범지구적 전쟁을 이용하여 궁극적으로 미국을 제압하기 위한 위험스러운 노력과 공산당이 통치하는 중국에 의한 세계 지배를 완수하기 위한 움직임이다.

정부와 민간 분야의 많은 관리와 전문가들이 이 책을 쓰는 데 귀중한 도움을 주었다. 저서에 많은 사람들의 이름을 올렸고 인용하였다. 또 다른 사람들은 이름을 밝히지 않고 중요 사안의 배경 혹은 깊은 배경에 있는 중요한 전략적 문제를 기술하고 토론하는 데 동의해 주었다. 이 중요한 작업에 도움을 주신 모든 분들에게, 깊은 감사를 드린다. 언론계에서 기자들은 그들의 정보원만큼이나 우수하다는 말이 있다. 이 책을 쓰면서, 나는 훌륭한 정보원을 만날 수 있어 매우 운이 좋았었다. 그리고 글을 쓰는 데 가능하면 정확하게 쓰려고 노력하였다.

나는 *Washington Free Beacon*에서 일하는 동료들이 도움을 준 것에 대하여 특별한 감사를 드리는데, 특히 Michael Goldfarb 회장님, Matthew Continetti 편집장님 그리고 Aaron Harison 사장님께 감사드린다. 나를 도와준 *Washington Times*의 친구들에게도 감사를 드린다: Chris Dolan 사장 겸 편집장님, Larry Beasley 대표님 그리고 Thomas McDevitt 회장님. 2018년 8월에 세상을 떠나신 이 책의 에이전트 Joseph Brendan Vallely에게 감사와 애정어린 추모를 드린다.

－Bill Gertz, 2019년 5월

서언: 바다를 건너기 위하여 하늘을 속인다

1) 필자와의 인터뷰.

제1장: 공산주의자들은 어떻게 거짓말을 하는가

1) 필자와 인터뷰.
2) 필자와 인터뷰.
3) 신화 통신, 2010. 1. 11.
4) 위키리크스가 유출한 미 국무성 전문(2010.1.12.), "2010년 1월 중국의 요격 비행시험 직후 항의서한."
5) Li Wenming, Chang Zhe, Zhang Xuefeng, Duan Congcong, and Shi Hua, "Rash US Conjectures on China's Antisatellite Weapon," *Huanqiu shibao*, Juary 19, 2007.

제2장: 동편은 붉다

1) Maochun Yu, "Marxist Idealogy, Revolutionary Legacy and Their Impact on China's Security Policy" in *Routledge Handbook of Chinese Security*, eds. Lwell Dittmer and Maochun Yu (Palm Beach, Fl: Routledge Handbooks Online, 2015), 44.
2) 상게서, 45.
3) 필자에게 보낸 이메일.

제3장: 중국의 전쟁

1) Hillary Clinton, *Hard Choices* (New York: Simon & Schuster, 2014).
2) Jamil Anderini, "Bo Xilai: Power, Death and Politics," *Financial Times*, 2012.7.20., https://www.ft.com/conent/d67b9ofo−di4o−11e1−8957−00144feabdco
3) 중국 인터넷; Pin Ho and Wenguang, *A Death in the Lucky Holiday Hotel: Murder, Money, and an Epic Power Struggle in China* (New York: Public Affairs, 2013).
4) Paul Heer, "단결된 하원," *Foreign Affairs*, 2000 7/8, https://www.foreignaffairs.com/articles/asia/2000−07−01/house−united

제5장: 우주에서 암살자의 철퇴

1) Statement for the Record Worldwide Threat Assessment of the US Intelligence Community, Senate Armed Services Committee, Daniel R. Coats, Director of National Intelligence, May 23, 2017, https://www.dni.gov/files/documents/Newsroom/testimonies/SASC%202017%20ATA%20SFR%20−%20FINAL.PDF
2) 상게서.
3) Bill Gertz, "China Carries out Flight Test of Anti−Satellite Missile," *Washington Free Beacon*, August 2. 2017, https://freebeacon.com/national−security/china−carries−flight−

test−anti−satellite−missile/.

4) Bill Gertz, "China Tests Anti−Satellite Missile," *Washington Free Beacon*, November 9, 2015, https://freebeacon.com/national−security/china−carries−flight−test−anti−satellite−missile/.

5) Bill Gertz, "China Carries out Flight Test of Anti−Satellite Missile," Washington Free Beacon, August 2. 2017, https://freebeacon.com/national−security/china−carries−flight−test−anti−satellite−missile/.

6) 필자의 저서 Betrayal(1999)에 포함된 The Air Force NIAC repor.

7) Yu Ming, By Yiming, and Deng Penghua, "Information Flow Building of Kinetic Energy Antisatellite Maneuver Based on STK," PLA Second Artillery Engineering University (Xian, China), US government translation, December 7, 2012.

8) Bill Gertz, "Air Forces: GPS Satellite Vulnerable to Attack," *Washington Free Beacon*, March 16. 2018, https://freebeacon.com/national−security/air−force−gaps−satellites−vulnerable−attack/.

9) 상게서.

10) 상게서.

11) 상게서.

12) Ian Easton, *The Great Game in Space: China's Evolving ASAT Weapons Programs and Their mplications for Future U.S. Strategy*, Project 2049 Institute, June 24, 2009, https://project2049.net/wp−content/uploads/2018/05/china_asat_weapons_the_great game_in_space.pdf.

13) Steven Lambakis, "Foreign Space Capabilities: Implications for US National Security," Comparative Strategy 37, no. 2(2018): 87−154, DOI: 10.1080/01495933.2018.1459144.

14) Huang Hanwen, Lu Tongshan, Zhao Yanbin, and Liu Zhengquan, "Study on Space Cyber Warfare," Aerospace Electronic Warfare, no. 6 (Dember 1, 2012).

제7장: 하이테크 전체주의

1) Canadian Intelligence Service, "China and the Age of Strategic Rivalry: Highlights from an Academic Outreach Workshop," May 2018.

2) Bill Clinton, speech at the Paul H. Nitze School of Advanced Inyernational Studies of Johns Hopkins University, March 9, 2000.

3) Margaret E. Roberts, Censored: Distraction and Diversion Inside China's Great Firewall (Princeton, NJ: Princeton University Press, 2018), 2(emphasis hers).

4) Elizabeth C. Economy, "The Great Firewall of China: Xi Jinping's Internet Shutdown," *Guardian*, June 29, 2018, https://www.theguardian.com/news/2018/jun/29/the−great−firewall−of−china−xi−jinpings−internet−shutdown.

5) Gordon G. Chang, "China's 'Digital' Totalitarian Experiment," Gatestone Institute, September 12, 2018, https://www.gatestoneinstitute.org/12988/china−social−credit−system.

제8장: 중국의 정보 전쟁

1) Edward Schwarck, "Intelligence and Informatization: The Rise of the Ministry of Public Security in Intelligence Work in hina," China Journal, no. 80 (July 2018): 1−23, https://doi.org/10.1086/697089.

2) Bill Grttz, "Chinese Spied on Military Electronics in Florida," Washington Free Beacon, Febreuary 11, 2019, https://freebeacon.com/national−security/chinese−spied−on−military−elections−in−florida/.

3) John C. Demers, Statement before the Committee on the Judiciary United States Senate for a hearing on China's non−trditional espionage against the United States, December 12, 2018, https://www, justice.gove/file/1121061/download.

4) John C. Demers, Statement before the Committee on the Judiciary United States Senate for a hearing on China's non−trditional espionage against the United States, December 12, 2018, https://www, justice.gove/file/1121061/download.

5) 필자와 인터뷰.

6) 필자와 인터뷰.

7) 필자와 인터뷰.

제9장: 영향력 행사

1) Hudson Institute, Kleptocracy Initiative's web page, https://www.hudson.org/ policy centers/3r−kleptocrcy−initiative.

2) US−China Economic Security Review Commission, 2017 Report to Congress, November 2017, 472, https://www.uscc.gov/sites/default/files/annual_reports/2017_Annual_Report_ to_Cogress.pdf.

3) 상게서, 473.

4) 상게서.

5) US−China Economic and Security Review Commission Hearing on Information Controls, Global Media Influence, and Cyber Warfare Strategy, May 4, 2017, 60−61, https://www.usc.gov/sites/default/files/transcripts/May%20Final%20Transcript.pdf.

6) 상게서.

7) 필자가 확보한 이메일.

8) 필자가 확보한 이메일.

9) 필자가 확보한 이메일.

10) 의회 중국 위원회에서의 청문회.

11) Peter Mattis, "An American Lens on China's Interference and Influence−Building Aboard," The ASAN Forum, April 30, 2018, https://www.theasanforum.org/an−american−lens−on−chinas−interference−and−influence−building−aboard.

제10장: 재정 및 경제 전쟁

1) 필자와 인터뷰.

2) 필자와 인터뷰.

3) Gabriel Collins, "Foreign Investors and China's Naval Buildup," *Diplomat*, September 9, 2015, https://thediplomat.com/2015/09/foreign−investors−and−chinas−naval− builup.

4) Qiao Liang and Wang Xiangsui, Unrestricted Warfare: China's Master Plan to Destroy America (Beijing: PLA Literature and Arts Publishing House, February 1999), US government translation.

5) 상게서.

6) US Department of Justice Office of Public Affairs, "US Charges Three Chinese Hackers Who Work at Internet Security Firm for Hacking Three Corporations for Commercial Advantage" (press release), November 27, 2017, https://www.justice.gov/opa/pr/us −charges−three−chinese−hackers−who−work−internet−security−firm−hacking −three−corporations.

7) Qiao Liang and Wang Xiangsui, *Unrestricted Warfare: China's Master Plan to Destroy America*(Beijing: PLA Literature and Arts Publishing House, February 1999), US government translation.

8) 상게서.

9) 상게서.

10) Bill Gertz, "Financial Terrorism Suspected in 2008 Economic Crash," *Washington Times*, February 28, 2011, https://www.washingtontimes.com/news/2011/feb/28/financial-terrorism −suspected−in−08−economic−crash/.

11) Michael Brown and Pavneet Singh, *China's Technology Transfer Strategy: How Chinese Investments in Emerging Technology Enable a Strategic Competitor to Access the Crown Jewels of US Innovation*, Defense Innovation Unit Experimental, January 2018, 3, https://admin.govexec.com/media/diux_chinatechnologytransferstudy_jan_2018_ (1).pdf.

12) 상게서.

13) Michael Brown and Pavneet Singh, *China's Technology Transfer Strategy: How Chinese Investments in Emerging Technology Enable a Strategic Competitor to Access the Crown Jewels of US Innovation*, Defense Innovation Unit Experimental, February 2017, 23. https://news.reorg−research.com/data/documents/20170928/59ccf7de70c2f. pdf.

제11장: 기업 공산주의

1) Steven W. Mosher, "How Arrest of Chinese 'Princess' Exposes Regime's World Domination Plot," *New York Post*, December 22, 2018, https://nypost.com/2018/12/22/how−arrest− of−chinese−princess−exposes−regimes−world−domination−plot/.

2) 상게서.

3) US Department of Justice, Office of Public Affairs, "Chinese Telecommunications Conglomerate Huawei and Huawei CFO Wanzhou Meng Charged with Financial Fraud" (press release), January 28, 2019, https://www.justice.gov.opa/pr.chinese− telecommunications−conglomerate−huawei−and−huawei−cfo−wanzhou−meng−c harged−financial.

4) Bill Gertz, "Huawei Technologies Linked to Chinese Communist Party, Intelligence Services," *Washington Free Beacon*, January 16, 2019, https://freebeacon.com/ national

−security/huawei−technologies−linked−to−chinese−community−party−intelligenc
e−services/.

5) John Chen et al., *China's Internet of Things*, US−China Economic and Security Review Commission, October 2018, 152, https://www.uscc.gov/Research/chinas−internet −things.

6) 상게서.

7) 상게서.

8) John Chen et al., *China's Internet of Things*, US−China Economic and Security Review Commission, October 2018, 122−23, https://www.uscc.gov/Research/chinas−internet −things.

9) 상게서.

10) 2019년 5월 17일, Ross의 블룸버그 TV 인터뷰.

제12장: 군사력

1) James Fanell, "Cnina's Global Naval Strategy and Expanding Force Structure: Pathway to Hegemony," Testimony to the US House Intelligence Committee, May 17, 2018, https://docs.house.gov/meetings/IG/IG00/20180517/108298/HHRG−115-IG00 −Wstate−FanellJ−20180517.pdf.

2) Bill Gertz, Enemies (New York:Crown Forum, division of Random House, 2006).

3) Tate Nurkin et al., *China's Advanced Weapons Systems*, Jane's by IHS Markit, May 12, 2018, https://www.uscc.gov/sites/default/files/Research/Jane%27s%%20by%20IHS%20Markit... China%27s20Advanced%Weapons 20Systems.pdf.

4) PLA Daily, October 25, 2018.

5) 상게서.

6) US−China Economic and Security Review Commission, *2018 Report to Congress of the US−China Economic and Security Review Commission*, November 2018, 8, https://www.uscc.gov/sites/default/files/annual_reports/2018%20Annual20%20Report% 20to%20Cogress.pdf.

7) Dave Deptula, "Hypersonic Weapons Could Transform Warfare, The US Is Behind," *Forbes*, October 5, 2018, https://www.forbes.com/sites/deveddeptula/2018/10/05/faster −than−a−speeding−bullet/#649cd165ca6.

8) 필자가 확보한 Science of Military Strategy 번역본.

9) Michael Pillsbury, "The Sixteen Fears: China's Strategy Psychology," Survival 54, no. 5 (2012): 148−82, DOI: 10.1080/00396338.2012.728351.

제13장: 바다의 화약고와 중국의 진주 목걸이 확장

1) Defense Authorization Act of 2000.

2) Bill Gertz, "Bolton Warns Chinese Militatry to Halt Dangerous Naval Encounters," *Washington Free Beacon*, October 12, 2018, https://freebeacon.com/national−security/ bolton−warns−chinese−military−halt−dangerous−naval−encounters/.

3) 그 의견교환에 대해 잘 알고 있는 미국의 관리의 말을 인용한 것이다. 매티스는 코멘트를

하지 않았다.

4) Chinese state media; "China Won't Give up 'One Inch' of Territory Says President Xi to Mattis," BBC America, June 28, 2018, https://www.bbc.com/news/world−asia− china−44638817.

5) 2019년 3월 1일, 필리핀 마닐라에서 미 국무장관 폼페이오의 연설, https://www.state. gov/remarks−with−philippine−foreign−secretary−teodoro−locsin−jr/.

6) The Print 기사에서 인용.

7) 필자와 인터뷰.

8) Bill Gertz, "China Readies for 'Short Sharp' War with Japan," Bill Gertz, Washington Times, February 19, 2014, https://m.washingtontimes.com/news/2014/feb/19/inside−the− ring−china−short−sharp−war−/.

9) 상게서.

결론: 무엇을 해야 하나

1) 이 위원회는 현재와 전직 미 정보 관리들과 관련된 일들을 검토하고 시작해야 하는데, 그 관리들과 일들은 다음과 같다: 전 DIA 분석가 Ron Montaperto, 중국군 장교에게 미국 정보 문서를 넘겨준 혐의 (2006년도 본인이 발간한 *Enemies*, pp. 84−89, https://www.washing ontimes.com/news/2006/jun/23/20060623−120347−7268r/) 참조; DIA 분석가 Lonnie Henley, 2015년에 발간된 한 책에서 중국은 세계적으로 팽창할 야망이 부족하고 타이완 혹은 남중국해 및 동중국해에서의 군사적 분쟁에서 승리할 수 있는 능력을 가지고 있지 않다고 진술 (https://ssi.armywarcollege.edu/pubs/display.cfm?pubID=1276); 전 CIA 고위 관리 Dennis Wilder, 2016년 11월에 "우리는 중국과 잘 지내고 있다"고 언급 (https://www. paulsoninstitute.org/events/2016/11/04/jeff−bader−and−dennis−wilder−talk−u−s−p olicy−on−china−at−paulson−istitute); 전 국가정보국 동아시아 담당 Paul Heer (pp. 35−36); 전 국가정보국 부국장 Thomas Fingar, 2008년 본인이 발간한 The Failure Factory, pp. 20−23 참조; 국가정보 위원회 동아시아 담당 John Culver, 10년 이상 중국 군사문제 평가에 관여하였음.

2) Constantine Menges, China: The Gathering Threat (Nashville, TN: Thomas Nelson, Inc., 2005).

저자 약력

빌 거츠(Bill Gertz)는 워싱턴 타임즈(Washington Times)의 국가안보 분야의 특파원이고, 중국 관련 안보 문제의 최고 전문가 중의 한 사람으로 알려져 있다. 현재 그는 메릴랜드주 에지워터(Edgewater)에서 부인 데브라(Debra)와 함께 살고 있다. 온라인 주소는 Gertzfile.com and @BillGertz이다.

역자 약력
윤지원(상명대 국가안보학과 교수)

역자는 이화여대 정치외교학과 졸업 이후, 영국 애버딘(Aberdeen) 대학교 국제관계학 석사와 글라스고(Glasgow) 대학교 정치학 박사학위를 취득했다. 평택대학교 교수(2005.3~2019.2)와 한국세계지역학회 학회장을 역임했다(2019). 현재 상명대학교 국가안보학과 교수로서(2019.3~) 인재양성과 국방외교안보 분야에서 활발한 활동을 수행 중이다. 상명대 국방예비전력연구소 소장, 한국국방정책학회 부회장, 국방TV의 "국방포커스" 진행자(MC), 국무총리실 정부업무평가위원회 위원, 국방부·합참·육군·해군·해병대·육군동원전력사령부 등 정책자문위원으로 활동 중이고, 『윤지원교수의 101가지 평화와 안보 노트』, 『South Korea's National Security & Diplomacy in the Global Era: Challenge and Vision』, 『영화로 이해하는 한국과 국제정치, *국방부 우수 안보도서 선정』, 『글로벌시대 한국과 국제정치, *대한민국 학술원 우수도서 선정』, 『러시아의 자본주의혁명, *문공부 우수번역서 선정, 공역』 등 다수의 저서·논문 및 역서가 있다.

한국해양전략연구소 총서 94

하늘 속이기 – 세계 패권을 위한 공산주의 중국 내부의 움직임

초판발행   2021년 12월 28일

지은이   Bill Gertz
옮긴이   윤지원
펴낸이   안종만·안상준

편 집   윤혜경
기획/마케팅   오치웅
표지디자인   이수빈
제 작   고철민·조영환

펴낸곳   (주) 박영사
             서울특별시 금천구 가산디지털2로 53, 210호(가산동, 한라시그마밸리)
             등록 1959. 3. 11. 제300-1959-1호(倫)
전 화   02)733-6771
f a x   02)736-4818
e-mail   pys@pybook.co.kr
homepage   www.pybook.co.kr
ISBN   979-11-303-1445-7   93390

* 파본은 구입하신 곳에서 교환해 드립니다. 본서의 무단복제행위를 금합니다.
* 역자와 협의하여 인지첩부를 생략합니다.

정 가   17,000원